© 2013 Ricci Pier Paolo. Tutti i diritti sono riservati.
© 2013 Ricci Pier Paolo. All rights reserved.

In copertina foto Nasa di pianeti ©
On the cover photo Nasa of planets

INTRODUZIONE

Questo libro, il nono di una serie di dieci, rappresenta una estesa trattazione di quanto presente sul mio sito riguardo Mercurio, Venere, Urano e Nettuno ed i fenomeni ad esso correlati. Vengono qui esaminati le elongazioni ed i periodi migliori per l'osservazione dei pianeti interni, il difetto di fase di Marte, le elongazioni simultanee, dal 2000 al 2100.

Questo non è un manuale tecnico e di difficile lettura, ma una descrizione completa e molto dettagliata su quello che il cielo ci offre durante la nostra vita, quindi ogni tabella è pronta all'uso ed ogni evento riportato sarà facilmente visibile ad occhio nudo od eventualmente con un modestissimo binocolo.

Un'opera per astrofili, per astronomi, per professionisti o semplici appassionati.

INTRODUCTION

This book, the ninth in a series of ten, is an extended discussion of that on my website about Mercury, Venus, Uranus and Neptune and theirs phenomenas. All aspects of mutual phenomena of the elongations of the internal planets, the best time for observing them, the Mars' defet of phase illumination, the simultaneously elongatuions, from 2000 to 2100, are reexamined here.
This is not a technical and difficult to read manual, but a complete and very detailed description of what the sky gives us throughout our lives, so each table is ready for use, and each reported event will be easily visible to the naked eye or possibly with a simple pair of binoculars.
The book is for stargazing astronomers and professionals.

EFFEMERIDI - EPHEMERIDES
2013-2020

```
Data = nel formato giorno/mese/anno
A.R. e Decl. apparenti
Dist = distanza dalla Terra in unità astronomiche
RV = distanza dal Sole in unità astronomiche
Diam. = diametro in "
El = elongazione in °
Mag = magnitudine

Date = in the format dd/mm/yyyy
A.R. - Decl = Right Ascension - Declination
Dist = distance from the Earth in A.U.
RV = distance from the Sun in A.U.
Diam. = diameter in "
El = elongation in °
Mag = magnitude
```

MERCURIO

GG/MM/AAAA	A.R.	DECL.	Dist.	RV	Diam.	El.	Mag.
01/01/2013	18 02 48.4	-24 14 58.7	0.4653468	1.4001174	4.80	10.1	-0.6
02/01/2013	18 09 35.6	-24 20 05.2	0.4660769	1.4057957	4.78	9.6	-0.7
03/01/2013	18 16 24.8	-24 23 54.3	0.4665284	1.4109289	4.76	9.1	-0.7
04/01/2013	18 23 15.8	-24 26 24.8	0.4667007	1.4155203	4.75	8.6	-0.7
05/01/2013	18 30 08.5	-24 27 35.6	0.4665937	1.4195720	4.73	8.0	-0.7
06/01/2013	18 37 02.8	-24 27 25.5	0.4662074	1.4230853	4.72	7.5	-0.8
07/01/2013	18 43 58.6	-24 25 53.3	0.4655424	1.4260602	4.71	7.0	-0.8
08/01/2013	18 50 55.8	-24 22 58.2	0.4645993	1.4284959	4.70	6.4	-0.8
09/01/2013	18 57 54.2	-24 18 39.1	0.4633793	1.4303901	4.70	5.9	-0.9
10/01/2013	19 04 53.9	-24 12 55.1	0.4618837	1.4317399	4.69	5.4	-0.9
11/01/2013	19 11 54.6	-24 05 45.2	0.4601145	1.4325408	4.69	4.8	-1.0
12/01/2013	19 18 56.2	-23 57 08.7	0.4580737	1.4327876	4.69	4.3	-1.0
13/01/2013	19 25 58.7	-23 47 04.8	0.4557641	1.4324736	4.69	3.8	-1.1
14/01/2013	19 33 01.8	-23 35 32.6	0.4531887	1.4315911	4.69	3.3	-1.1
15/01/2013	19 40 05.6	-23 22 31.5	0.4503513	1.4301308	4.70	2.8	-1.1
16/01/2013	19 47 09.9	-23 08 00.8	0.4472559	1.4280824	4.71	2.5	-1.2
17/01/2013	19 54 14.6	-22 51 59.9	0.4439075	1.4254338	4.71	2.2	-1.2
18/01/2013	20 01 19.5	-22 34 28.2	0.4403115	1.4221717	4.73	2.0	-1.3
19/01/2013	20 08 24.6	-22 15 25.2	0.4364745	1.4182807	4.74	2.1	-1.3
20/01/2013	20 15 29.7	-21 54 50.7	0.4324036	1.4137443	4.75	2.3	-1.3
21/01/2013	20 22 34.7	-21 32 44.2	0.4281070	1.4085439	4.77	2.7	-1.3
22/01/2013	20 29 39.4	-21 09 05.7	0.4235941	1.4026593	4.79	3.2	-1.3
23/01/2013	20 36 43.7	-20 43 55.0	0.4188755	1.3960685	4.81	3.8	-1.3
24/01/2013	20 43 47.4	-20 17 12.3	0.4139632	1.3887477	4.84	4.3	-1.3
25/01/2013	20 50 50.3	-19 48 57.7	0.4088707	1.3806716	4.87	5.0	-1.2
26/01/2013	20 57 52.2	-19 19 11.9	0.4036132	1.3718129	4.90	5.6	-1.2
27/01/2013	21 04 53.0	-18 47 55.5	0.3982078	1.3621429	4.93	6.3	-1.2
28/01/2013	21 11 52.3	-18 15 09.5	0.3926739	1.3516316	4.97	7.0	-1.2
29/01/2013	21 18 49.7	-17 40 55.3	0.3870329	1.3402476	5.01	7.7	-1.2
30/01/2013	21 25 45.1	-17 05 14.7	0.3813089	1.3279592	5.06	8.4	-1.2
31/01/2013	21 32 38.0	-16 28 09.9	0.3755287	1.3147339	5.11	9.1	-1.2
01/02/2013	21 39 27.9	-15 49 43.8	0.3697219	1.3005398	5.17	9.8	-1.1
02/02/2013	21 46 14.3	-15 09 59.8	0.3639213	1.2853463	5.23	10.5	-1.1
03/02/2013	21 52 56.7	-14 29 02.5	0.3581627	1.2691247	5.29	11.2	-1.1
04/02/2013	21 59 34.2	-13 46 56.8	0.3524853	1.2518499	5.37	11.9	-1.1
05/02/2013	22 06 06.1	-13 03 49.3	0.3469314	1.2335018	5.45	12.7	-1.1
06/02/2013	22 12 31.4	-12 19 47.2	0.3415464	1.2140670	5.54	13.3	-1.1
07/02/2013	22 18 49.0	-11 34 59.6	0.3363783	1.1935408	5.63	14.0	-1.1
08/02/2013	22 24 57.8	-10 49 36.8	0.3314773	1.1719297	5.73	14.7	-1.0
09/02/2013	22 30 56.3	-10 03 50.6	0.3268953	1.1492535	5.85	15.3	-1.0
10/02/2013	22 36 42.9	-09 17 54.8	0.3226846	1.1255482	5.97	15.9	-1.0
11/02/2013	22 42 16.0	-08 32 04.9	0.3188968	1.1008681	6.10	16.4	-0.9
12/02/2013	22 47 33.7	-07 46 38.1	0.3155816	1.0752880	6.25	16.9	-0.9
13/02/2013	22 52 33.8	-07 01 53.6	0.3127852	1.0489049	6.41	17.3	-0.8
14/02/2013	22 57 14.3	-06 18 12.3	0.3105485	1.0218392	6.58	17.7	-0.8
15/02/2013	23 01 32.9	-05 35 56.2	0.3089057	0.9942342	6.76	17.9	-0.7
16/02/2013	23 05 27.3	-04 55 29.1	0.3078828	0.9662559	6.95	18.1	-0.6
17/02/2013	23 08 55.2	-04 17 15.1	0.3074962	0.9380903	7.16	18.1	-0.4
18/02/2013	23 11 54.3	-03 41 39.2	0.3077523	0.9099410	7.39	18.1	-0.3
19/02/2013	23 14 22.7	-03 09 06.0	0.3086468	0.8820243	7.62	17.8	-0.1
20/02/2013	23 16 18.5	-02 39 59.5	0.3101654	0.8545653	7.86	17.5	0.1
21/02/2013	23 17 40.3	-02 14 42.3	0.3122838	0.8277926	8.12	17.0	0.3
22/02/2013	23 18 26.9	-01 53 35.0	0.3149695	0.8019324	8.38	16.3	0.6
23/02/2013	23 18 37.9	-01 36 55.5	0.3181828	0.7772042	8.65	15.5	0.8
24/02/2013	23 18 13.4	-01 24 58.1	0.3218784	0.7538153	8.91	14.6	1.2
25/02/2013	23 17 14.1	-01 17 52.7	0.3260073	0.7319564	9.18	13.5	1.5
26/02/2013	23 15 41.5	-01 15 44.0	0.3305181	0.7117979	9.44	12.2	2.0
27/02/2013	23 13 38.0	-01 18 30.8	0.3353584	0.6934858	9.69	10.8	2.4
28/02/2013	23 11 06.7	-01 26 05.5	0.3404763	0.6771393	9.92	9.3	2.9
01/03/2013	23 08 11.4	-01 38 13.7	0.3458213	0.6628482	10.14	7.8	3.4
02/03/2013	23 04 56.6	-01 54 34.4	0.3513446	0.6506716	10.33	6.2	3.9
03/03/2013	23 01 27.1	-02 14 40.4	0.3570004	0.6406370	10.49	4.8	4.4
04/03/2013	22 57 48.3	-02 37 59.2	0.3627458	0.6327410	10.62	3.8	4.7
05/03/2013	22 54 05.4	-03 03 54.3	0.3685410	0.6269504	10.72	3.8	4.8
06/03/2013	22 50 23.9	-03 31 47.0	0.3743493	0.6232053	10.78	4.6	4.5
07/03/2013	22 46 48.5	-04 00 57.8	0.3801375	0.6214219	10.81	6.1	4.2
08/03/2013	22 43 23.8	-04 30 48.1	0.3858752	0.6214969	10.81	7.7	3.7
09/03/2013	22 40 13.8	-05 00 41.8	0.3915351	0.6233124	10.78	9.4	3.3
10/03/2013	22 37 21.6	-05 30 06.2	0.3970927	0.6267401	10.72	11.1	3.0
11/03/2013	22 34 49.8	-05 58 32.9	0.4025258	0.6316460	10.64	12.8	2.6
12/03/2013	22 32 40.3	-06 25 37.8	0.4078149	0.6378942	10.53	14.4	2.3

GG/MM/AAAA	A.R.	DECL.	Dist.	RV	Diam.	El.	Mag.
13/03/2013	22 30 54.4	-06 51 01.6	0.4129423	0.6453508	10.41	15.9	2.1
14/03/2013	22 29 32.8	-07 14 29.1	0.4178925	0.6538861	10.28	17.3	1.8
15/03/2013	22 28 35.6	-07 35 49.3	0.4226515	0.6633769	10.13	18.6	1.6
16/03/2013	22 28 02.8	-07 54 54.2	0.4272072	0.6737077	9.97	19.8	1.5
17/03/2013	22 27 53.7	-08 11 39.1	0.4315486	0.6847719	9.81	20.9	1.3
18/03/2013	22 28 07.7	-08 26 01.3	0.4356662	0.6964720	9.65	22.0	1.2
19/03/2013	22 28 43.9	-08 38 00.1	0.4395514	0.7087195	9.48	22.9	1.0
20/03/2013	22 29 41.2	-08 47 36.2	0.4431969	0.7214349	9.31	23.7	0.9
21/03/2013	22 30 58.6	-08 54 51.5	0.4465962	0.7345472	9.15	24.4	0.8
22/03/2013	22 32 35.0	-08 59 48.5	0.4497435	0.7479931	8.98	25.1	0.8
23/03/2013	22 34 29.1	-09 02 30.3	0.4526338	0.7617171	8.82	25.7	0.7
24/03/2013	22 36 40.0	-09 03 00.3	0.4552628	0.7756700	8.66	26.1	0.6
25/03/2013	22 39 06.5	-09 01 22.3	0.4576267	0.7898087	8.51	26.6	0.6
26/03/2013	22 41 47.6	-08 57 39.8	0.4597224	0.8040957	8.36	26.9	0.5
27/03/2013	22 44 42.5	-08 51 56.7	0.4615470	0.8184981	8.21	27.2	0.5
28/03/2013	22 47 50.0	-08 44 16.7	0.4630984	0.8329874	8.07	27.4	0.4
29/03/2013	22 51 09.5	-08 34 43.3	0.4643745	0.8475386	7.93	27.6	0.4
30/03/2013	22 54 40.2	-08 23 20.1	0.4653740	0.8621300	7.79	27.7	0.4
31/03/2013	22 58 21.2	-08 10 10.4	0.4660956	0.8767430	7.66	27.8	0.3
01/04/2013	23 02 12.0	-07 55 17.5	0.4665385	0.8913611	7.54	27.8	0.3
02/04/2013	23 06 12.0	-07 38 44.6	0.4667023	0.9059700	7.42	27.8	0.3
03/04/2013	23 10 20.5	-07 20 34.5	0.4665867	0.9205574	7.30	27.7	0.3
04/04/2013	23 14 37.1	-07 00 50.1	0.4661919	0.9351123	7.19	27.6	0.2
05/04/2013	23 19 01.4	-06 39 34.3	0.4655183	0.9496253	7.08	27.5	0.2
06/04/2013	23 23 32.9	-06 16 49.4	0.4645666	0.9640877	6.97	27.3	0.2
07/04/2013	23 28 11.3	-05 52 38.1	0.4633381	0.9784918	6.87	27.0	0.1
08/04/2013	23 32 56.2	-05 27 02.7	0.4618340	0.9928306	6.77	26.8	0.1
09/04/2013	23 37 47.5	-05 00 05.3	0.4600564	1.0070974	6.67	26.5	0.1
10/04/2013	23 42 44.9	-04 31 48.3	0.4580072	1.0212856	6.58	26.1	0.1
11/04/2013	23 47 48.1	-04 02 13.7	0.4556893	1.0353889	6.49	25.8	0.0
12/04/2013	23 52 57.1	-03 31 23.4	0.4531058	1.0494004	6.40	25.4	0.0
13/04/2013	23 58 11.7	-02 59 19.5	0.4502602	1.0633130	6.32	25.0	-0.0
14/04/2013	00 03 31.8	-02 26 03.8	0.4471569	1.0771191	6.24	24.5	-0.0
15/04/2013	00 08 57.4	-01 51 38.3	0.4438007	1.0908100	6.16	24.0	-0.1
16/04/2013	00 14 28.4	-01 16 04.9	0.4401972	1.1043762	6.08	23.5	-0.1
17/04/2013	00 20 04.9	-00 39 25.3	0.4363527	1.1178069	6.01	22.9	-0.1
18/04/2013	00 25 46.9	-00 01 41.5	0.4322746	1.1310898	5.94	22.4	-0.2
19/04/2013	00 31 34.4	+00 37 04.7	0.4279711	1.1442109	5.87	21.7	-0.2
20/04/2013	00 37 27.5	+01 16 51.3	0.4234516	1.1571543	5.81	21.1	-0.3
21/04/2013	00 43 26.4	+01 57 36.3	0.4187267	1.1699019	5.74	20.4	-0.3
22/04/2013	00 49 31.1	+02 39 17.6	0.4138085	1.1824330	5.68	19.7	-0.4
23/04/2013	00 55 41.9	+03 21 53.0	0.4087105	1.1947242	5.62	19.0	-0.4
24/04/2013	01 01 58.9	+04 05 20.1	0.4034481	1.2067489	5.57	18.3	-0.5
25/04/2013	01 08 22.2	+04 49 36.4	0.3980384	1.2184772	5.52	17.5	-0.5
26/04/2013	01 14 52.2	+05 34 39.1	0.3925007	1.2298753	5.46	16.7	-0.6
27/04/2013	01 21 29.1	+06 20 25.3	0.3868566	1.2409052	5.42	15.8	-0.7
28/04/2013	01 28 13.0	+07 06 51.5	0.3811303	1.2515246	5.37	15.0	-0.7
29/04/2013	01 35 04.2	+07 53 54.1	0.3753487	1.2616867	5.33	14.1	-0.8
30/04/2013	01 42 03.1	+08 41 28.9	0.3695415	1.2713394	5.29	13.1	-0.9
01/05/2013	01 49 09.7	+09 29 31.3	0.3637414	1.2804261	5.25	12.2	-1.0
02/05/2013	01 56 24.4	+10 17 56.1	0.3579846	1.2888850	5.21	11.2	-1.1
03/05/2013	02 03 47.4	+11 06 37.5	0.3523102	1.2966495	5.18	10.1	-1.2
04/05/2013	02 11 18.7	+11 55 29.1	0.3467607	1.3036487	5.15	9.1	-1.3
05/05/2013	02 18 58.6	+12 44 23.7	0.3413815	1.3098077	5.13	8.0	-1.4
06/05/2013	02 26 47.1	+13 33 13.3	0.3362208	1.3150488	5.11	6.9	-1.5
07/05/2013	02 34 44.2	+14 21 49.2	0.3313288	1.3192927	5.09	5.8	-1.6
08/05/2013	02 42 49.8	+15 10 01.7	0.3267573	1.3224599	5.08	4.6	-1.7
09/05/2013	02 51 03.4	+15 57 40.6	0.3225588	1.3244729	5.07	3.4	-1.9
10/05/2013	02 59 25.6	+16 44 34.7	0.3187848	1.3252584	5.07	2.2	-2.0
11/05/2013	03 07 55.0	+17 30 32.3	0.3154849	1.3247501	5.07	1.0	-2.2
12/05/2013	03 16 31.3	+18 15 21.8	0.3127052	1.3228914	5.08	0.0	-2.3
13/05/2013	03 25 13.8	+18 58 49.5	0.3104864	1.3196382	5.09	1.4	-2.2
14/05/2013	03 34 01.6	+19 40 44.3	0.3088625	1.3149613	5.11	2.6	-2.1
15/05/2013	03 42 53.7	+20 20 53.9	0.3078591	1.3088486	5.13	3.8	-2.0
16/05/2013	03 51 48.9	+20 59 06.7	0.3074924	1.3013065	5.16	5.1	-1.8
17/05/2013	04 00 46.0	+21 35 12.5	0.3077685	1.2923603	5.20	6.3	-1.7
18/05/2013	04 09 43.7	+22 09 01.9	0.3086827	1.2820541	5.24	7.5	-1.6
19/05/2013	04 18 40.7	+22 40 27.1	0.3102203	1.2704492	5.29	8.7	-1.5
20/05/2013	04 27 35.6	+23 09 21.7	0.3123570	1.2576222	5.34	9.8	-1.4
21/05/2013	04 36 27.0	+23 35 41.2	0.3150598	1.2436620	5.40	10.9	-1.3
22/05/2013	04 45 13.8	+23 59 22.7	0.3182889	1.2286670	5.47	12.0	-1.2
23/05/2013	04 53 54.6	+24 20 24.8	0.3219989	1.2127418	5.54	13.1	-1.1
24/05/2013	05 02 28.3	+24 38 47.7	0.3261406	1.1959940	5.62	14.1	-1.0

GG/MM/AAAA	A.R.	DECL.	Dist.	RV	Diam.	El.	Mag.
25/05/2013	05 10 54.1	+24 54 33.0	0.3306626	1.1785313	5.70	15.0	-0.9
26/05/2013	05 19 10.7	+25 07 43.5	0.3355125	1.1604592	5.79	16.0	-0.8
27/05/2013	05 27 17.5	+25 18 23.1	0.3406384	1.1418794	5.89	16.9	-0.8
28/05/2013	05 35 13.6	+25 26 36.3	0.3459898	1.1228876	5.98	17.7	-0.7
29/05/2013	05 42 58.5	+25 32 28.5	0.3515181	1.1035733	6.09	18.5	-0.6
30/05/2013	05 50 31.4	+25 36 05.5	0.3571775	1.0840190	6.20	19.2	-0.5
31/05/2013	05 57 51.9	+25 37 33.6	0.3629251	1.0643000	6.31	19.9	-0.4
01/06/2013	06 04 59.6	+25 36 59.1	0.3687213	1.0444845	6.43	20.6	-0.3
02/06/2013	06 11 53.9	+25 34 28.9	0.3745296	1.0246343	6.56	21.2	-0.3
03/06/2013	06 18 34.7	+25 30 09.6	0.3803168	1.0048043	6.69	21.7	-0.2
04/06/2013	06 25 01.5	+25 24 08.2	0.3860525	0.9850440	6.82	22.2	-0.1
05/06/2013	06 31 14.1	+25 16 31.3	0.3917097	0.9653977	6.96	22.6	-0.0
06/06/2013	06 37 12.1	+25 07 25.8	0.3972638	0.9459046	7.10	23.0	0.1
07/06/2013	06 42 55.3	+24 56 58.4	0.4026928	0.9266004	7.25	23.4	0.1
08/06/2013	06 48 23.4	+24 45 15.8	0.4079772	0.9075170	7.40	23.7	0.2
09/06/2013	06 53 36.1	+24 32 24.4	0.4130993	0.8886833	7.56	23.9	0.3
10/06/2013	06 58 33.2	+24 18 30.9	0.4180438	0.8701259	7.72	24.1	0.4
11/06/2013	07 03 14.4	+24 03 41.5	0.4227967	0.8518696	7.89	24.2	0.4
12/06/2013	07 07 39.5	+23 48 02.6	0.4273459	0.8339375	8.06	24.3	0.5
13/06/2013	07 11 48.1	+23 31 40.5	0.4316804	0.8163518	8.23	24.3	0.6
14/06/2013	07 15 39.9	+23 14 41.3	0.4357909	0.7991341	8.41	24.2	0.7
15/06/2013	07 19 14.7	+22 57 11.1	0.4396688	0.7823058	8.59	24.1	0.8
16/06/2013	07 22 32.1	+22 39 16.1	0.4433067	0.7658882	8.77	24.0	0.8
17/06/2013	07 25 31.7	+22 21 02.3	0.4466982	0.7499033	8.96	23.7	0.9
18/06/2013	07 28 13.4	+22 02 35.7	0.4498375	0.7343736	9.15	23.4	1.0
19/06/2013	07 30 36.7	+21 44 02.3	0.4527197	0.7193228	9.34	23.1	1.1
20/06/2013	07 32 41.5	+21 25 28.1	0.4553405	0.7047756	9.53	22.6	1.2
21/06/2013	07 34 27.3	+21 06 59.2	0.4576961	0.6907585	9.73	22.1	1.4
22/06/2013	07 35 54.0	+20 48 41.3	0.4597833	0.6772993	9.92	21.6	1.5
23/06/2013	07 37 01.3	+20 30 40.6	0.4615995	0.6644277	10.11	20.9	1.6
24/06/2013	07 37 49.2	+20 13 02.8	0.4631422	0.6521751	10.30	20.2	1.7
25/06/2013	07 38 17.5	+19 55 53.7	0.4644098	0.6405574	10.49	19.5	1.9
26/06/2013	07 38 26.4	+19 39 19.2	0.4654006	0.6296614	10.67	18.6	2.0
27/06/2013	07 38 16.0	+19 23 24.8	0.4661135	0.6194720	10.85	17.7	2.2
28/06/2013	07 37 46.6	+19 08 16.0	0.4665477	0.6100448	11.02	16.7	2.4
29/06/2013	07 36 58.7	+18 53 58.2	0.4667027	0.6014196	11.17	15.7	2.6
30/06/2013	07 35 52.9	+18 40 36.4	0.4665784	0.5936372	11.32	14.6	2.8
01/07/2013	07 34 30.1	+18 28 15.5	0.4661749	0.5867393	11.45	13.4	3.0
02/07/2013	07 32 51.4	+18 16 59.9	0.4654926	0.5807678	11.57	12.2	3.3
03/07/2013	07 30 58.1	+18 06 53.8	0.4645323	0.5757646	11.67	11.0	3.5
04/07/2013	07 28 51.7	+17 58 00.8	0.4632951	0.5717706	11.75	9.7	3.8
05/07/2013	07 26 33.9	+17 50 24.1	0.4617825	0.5688252	11.81	8.5	4.1
06/07/2013	07 24 07.0	+17 44 06.0	0.4599963	0.5669658	11.85	7.3	4.3
07/07/2013	07 21 32.9	+17 39 08.7	0.4579388	0.5662266	11.87	6.2	4.6
08/07/2013	07 18 54.2	+17 35 33.3	0.4556126	0.5666385	11.86	5.4	4.8
09/07/2013	07 16 13.4	+17 33 20.3	0.4530209	0.5682279	11.83	4.9	4.9
10/07/2013	07 13 33.0	+17 32 29.4	0.4501672	0.5710170	11.77	4.8	4.9
11/07/2013	07 10 55.8	+17 32 59.8	0.4470560	0.5750225	11.69	5.2	4.8
12/07/2013	07 08 24.3	+17 34 49.6	0.4436920	0.5802560	11.58	6.0	4.6
13/07/2013	07 06 01.3	+17 37 56.5	0.4400809	0.5867235	11.45	7.0	4.3
14/07/2013	07 03 49.1	+17 42 17.0	0.4362291	0.5944258	11.31	8.1	4.0
15/07/2013	07 01 50.2	+17 47 47.4	0.4321439	0.6033581	11.14	9.3	3.7
16/07/2013	07 00 06.7	+17 54 22.9	0.4278336	0.6135109	10.95	10.5	3.4
17/07/2013	06 58 40.5	+18 01 58.5	0.4233077	0.6248695	10.75	11.6	3.1
18/07/2013	06 57 33.3	+18 10 28.2	0.4185767	0.6374150	10.54	12.7	2.8
19/07/2013	06 56 46.8	+18 19 45.7	0.4136527	0.6511243	10.32	13.7	2.5
20/07/2013	06 56 22.1	+18 29 44.0	0.4085495	0.6659703	10.09	14.7	2.3
21/07/2013	06 56 20.3	+18 40 15.8	0.4032823	0.6819220	9.85	15.6	2.0
22/07/2013	06 56 42.2	+18 51 13.1	0.3978684	0.6989450	9.61	16.4	1.8
23/07/2013	06 57 28.6	+19 02 27.7	0.3923272	0.7170009	9.37	17.1	1.6
24/07/2013	06 58 39.9	+19 13 50.9	0.3866803	0.7360476	9.13	17.8	1.4
25/07/2013	07 00 16.5	+19 25 13.6	0.3809521	0.7560390	8.89	18.3	1.2
26/07/2013	07 02 18.5	+19 36 26.2	0.3751693	0.7769245	8.65	18.8	1.0
27/07/2013	07 04 46.0	+19 47 19.0	0.3693619	0.7986484	8.41	19.1	0.8
28/07/2013	07 07 39.1	+19 57 41.7	0.3635628	0.8211500	8.18	19.4	0.6
29/07/2013	07 10 57.4	+20 07 24.0	0.3578081	0.8443620	7.96	19.5	0.4
30/07/2013	07 14 40.8	+20 16 15.0	0.3521371	0.8682105	7.74	19.6	0.3
31/07/2013	07 18 48.9	+20 24 03.7	0.3465923	0.8926139	7.53	19.6	0.1
01/08/2013	07 23 21.1	+20 30 39.0	0.3412193	0.9174824	7.32	19.5	-0.0
02/08/2013	07 28 17.0	+20 35 49.6	0.3360662	0.9427173	7.13	19.3	-0.1
03/08/2013	07 33 35.8	+20 39 24.3	0.3311836	0.9682111	6.94	19.0	-0.3
04/08/2013	07 39 16.6	+20 41 12.1	0.3266230	0.9938468	6.76	18.7	-0.4
05/08/2013	07 45 18.5	+20 41 02.4	0.3224370	1.0194994	6.59	18.2	-0.5

GG/MM/AAAA	A.R.	DECL.	Dist.	RV	Diam.	El.	Mag.
06/08/2013	07 51 40.2	+20 38 45.2	0.3186771	1.0450362	6.43	17.7	-0.6
07/08/2013	07 58 20.4	+20 34 11.3	0.3153928	1.0703185	6.28	17.1	-0.7
08/08/2013	08 05 17.8	+20 27 12.8	0.3126300	1.0952042	6.14	16.5	-0.8
09/08/2013	08 12 30.5	+20 17 42.9	0.3104292	1.1195505	6.00	15.7	-0.9
10/08/2013	08 19 57.0	+20 05 36.6	0.3088242	1.1432170	5.88	15.0	-1.0
11/08/2013	08 27 35.3	+19 50 50.7	0.3078404	1.1660696	5.76	14.1	-1.1
12/08/2013	08 35 23.6	+19 33 23.8	0.3074935	1.1879838	5.66	13.2	-1.2
13/08/2013	08 43 19.7	+19 13 16.6	0.3077894	1.2088484	5.56	12.3	-1.2
14/08/2013	08 51 21.9	+18 50 31.6	0.3087232	1.2285681	5.47	11.4	-1.3
15/08/2013	08 59 28.1	+18 25 13.4	0.3102797	1.2470658	5.39	10.4	-1.4
16/08/2013	09 07 36.6	+17 57 28.1	0.3124343	1.2642835	5.32	9.4	-1.4
17/08/2013	09 15 45.7	+17 27 23.1	0.3151539	1.2801829	5.25	8.4	-1.5
18/08/2013	09 23 53.9	+16 55 07.0	0.3183984	1.2947442	5.19	7.4	-1.6
19/08/2013	09 31 59.8	+16 20 49.3	0.3221224	1.3079652	5.14	6.3	-1.6
20/08/2013	09 40 02.2	+15 44 40.0	0.3262765	1.3198590	5.09	5.3	-1.7
21/08/2013	09 48 00.2	+15 06 49.1	0.3308092	1.3304515	5.05	4.4	-1.7
22/08/2013	09 55 53.0	+14 27 26.9	0.3356682	1.3397794	5.02	3.4	-1.8
23/08/2013	10 03 40.0	+13 46 43.2	0.3408017	1.3478870	4.99	2.6	-1.8
24/08/2013	10 11 20.6	+13 04 47.9	0.3461590	1.3548246	4.96	2.0	-1.9
25/08/2013	10 18 54.6	+12 21 49.9	0.3516919	1.3606461	4.94	1.8	-1.8
26/08/2013	10 26 21.8	+11 37 58.0	0.3573544	1.3654071	4.92	2.1	-1.8
27/08/2013	10 33 41.9	+10 53 20.3	0.3631040	1.3691639	4.91	2.7	-1.7
28/08/2013	10 40 55.0	+10 08 04.3	0.3689010	1.3719720	4.90	3.5	-1.6
29/08/2013	10 48 01.1	+09 22 16.9	0.3747089	1.3738851	4.89	4.3	-1.4
30/08/2013	10 55 00.4	+08 36 04.5	0.3804948	1.3749547	4.89	5.2	-1.3
31/08/2013	11 01 52.9	+07 49 32.8	0.3862284	1.3752297	4.89	6.0	-1.2
01/09/2013	11 08 38.8	+07 02 47.2	0.3918826	1.3747559	4.89	6.9	-1.2
02/09/2013	11 15 18.3	+06 15 52.5	0.3974331	1.3735757	4.89	7.7	-1.1
03/09/2013	11 21 51.6	+05 28 53.0	0.4028578	1.3717285	4.90	8.5	-1.0
04/09/2013	11 28 18.9	+04 41 52.9	0.4081373	1.3692504	4.91	9.3	-0.9
05/09/2013	11 34 40.6	+03 54 55.7	0.4132541	1.3661743	4.92	10.1	-0.8
06/09/2013	11 40 56.7	+03 08 04.7	0.4181927	1.3625300	4.93	10.9	-0.8
07/09/2013	11 47 07.6	+02 21 23.1	0.4229394	1.3583448	4.95	11.6	-0.7
08/09/2013	11 53 13.5	+01 34 53.5	0.4274821	1.3536428	4.96	12.3	-0.7
09/09/2013	11 59 14.5	+00 48 38.6	0.4318098	1.3484460	4.98	13.0	-0.6
10/09/2013	12 05 10.9	+00 02 40.8	0.4359131	1.3427737	5.00	13.7	-0.5
11/09/2013	12 11 03.0	-00 42 57.8	0.4397837	1.3366433	5.03	14.4	-0.5
12/09/2013	12 16 50.8	-01 28 15.0	0.4434140	1.3300702	5.05	15.1	-0.5
13/09/2013	12 22 34.6	-02 13 09.0	0.4467978	1.3230676	5.08	15.7	-0.4
14/09/2013	12 28 14.6	-02 57 37.9	0.4499292	1.3156474	5.11	16.3	-0.4
15/09/2013	12 33 50.9	-03 41 39.9	0.4528034	1.3078196	5.14	16.9	-0.3
16/09/2013	12 39 23.6	-04 25 13.3	0.4554159	1.2995930	5.17	17.5	-0.3
17/09/2013	12 44 52.8	-05 08 16.6	0.4577633	1.2909748	5.21	18.1	-0.3
18/09/2013	12 50 18.7	-05 50 48.3	0.4598421	1.2819712	5.24	18.6	-0.2
19/09/2013	12 55 41.4	-06 32 46.6	0.4616499	1.2725869	5.28	19.1	-0.2
20/09/2013	13 01 01.0	-07 14 10.2	0.4631841	1.2628259	5.32	19.6	-0.2
21/09/2013	13 06 17.4	-07 54 57.5	0.4644431	1.2526910	5.36	20.1	-0.2
22/09/2013	13 11 30.8	-08 35 07.0	0.4654253	1.2421842	5.41	20.6	-0.1
23/09/2013	13 16 41.2	-09 14 37.2	0.4661297	1.2313067	5.46	21.1	-0.1
24/09/2013	13 21 48.5	-09 53 26.4	0.4665552	1.2200593	5.51	21.5	-0.1
25/09/2013	13 26 52.8	-10 31 33.1	0.4667017	1.2084419	5.56	21.9	-0.1
26/09/2013	13 31 53.9	-11 08 55.5	0.4665687	1.1964545	5.62	22.3	-0.1
27/09/2013	13 36 51.8	-11 45 31.8	0.4661566	1.1840963	5.68	22.7	-0.1
28/09/2013	13 41 46.3	-12 21 20.1	0.4654657	1.1713666	5.74	23.1	-0.1
29/09/2013	13 46 37.3	-12 56 18.6	0.4644968	1.1582648	5.80	23.4	-0.1
30/09/2013	13 51 24.7	-13 30 25.0	0.4632511	1.1447901	5.87	23.7	-0.1
01/10/2013	13 56 08.0	-14 03 37.3	0.4617301	1.1309422	5.94	24.0	-0.0
02/10/2013	14 00 47.2	-14 35 52.9	0.4599355	1.1167211	6.02	24.3	-0.0
03/10/2013	14 05 21.8	-15 07 09.3	0.4578697	1.1021276	6.10	24.5	-0.0
04/10/2013	14 09 51.4	-15 37 23.8	0.4555352	1.0871631	6.18	24.8	-0.0
05/10/2013	14 14 15.6	-16 06 33.3	0.4529354	1.0718306	6.27	24.9	-0.0
06/10/2013	14 18 33.8	-16 34 34.6	0.4500737	1.0561341	6.36	25.1	-0.0
07/10/2013	14 22 45.5	-17 01 24.1	0.4469547	1.0400797	6.46	25.2	0.0
08/10/2013	14 26 49.9	-17 26 57.9	0.4435830	1.0236756	6.56	25.3	0.0
09/10/2013	14 30 46.2	-17 51 11.7	0.4399644	1.0069331	6.67	25.3	0.0
10/10/2013	14 34 33.7	-18 14 00.7	0.4361054	0.9898664	6.79	25.3	0.0
11/10/2013	14 38 11.1	-18 35 19.7	0.4320132	0.9724939	6.91	25.3	0.0
12/10/2013	14 41 37.5	-18 55 02.7	0.4276961	0.9548387	7.04	25.2	0.1
13/10/2013	14 44 51.5	-19 13 03.4	0.4231638	0.9369294	7.17	25.0	0.1
14/10/2013	14 47 51.7	-19 29 14.4	0.4184267	0.9188014	7.31	24.8	0.1
15/10/2013	14 50 36.6	-19 43 27.6	0.4134972	0.9004977	7.46	24.5	0.1
16/10/2013	14 53 04.5	-19 55 34.1	0.4083888	0.8820704	7.62	24.1	0.2
17/10/2013	14 55 13.6	-20 05 23.9	0.4031169	0.8635821	7.78	23.7	0.2

GG/MM/AAAA	A.R.	DECL.	Dist.	RV	Diam.	El.	Mag.
18/10/2013	14 57 01.8	-20 12 45.9	0.3976990	0.8451079	7.95	23.1	0.3
19/10/2013	14 58 27.1	-20 17 27.8	0.3921543	0.8267368	8.13	22.5	0.4
20/10/2013	14 59 27.4	-20 19 16.3	0.3865048	0.8085739	8.31	21.7	0.5
21/10/2013	15 00 00.3	-20 17 57.1	0.3807746	0.7907423	8.50	20.8	0.6
22/10/2013	15 00 03.9	-20 13 15.2	0.3749909	0.7733850	8.69	19.8	0.7
23/10/2013	14 59 36.1	-20 04 55.1	0.3691835	0.7566667	8.88	18.7	0.9
24/10/2013	14 58 35.5	-19 52 41.9	0.3633854	0.7407745	9.07	17.4	1.1
25/10/2013	14 57 00.7	-19 36 22.1	0.3576329	0.7259180	9.26	16.0	1.4
26/10/2013	14 54 51.5	-19 15 45.2	0.3519655	0.7123283	9.43	14.4	1.7
27/10/2013	14 52 08.5	-18 50 45.6	0.3464256	0.7002546	9.60	12.7	2.0
28/10/2013	14 48 53.4	-18 21 25.1	0.3410589	0.6899583	9.74	10.8	2.5
29/10/2013	14 45 09.4	-17 47 54.7	0.3359138	0.6817050	9.86	8.7	3.0
30/10/2013	14 41 01.1	-17 10 37.5	0.3310405	0.6757528	9.94	6.6	3.6
31/10/2013	14 36 34.7	-16 30 10.0	0.3264911	0.6723389	9.99	4.4	4.3
01/11/2013	14 31 57.6	-15 47 22.1	0.3223177	0.6716643	10.00	2.1	5.1
02/11/2013	14 27 18.2	-15 03 16.0	0.3185720	0.6738787	9.97	0.7	5.6
03/11/2013	14 22 45.3	-14 19 03.0	0.3153033	0.6790674	9.90	2.7	4.8
04/11/2013	14 18 27.6	-13 35 58.6	0.3125575	0.6872428	9.78	4.9	4.0
05/11/2013	14 14 33.4	-12 55 16.8	0.3103748	0.6983401	9.62	7.0	3.2
06/11/2013	14 11 09.5	-12 18 04.7	0.3087887	0.7122207	9.44	9.0	2.6
07/11/2013	14 08 21.4	-11 45 18.3	0.3078244	0.7286796	9.22	10.9	2.0
08/11/2013	14 06 12.7	-11 17 39.0	0.3074974	0.7474585	8.99	12.5	1.5
09/11/2013	14 04 45.7	-10 55 33.1	0.3078130	0.7682606	8.75	14.0	1.1
10/11/2013	14 04 01.0	-10 39 12.3	0.3087662	0.7907667	8.50	15.3	0.7
11/11/2013	14 03 57.9	-10 28 35.3	0.3103414	0.8146504	8.25	16.4	0.4
12/11/2013	14 04 34.7	-10 23 30.4	0.3125138	0.8395908	8.00	17.3	0.2
13/11/2013	14 05 49.1	-10 23 38.2	0.3152500	0.8652833	7.77	18.0	0.0
14/11/2013	14 07 38.3	-10 28 33.8	0.3185098	0.8914469	7.54	18.6	-0.1
15/11/2013	14 09 59.4	-10 37 49.5	0.3222475	0.9178292	7.32	19.0	-0.3
16/11/2013	14 12 49.1	-10 50 56.2	0.3264138	0.9442090	7.12	19.3	-0.4
17/11/2013	14 16 04.6	-11 07 24.9	0.3309570	0.9703964	6.93	19.4	-0.5
18/11/2013	14 19 42.9	-11 26 47.7	0.3358250	0.9962319	6.75	19.5	-0.5
19/11/2013	14 23 41.5	-11 48 38.2	0.3409657	1.0215847	6.58	19.4	-0.6
20/11/2013	14 27 57.8	-12 12 32.1	0.3463289	1.0463495	6.42	19.3	-0.6
21/11/2013	14 32 29.8	-12 38 07.2	0.3518661	1.0704440	6.28	19.1	-0.6
22/11/2013	14 37 15.6	-13 05 03.4	0.3575317	1.0938057	6.14	18.9	-0.6
23/11/2013	14 42 13.4	-13 33 03.0	0.3632830	1.1163887	6.02	18.6	-0.6
24/11/2013	14 47 21.9	-14 01 50.1	0.3690805	1.1381614	5.90	18.3	-0.7
25/11/2013	14 52 39.7	-14 31 10.7	0.3748880	1.1591037	5.80	17.9	-0.7
26/11/2013	14 58 05.8	-15 00 52.4	0.3806724	1.1792049	5.70	17.5	-0.7
27/11/2013	15 03 39.3	-15 30 44.3	0.3864037	1.1984619	5.61	17.1	-0.7
28/11/2013	15 09 19.3	-16 00 36.8	0.3920548	1.2168773	5.52	16.7	-0.7
29/11/2013	15 15 05.1	-16 30 21.7	0.3976015	1.2344585	5.44	16.2	-0.7
30/11/2013	15 20 56.3	-16 59 51.4	0.4030218	1.2512161	5.37	15.7	-0.7
01/12/2013	15 26 52.3	-17 28 59.5	0.4082963	1.2671634	5.30	15.2	-0.7
02/12/2013	15 32 52.6	-17 57 40.3	0.4134077	1.2823153	5.24	14.7	-0.7
03/12/2013	15 38 57.0	-18 25 48.6	0.4183405	1.2966880	5.18	14.2	-0.7
04/12/2013	15 45 05.0	-18 53 20.0	0.4230809	1.3102984	5.13	13.7	-0.7
05/12/2013	15 51 16.6	-19 20 10.3	0.4276170	1.3231637	5.08	13.2	-0.7
06/12/2013	15 57 31.4	-19 46 16.0	0.4319378	1.3353010	5.03	12.7	-0.7
07/12/2013	16 03 49.3	-20 11 33.7	0.4360340	1.3467274	4.99	12.1	-0.7
08/12/2013	16 10 10.1	-20 36 00.6	0.4398972	1.3574593	4.95	11.6	-0.7
09/12/2013	16 16 33.6	-20 59 33.8	0.4435200	1.3675127	4.91	11.1	-0.7
10/12/2013	16 22 59.8	-21 22 10.9	0.4468960	1.3769024	4.88	10.6	-0.7
11/12/2013	16 29 28.6	-21 43 49.7	0.4500195	1.3856428	4.85	10.0	-0.7
12/12/2013	16 35 59.8	-22 04 28.0	0.4528856	1.3937471	4.82	9.5	-0.7
13/12/2013	16 42 33.5	-22 24 03.8	0.4554901	1.4012275	4.80	9.0	-0.7
14/12/2013	16 49 09.5	-22 42 35.3	0.4578292	1.4080953	4.77	8.4	-0.8
15/12/2013	16 55 47.7	-23 00 00.8	0.4598998	1.4143605	4.75	7.9	-0.8
16/12/2013	17 02 28.1	-23 16 18.4	0.4616991	1.4200325	4.73	7.4	-0.8
17/12/2013	17 09 10.7	-23 31 26.8	0.4632250	1.4251190	4.72	6.9	-0.8
18/12/2013	17 15 55.3	-23 45 24.2	0.4644755	1.4296273	4.70	6.3	-0.8
19/12/2013	17 22 41.9	-23 58 09.3	0.4654492	1.4335632	4.69	5.8	-0.9
20/12/2013	17 29 30.5	-24 09 40.5	0.4661451	1.4369314	4.68	5.3	-0.9
21/12/2013	17 36 20.9	-24 19 56.6	0.4665621	1.4397358	4.67	4.8	-0.9
22/12/2013	17 43 13.2	-24 28 56.1	0.4667000	1.4419789	4.66	4.3	-1.0
23/12/2013	17 50 07.2	-24 36 37.8	0.4665586	1.4436625	4.65	3.7	-1.0
24/12/2013	17 57 02.8	-24 43 00.4	0.4661380	1.4447869	4.65	3.3	-1.0
25/12/2013	18 04 00.0	-24 48 02.6	0.4654386	1.4453515	4.65	2.8	-1.1
26/12/2013	18 10 58.7	-24 51 43.1	0.4644614	1.4453546	4.65	2.4	-1.1
27/12/2013	18 17 58.7	-24 54 01.0	0.4632073	1.4447931	4.65	2.0	-1.1
28/12/2013	18 25 00.1	-24 54 55.0	0.4616780	1.4436630	4.65	1.8	-1.2
29/12/2013	18 32 02.7	-24 54 23.9	0.4598752	1.4419590	4.66	1.7	-1.2

```
GG/MM/AAAA     A.R.         DECL.       Dist.      RV         Diam.   El.     Mag.
30/12/2013    18 39 06.3   -24 52 26.8  0.4578012  1.4396746  4.67    1.8     -1.2
31/12/2013    18 46 10.9   -24 49 02.6  0.4554587  1.4368021  4.68    2.1     -1.2
01/01/2014    18 53 16.3   -24 44 10.4  0.4528509  1.4333326  4.69    2.4     -1.2
02/01/2014    19 00 22.4   -24 37 49.2  0.4499815  1.4292559  4.70    2.9     -1.1
03/01/2014    19 07 29.0   -24 29 58.2  0.4468548  1.4245606  4.72    3.4     -1.1
04/01/2014    19 14 36.0   -24 20 36.6  0.4434757  1.4192342  4.73    4.0     -1.1
05/01/2014    19 21 43.1   -24 09 43.7  0.4398498  1.4132626  4.75    4.5     -1.1
06/01/2014    19 28 50.3   -23 57 18.7  0.4359836  1.4066307  4.78    5.1     -1.1
07/01/2014    19 35 57.3   -23 43 21.1  0.4318846  1.3993217  4.80    5.7     -1.1
08/01/2014    19 43 04.0   -23 27 50.4  0.4275610  1.3913176  4.83    6.3     -1.0
09/01/2014    19 50 10.0   -23 10 46.4  0.4230224  1.3825989  4.86    6.9     -1.0
10/01/2014    19 57 15.1   -22 52 08.9  0.4182794  1.3731447  4.89    7.5     -1.0
11/01/2014    20 04 19.2   -22 31 57.9  0.4133444  1.3629328  4.93    8.1     -1.0
12/01/2014    20 11 21.7   -22 10 13.7  0.4082309  1.3519398  4.97    8.7     -1.0
13/01/2014    20 18 22.5   -21 46 56.8  0.4029545  1.3401412  5.01    9.4     -1.0
14/01/2014    20 25 21.2   -21 22 07.8  0.3975325  1.3275118  5.06    10.0    -1.0
15/01/2014    20 32 17.2   -20 55 48.1  0.3919844  1.3140259  5.11    10.6    -1.0
16/01/2014    20 39 10.2   -20 27 59.1  0.3863322  1.2996575  5.17    11.3    -1.0
17/01/2014    20 45 59.5   -19 58 43.0  0.3806001  1.2843812  5.23    11.9    -1.0
18/01/2014    20 52 44.6   -19 28 02.3  0.3748153  1.2681728  5.30    12.6    -1.0
19/01/2014    20 59 24.8   -18 56 00.4  0.3690078  1.2510099  5.37    13.2    -1.0
20/01/2014    21 05 59.2   -18 22 41.5  0.3632107  1.2328731  5.45    13.8    -0.9
21/01/2014    21 12 26.9   -17 48 10.6  0.3574603  1.2137475  5.54    14.4    -0.9
22/01/2014    21 18 47.0   -17 12 33.9  0.3517961  1.1936237  5.63    15.0    -0.9
23/01/2014    21 24 58.1   -16 35 58.8  0.3462609  1.1725001  5.73    15.5    -0.9
24/01/2014    21 30 58.9   -15 58 34.1  0.3409003  1.1503849  5.84    16.1    -0.9
25/01/2014    21 36 48.0   -15 20 30.1  0.3357627  1.1272979  5.96    16.6    -0.9
26/01/2014    21 42 23.5   -14 41 59.2  0.3308985  1.1032735  6.09    17.0    -0.9
27/01/2014    21 47 43.7   -14 03 15.2  0.3263597  1.0783632  6.23    17.5    -0.8
28/01/2014    21 52 46.3   -13 24 34.2  0.3221986  1.0526380  6.38    17.8    -0.8
29/01/2014    21 57 29.1   -12 46 14.5  0.3184667  1.0261910  6.55    18.1    -0.7
30/01/2014    22 01 49.7   -12 08 36.3  0.3152132  0.9991390  6.73    18.3    -0.7
31/01/2014    22 05 45.3   -11 32 01.8  0.3124838  0.9716246  6.92    18.4    -0.6
01/02/2014    22 09 13.4   -10 56 55.0  0.3103187  0.9438160  7.12    18.3    -0.5
02/02/2014    22 12 11.2   -10 23 41.6  0.3087511  0.9159063  7.34    18.2    -0.4
03/02/2014    22 14 36.1   -09 52 48.0  0.3078059  0.8881124  7.57    18.0    -0.2
04/02/2014    22 16 25.5   -09 24 40.9  0.3074983  0.8606704  7.81    17.5    -0.0
05/02/2014    22 17 37.4   -08 59 46.8  0.3078333  0.8338321  8.06    17.0     0.2
06/02/2014    22 18 10.0   -08 38 30.7  0.3088055  0.8078585  8.32    16.2     0.5
07/02/2014    22 18 02.2   -08 21 14.9  0.3103991  0.7830130  8.58    15.3     0.8
08/02/2014    22 17 13.8   -08 08 18.1  0.3125890  0.7595540  8.85    14.3     1.1
09/02/2014    22 15 45.4   -07 59 54.2  0.3153417  0.7377271  9.11    13.0     1.5
10/02/2014    22 13 38.6   -07 56 10.7  0.3186165  0.7177572  9.36    11.6     1.9
11/02/2014    22 10 56.2   -07 57 08.3  0.3223679  0.6998407  9.60    10.1     2.4
12/02/2014    22 07 42.2   -08 02 39.8  0.3265462  0.6841396  9.82    8.5      3.0
13/02/2014    22 04 01.4   -08 12 29.9  0.3311020  0.6707753  10.02   6.8      3.5
14/02/2014    21 59 59.7   -08 26 15.9  0.3359769  0.6598252  10.18   5.3      4.0
15/02/2014    21 55 43.7   -08 43 28.3  0.3411250  0.6513212  10.32   4.1      4.5
16/02/2014    21 51 20.2   -09 03 32.5  0.3464941  0.6452495  10.41   3.7      4.7
17/02/2014    21 46 56.1   -09 25 50.5  0.3520358  0.6415541  10.47   4.5      4.4
18/02/2014    21 42 38.0   -09 49 43.4  0.3577046  0.6401411  10.50   5.9      4.0
19/02/2014    21 38 31.9   -10 14 32.9  0.3634578  0.6408852  10.49   7.6      3.6
20/02/2014    21 34 43.0   -10 39 43.4  0.3692561  0.6436371  10.44   9.5      3.1
21/02/2014    21 31 15.6   -11 04 43.0  0.3750634  0.6482310  10.37   11.2     2.7
22/02/2014    21 28 13.0   -11 29 04.1  0.3808466  0.6544921  10.27   13.0     2.4
23/02/2014    21 25 37.5   -11 52 24.1  0.3865759  0.6622428  10.15   14.6     2.0
24/02/2014    21 23 30.5   -12 14 25.0  0.3922243  0.6713084  10.01   16.2     1.8
25/02/2014    21 21 52.8   -12 34 53.0  0.3977674  0.6815211  9.86    17.6     1.5
26/02/2014    21 20 44.3   -12 53 37.9  0.4031837  0.6927231  9.70    18.9     1.3
27/02/2014    21 20 04.5   -13 10 33.0  0.4084536  0.7047686  9.54    20.1     1.2
28/02/2014    21 19 52.6   -13 25 33.8  0.4135598  0.7175248  9.37    21.2     1.0
01/03/2014    21 20 07.3   -13 38 37.7  0.4184870  0.7308719  9.19    22.2     0.9
02/03/2014    21 20 47.4   -13 49 44.0  0.4232215  0.7447032  9.02    23.1     0.8
03/03/2014    21 21 51.5   -13 58 52.7  0.4277513  0.7589247  8.85    23.9     0.7
04/03/2014    21 23 17.9   -14 06 04.8  0.4320653  0.7734534  8.69    24.6     0.6
05/03/2014    21 25 05.3   -14 11 21.8  0.4361549  0.7882174  8.53    25.2     0.5
06/03/2014    21 27 12.1   -14 14 45.7  0.4400109  0.8031539  8.37    25.7     0.5
07/03/2014    21 29 37.0   -14 16 18.5  0.4436264  0.8182088  8.21    26.2     0.4
08/03/2014    21 32 18.5   -14 16 02.4  0.4469949  0.8333357  8.06    26.6     0.4
09/03/2014    21 35 15.5   -14 13 59.8  0.4501108  0.8484944  7.92    26.9     0.3
10/03/2014    21 38 26.7   -14 10 13.0  0.4529692  0.8636511  7.78    27.1     0.3
11/03/2014    21 41 51.1   -14 04 44.1  0.4555657  0.8787765  7.65    27.3     0.3
12/03/2014    21 45 27.6   -13 57 35.3  0.4578968  0.8938460  7.52    27.4     0.3
```

GG/MM/AAAA	A.R.	DECL.	Dist.	RV	Diam.	El.	Mag.
13/03/2014	21 49 15.4	-13 48 48.7	0.4599592	0.9088390	7.39	27.5	0.2
14/03/2014	21 53 13.4	-13 38 26.3	0.4617503	0.9237376	7.27	27.6	0.2
15/03/2014	21 57 21.0	-13 26 30.1	0.4632679	0.9385273	7.16	27.5	0.2
16/03/2014	22 01 37.5	-13 13 01.8	0.4645101	0.9531955	7.05	27.5	0.2
17/03/2014	22 06 02.2	-12 58 03.3	0.4654755	0.9677319	6.94	27.4	0.1
18/03/2014	22 10 34.5	-12 41 36.1	0.4661629	0.9821276	6.84	27.3	0.1
19/03/2014	22 15 13.9	-12 23 41.9	0.4665715	0.9963752	6.74	27.1	0.1
20/03/2014	22 19 59.9	-12 04 22.2	0.4667009	1.0104684	6.65	26.9	0.1
21/03/2014	22 24 52.2	-11 43 38.4	0.4665510	1.0244017	6.56	26.7	0.1
22/03/2014	22 29 50.2	-11 21 32.0	0.4661219	1.0381702	6.47	26.4	0.1
23/03/2014	22 34 53.8	-10 58 04.4	0.4654141	1.0517694	6.39	26.1	0.0
24/03/2014	22 40 02.5	-10 33 16.8	0.4644283	1.0651954	6.31	25.8	0.0
25/03/2014	22 45 16.2	-10 07 10.4	0.4631659	1.0784440	6.23	25.4	0.0
26/03/2014	22 50 34.6	-09 39 46.7	0.4616281	1.0915113	6.16	25.0	-0.0
27/03/2014	22 55 57.6	-09 11 06.7	0.4598170	1.1043929	6.08	24.6	-0.0
28/03/2014	23 01 24.9	-08 41 11.6	0.4577347	1.1170844	6.02	24.2	-0.1
29/03/2014	23 06 56.4	-08 10 02.5	0.4553840	1.1295809	5.95	23.7	-0.1
30/03/2014	23 12 32.1	-07 37 40.6	0.4527681	1.1418768	5.89	23.2	-0.1
31/03/2014	23 18 11.9	-07 04 06.9	0.4498907	1.1539657	5.82	22.7	-0.1
01/04/2014	23 23 55.7	-06 29 22.7	0.4467561	1.1658406	5.76	22.1	-0.2
02/04/2014	23 29 43.5	-05 53 28.8	0.4433692	1.1774930	5.71	21.6	-0.2
03/04/2014	23 35 35.3	-05 16 26.5	0.4397358	1.1889133	5.65	21.0	-0.2
04/04/2014	23 41 31.2	-04 38 17.0	0.4358623	1.2000904	5.60	20.4	-0.3
05/04/2014	23 47 31.2	-03 59 01.2	0.4317561	1.2110115	5.55	19.7	-0.3
06/04/2014	23 53 35.4	-03 18 40.6	0.4274256	1.2216617	5.50	19.0	-0.4
07/04/2014	23 59 43.8	-02 37 16.2	0.4228804	1.2320233	5.45	18.3	-0.4
08/04/2014	00 05 56.6	-01 54 49.6	0.4181312	1.2420789	5.41	17.6	-0.5
09/04/2014	00 12 13.9	-01 11 22.0	0.4131902	1.2518045	5.37	16.9	-0.5
10/04/2014	00 18 35.9	-00 26 55.2	0.4080713	1.2611757	5.33	16.1	-0.6
11/04/2014	00 25 02.8	+00 18 29.3	0.4027900	1.2701644	5.29	15.3	-0.6
12/04/2014	00 31 34.6	+01 04 49.4	0.3973636	1.2787390	5.26	14.5	-0.7
13/04/2014	00 38 11.6	+01 52 03.0	0.3918118	1.2868641	5.22	13.6	-0.8
14/04/2014	00 44 54.1	+02 40 07.9	0.3861565	1.2945005	5.19	12.8	-0.8
15/04/2014	00 51 42.1	+03 29 01.2	0.3804221	1.3016048	5.16	11.8	-0.9
16/04/2014	00 58 36.0	+04 18 39.9	0.3746358	1.3081292	5.14	10.9	-1.0
17/04/2014	01 05 35.9	+05 09 00.6	0.3688279	1.3140216	5.11	10.0	-1.1
18/04/2014	01 12 42.0	+05 59 59.3	0.3630314	1.3192252	5.09	9.0	-1.2
19/04/2014	01 19 54.5	+06 51 31.5	0.3572827	1.3236793	5.08	8.0	-1.3
20/04/2014	01 27 13.5	+07 43 32.1	0.3516216	1.3273190	5.06	6.9	-1.4
21/04/2014	01 34 39.2	+08 35 55.1	0.3460907	1.3300761	5.05	5.9	-1.5
22/04/2014	01 42 11.6	+09 28 34.1	0.3407359	1.3318798	5.05	4.8	-1.6
23/04/2014	01 49 50.7	+10 21 21.7	0.3356657	1.3326579	5.04	3.7	-1.8
24/04/2014	01 57 36.4	+11 14 09.5	0.3307505	1.3323382	5.04	2.5	-1.9
25/04/2014	02 05 28.6	+12 06 48.6	0.3262223	1.3308506	5.05	1.4	-2.1
26/04/2014	02 13 27.0	+12 59 08.6	0.3220734	1.3281287	5.06	0.4	-2.2
27/04/2014	02 21 31.2	+13 50 59.6	0.3183552	1.3241129	5.08	1.0	-2.2
28/04/2014	02 29 40.8	+14 42 09.4	0.3151170	1.3187527	5.10	2.2	-2.1
29/04/2014	02 37 55.1	+15 32 26.2	0.3124043	1.3120095	5.12	3.4	-2.0
30/04/2014	02 46 13.3	+16 21 37.6	0.3102571	1.3038591	5.15	4.5	-1.9
01/05/2014	02 54 34.6	+17 09 31.2	0.3087083	1.2942940	5.19	5.7	-1.8
02/05/2014	03 02 58.0	+17 55 54.7	0.3077824	1.2833247	5.24	6.9	-1.7
03/05/2014	03 11 22.3	+18 40 36.2	0.3074946	1.2709810	5.29	8.1	-1.6
04/05/2014	03 19 46.5	+19 23 24.8	0.3078495	1.2573112	5.34	9.2	-1.5
05/05/2014	03 28 09.2	+20 04 10.3	0.3088412	1.2423819	5.41	10.3	-1.4
06/05/2014	03 36 29.1	+20 42 44.1	0.3104539	1.2262753	5.48	11.4	-1.3
07/05/2014	03 44 45.1	+21 18 58.8	0.3126619	1.2090873	5.56	12.5	-1.2
08/05/2014	03 52 55.9	+21 52 48.8	0.3154314	1.1909238	5.64	13.5	-1.1
09/05/2014	04 01 00.2	+22 24 09.8	0.3187220	1.1718978	5.73	14.5	-1.0
10/05/2014	04 08 57.0	+22 52 59.3	0.3224875	1.1521259	5.83	15.4	-0.9
11/05/2014	04 16 45.2	+23 19 16.2	0.3266785	1.1317252	5.94	16.3	-0.8
12/05/2014	04 24 23.7	+23 43 00.7	0.3312433	1.1108110	6.05	17.1	-0.8
13/05/2014	04 31 51.7	+24 04 14.2	0.3361296	1.0894941	6.17	17.9	-0.7
14/05/2014	04 39 08.4	+24 22 59.1	0.3412857	1.0678799	6.29	18.6	-0.6
15/05/2014	04 46 12.9	+24 39 18.8	0.3466611	1.0460667	6.42	19.3	-0.5
16/05/2014	04 53 04.6	+24 53 17.1	0.3522077	1.0241452	6.56	19.9	-0.4
17/05/2014	04 59 42.8	+25 04 58.7	0.3578800	1.0021987	6.71	20.5	-0.3
18/05/2014	05 06 07.0	+25 14 28.4	0.3636354	0.9803026	6.86	21.0	-0.2
19/05/2014	05 12 16.7	+25 21 51.6	0.3694348	0.9585248	7.01	21.4	-0.1
20/05/2014	05 18 11.2	+25 27 13.5	0.3752421	0.9369266	7.17	21.8	0.0
21/05/2014	05 23 50.1	+25 30 39.9	0.3810243	0.9155629	7.34	22.1	0.1
22/05/2014	05 29 13.0	+25 32 16.2	0.3867517	0.8944831	7.51	22.3	0.2
23/05/2014	05 34 19.4	+25 32 08.1	0.3923973	0.8737316	7.69	22.5	0.3
24/05/2014	05 39 09.3	+25 30 21.2	0.3979370	0.8533487	7.87	22.6	0.4

GG/MM/AAAA	A.R.	DECL.	Dist.	RV	Diam.	El.	Mag.
25/05/2014	05 43 41.2	+25 27 01.1	0.4033491	0.8333711	8.06	22.7	0.5
26/05/2014	05 47 55.7	+25 22 13.2	0.4086143	0.8138328	8.26	22.7	0.6
27/05/2014	05 51 52.0	+25 16 02.9	0.4137154	0.7947654	8.46	22.6	0.7
28/05/2014	05 55 29.9	+25 08 35.5	0.4186369	0.7761989	8.66	22.4	0.8
29/05/2014	05 58 48.8	+24 59 56.2	0.4233653	0.7581620	8.86	22.2	0.9
30/05/2014	06 01 48.5	+24 50 10.0	0.4278886	0.7406827	9.07	21.9	1.0
31/05/2014	06 04 28.7	+24 39 21.9	0.4321961	0.7237887	9.28	21.6	1.2
01/06/2014	06 06 48.9	+24 27 36.8	0.4362783	0.7075076	9.50	21.1	1.3
02/06/2014	06 08 49.0	+24 14 59.5	0.4401271	0.6918672	9.71	20.6	1.4
03/06/2014	06 10 28.8	+24 01 34.9	0.4437350	0.6768960	9.93	20.0	1.6
04/06/2014	06 11 48.1	+23 47 27.7	0.4470958	0.6626230	10.14	19.4	1.7
05/06/2014	06 12 47.0	+23 32 42.6	0.4502038	0.6490780	10.35	18.6	1.9
06/06/2014	06 13 25.4	+23 17 24.5	0.4530540	0.6362917	10.56	17.8	2.1
07/06/2014	06 13 43.6	+23 01 38.3	0.4556424	0.6242954	10.76	17.0	2.3
08/06/2014	06 13 41.9	+22 45 29.1	0.4579652	0.6131214	10.96	16.0	2.5
09/06/2014	06 13 20.8	+22 29 01.9	0.4600192	0.6028022	11.15	15.0	2.7
10/06/2014	06 12 41.0	+22 12 22.4	0.4618019	0.5933706	11.33	13.9	2.9
11/06/2014	06 11 43.3	+21 55 36.1	0.4633110	0.5848596	11.49	12.8	3.1
12/06/2014	06 10 28.9	+21 38 49.1	0.4645446	0.5773012	11.64	11.6	3.4
13/06/2014	06 08 59.0	+21 22 07.7	0.4655013	0.5707268	11.77	10.4	3.7
14/06/2014	06 07 15.1	+21 05 38.5	0.4661800	0.5651659	11.89	9.1	4.0
15/06/2014	06 05 19.1	+20 49 28.6	0.4665800	0.5606460	11.99	7.8	4.2
16/06/2014	06 03 12.8	+20 33 45.2	0.4667007	0.5571917	12.06	6.6	4.5
17/06/2014	06 00 58.3	+20 18 35.7	0.4665421	0.5548246	12.11	5.4	4.8
18/06/2014	05 58 37.9	+20 04 07.7	0.4661043	0.5535624	12.14	4.5	5.0
19/06/2014	05 56 13.9	+19 50 28.9	0.4653878	0.5534188	12.14	3.9	5.2
20/06/2014	05 53 48.7	+19 37 46.6	0.4643935	0.5544031	12.12	3.8	5.2
21/06/2014	05 51 24.8	+19 26 08.0	0.4631224	0.5565202	12.08	4.3	5.1
22/06/2014	05 49 04.6	+19 15 39.7	0.4615762	0.5597705	12.00	5.2	4.9
23/06/2014	05 46 50.3	+19 06 27.8	0.4597566	0.5641499	11.91	6.3	4.6
24/06/2014	05 44 44.3	+18 58 37.5	0.4576659	0.5696502	11.80	7.5	4.3
25/06/2014	05 42 48.6	+18 52 13.0	0.4553070	0.5762591	11.66	8.7	4.0
26/06/2014	05 41 05.0	+18 47 17.7	0.4526829	0.5839609	11.51	10.0	3.7
27/06/2014	05 39 35.3	+18 43 53.7	0.4497974	0.5927369	11.34	11.1	3.4
28/06/2014	05 38 21.1	+18 42 02.1	0.4466549	0.6025652	11.15	12.3	3.1
29/06/2014	05 37 23.5	+18 41 42.9	0.4432603	0.6134223	10.95	13.4	2.9
30/06/2014	05 36 43.9	+18 42 54.8	0.4396193	0.6252823	10.75	14.4	2.6
01/07/2014	05 36 22.9	+18 45 35.7	0.4357385	0.6381182	10.53	15.4	2.4
02/07/2014	05 36 21.6	+18 49 42.4	0.4316252	0.6519014	10.31	16.3	2.2
03/07/2014	05 36 40.3	+18 55 10.9	0.4272880	0.6666028	10.08	17.1	2.0
04/07/2014	05 37 19.7	+19 01 56.3	0.4227363	0.6821922	9.85	17.9	1.8
05/07/2014	05 38 19.9	+19 09 53.0	0.4179809	0.6986385	9.62	18.5	1.6
06/07/2014	05 39 41.4	+19 18 54.8	0.4130343	0.7159099	9.39	19.1	1.4
07/07/2014	05 41 24.3	+19 28 54.8	0.4079101	0.7339735	9.16	19.6	1.2
08/07/2014	05 43 28.6	+19 39 45.6	0.4026240	0.7527953	8.93	20.0	1.1
09/07/2014	05 45 54.3	+19 51 19.4	0.3971934	0.7723393	8.70	20.4	0.9
10/07/2014	05 48 41.6	+20 03 28.0	0.3916380	0.7925679	8.48	20.6	0.8
11/07/2014	05 51 50.3	+20 16 02.5	0.3859799	0.8134404	8.26	20.8	0.6
12/07/2014	05 55 20.4	+20 28 54.0	0.3802435	0.8349133	8.05	20.9	0.5
13/07/2014	05 59 11.8	+20 41 52.8	0.3744561	0.8569388	7.84	20.9	0.4
14/07/2014	06 03 24.3	+20 54 49.0	0.3686480	0.8794646	7.64	20.9	0.2
15/07/2014	06 07 57.8	+21 07 32.4	0.3628524	0.9024330	7.45	20.7	0.1
16/07/2014	06 12 52.2	+21 19 52.3	0.3571058	0.9257800	7.26	20.5	0.0
17/07/2014	06 18 07.1	+21 31 37.6	0.3514480	0.9494349	7.08	20.2	-0.1
18/07/2014	06 23 42.3	+21 42 37.2	0.3459219	0.9733194	6.90	19.9	-0.2
19/07/2014	06 29 37.4	+21 52 39.3	0.3405734	0.9973471	6.74	19.4	-0.3
20/07/2014	06 35 51.9	+22 01 32.3	0.3354509	1.0214235	6.58	18.9	-0.4
21/07/2014	06 42 25.3	+22 09 04.3	0.3306050	1.0454456	6.43	18.4	-0.5
22/07/2014	06 49 16.9	+22 15 03.4	0.3260878	1.0693025	6.28	17.8	-0.6
23/07/2014	06 56 25.8	+22 19 18.2	0.3219514	1.0928762	6.15	17.1	-0.7
24/07/2014	07 03 51.0	+22 21 37.5	0.3182474	1.1160427	6.02	16.3	-0.8
25/07/2014	07 11 31.5	+22 21 51.0	0.3150248	1.1386745	5.90	15.5	-0.9
26/07/2014	07 19 25.8	+22 19 49.0	0.3123290	1.1606425	5.79	14.6	-1.0
27/07/2014	07 27 32.5	+22 15 23.4	0.3101999	1.1818196	5.69	13.7	-1.1
28/07/2014	07 35 50.0	+22 08 27.4	0.3086700	1.2020836	5.59	12.8	-1.2
29/07/2014	07 44 16.6	+21 58 55.8	0.3077638	1.2213207	5.50	11.8	-1.3
30/07/2014	07 52 50.4	+21 46 45.5	0.3074959	1.2394293	5.42	10.8	-1.4
31/07/2014	08 01 29.6	+21 31 55.1	0.3078706	1.2563223	5.35	9.7	-1.4
01/08/2014	08 10 12.3	+21 14 25.5	0.3088819	1.2719302	5.28	8.7	-1.5
02/08/2014	08 18 56.8	+20 54 19.3	0.3105134	1.2862018	5.22	7.6	-1.6
03/08/2014	08 27 41.3	+20 31 40.7	0.3127394	1.2991051	5.17	6.5	-1.7
04/08/2014	08 36 24.1	+20 06 35.9	0.3155258	1.3106272	5.13	5.4	-1.7
05/08/2014	08 45 03.9	+19 39 12.0	0.3188317	1.3207723	5.09	4.4	-1.8

GG/MM/AAAA	A.R.	DECL.	Dist.	RV	Diam.	El.	Mag.
06/08/2014	08 53 39.4	+19 09 37.2	0.3226112	1.3295606	5.05	3.4	-1.9
07/08/2014	09 02 09.4	+18 38 00.5	0.3268146	1.3370258	5.03	2.5	-1.9
08/08/2014	09 10 33.1	+18 04 31.2	0.3313902	1.3432121	5.00	1.9	-2.0
09/08/2014	09 18 49.6	+17 29 18.9	0.3362856	1.3481721	4.98	1.8	-1.9
10/08/2014	09 26 58.5	+16 52 33.1	0.3414492	1.3519641	4.97	2.3	-1.9
11/08/2014	09 34 59.4	+16 14 23.1	0.3468307	1.3546501	4.96	3.1	-1.7
12/08/2014	09 42 51.8	+15 34 58.1	0.3523818	1.3562934	4.95	4.0	-1.6
13/08/2014	09 50 35.7	+14 54 26.7	0.3580573	1.3569574	4.95	4.9	-1.5
14/08/2014	09 58 10.9	+14 12 56.8	0.3638147	1.3567042	4.95	5.8	-1.4
15/08/2014	10 05 37.5	+13 30 36.4	0.3696148	1.3555939	4.96	6.8	-1.3
16/08/2014	10 12 55.7	+12 47 32.4	0.3754218	1.3536832	4.96	7.7	-1.2
17/08/2014	10 20 05.4	+12 03 51.5	0.3812027	1.3510261	4.97	8.6	-1.1
18/08/2014	10 27 06.8	+11 19 39.9	0.3869279	1.3476724	4.99	9.5	-1.0
19/08/2014	10 34 00.3	+10 35 03.2	0.3925706	1.3436685	5.00	10.3	-0.9
20/08/2014	10 40 45.9	+09 50 06.8	0.3981067	1.3390570	5.02	11.2	-0.8
21/08/2014	10 47 24.0	+09 04 55.3	0.4035145	1.3338769	5.04	12.0	-0.8
22/08/2014	10 53 54.7	+08 19 33.2	0.4087748	1.3281632	5.06	12.8	-0.7
23/08/2014	11 00 18.4	+07 34 04.6	0.4138705	1.3219481	5.08	13.6	-0.6
24/08/2014	11 06 35.2	+06 48 33.3	0.4187862	1.3152600	5.11	14.3	-0.6
25/08/2014	11 12 45.4	+06 03 02.8	0.4235085	1.3081248	5.14	15.1	-0.5
26/08/2014	11 18 49.3	+05 17 36.2	0.4280252	1.3005652	5.17	15.8	-0.5
27/08/2014	11 24 47.1	+04 32 16.6	0.4323258	1.2926015	5.20	16.5	-0.4
28/08/2014	11 30 38.9	+03 47 06.9	0.4364009	1.2842517	5.23	17.1	-0.4
29/08/2014	11 36 25.0	+03 02 09.6	0.4402423	1.2755315	5.27	17.8	-0.3
30/08/2014	11 42 05.6	+02 17 27.3	0.4438426	1.2664547	5.31	18.4	-0.3
31/08/2014	11 47 40.9	+01 33 02.2	0.4471956	1.2570332	5.35	19.0	-0.3
01/09/2014	11 53 10.9	+00 48 56.8	0.4502956	1.2472776	5.39	19.6	-0.2
02/09/2014	11 58 35.9	+00 05 13.1	0.4531378	1.2371967	5.43	20.2	-0.2
03/09/2014	12 03 55.9	-00 38 06.8	0.4557180	1.2267981	5.48	20.7	-0.2
04/09/2014	12 09 11.1	-01 21 00.8	0.4580324	1.2160886	5.53	21.2	-0.1
05/09/2014	12 14 21.5	-02 03 26.8	0.4600781	1.2050737	5.58	21.7	-0.1
06/09/2014	12 19 27.2	-02 45 22.8	0.4618522	1.1937579	5.63	22.2	-0.1
07/09/2014	12 24 28.3	-03 26 46.9	0.4633527	1.1821454	5.68	22.7	-0.1
08/09/2014	12 29 24.6	-04 07 37.0	0.4645777	1.1702395	5.74	23.1	-0.1
09/09/2014	12 34 16.3	-04 47 51.0	0.4655258	1.1580427	5.80	23.5	-0.0
10/09/2014	12 39 03.2	-05 27 27.0	0.4661959	1.1455575	5.87	23.9	-0.0
11/09/2014	12 43 45.4	-06 06 22.7	0.4665871	1.1327857	5.93	24.3	0.0
12/09/2014	12 48 22.7	-06 44 35.8	0.4666991	1.1197291	6.00	24.6	0.0
13/09/2014	12 52 55.0	-07 22 04.1	0.4665318	1.1063893	6.07	24.9	0.0
14/09/2014	12 57 22.1	-07 58 45.0	0.4660853	1.0927679	6.15	25.2	0.0
15/09/2014	13 01 43.7	-08 34 36.0	0.4653602	1.0788671	6.23	25.5	0.0
16/09/2014	13 05 59.8	-09 09 34.0	0.4643570	1.0646895	6.31	25.7	0.1
17/09/2014	13 10 09.8	-09 43 36.2	0.4630775	1.0502381	6.40	25.9	0.1
18/09/2014	13 14 13.5	-10 16 39.2	0.4615227	1.0355173	6.49	26.1	0.1
19/09/2014	13 18 10.5	-10 48 39.5	0.4596946	1.0205325	6.58	26.2	0.1
20/09/2014	13 22 00.3	-11 19 33.0	0.4575955	1.0052904	6.68	26.3	0.1
21/09/2014	13 25 42.3	-11 49 15.7	0.4552282	0.9897999	6.79	26.4	0.1
22/09/2014	13 29 15.9	-12 17 42.8	0.4525959	0.9740718	6.90	26.4	0.1
23/09/2014	13 32 40.4	-12 44 49.2	0.4497023	0.9581198	7.01	26.4	0.1
24/09/2014	13 35 55.0	-13 10 29.2	0.4465519	0.9419604	7.13	26.3	0.2
25/09/2014	13 38 58.9	-13 34 36.6	0.4431495	0.9256141	7.26	26.2	0.2
26/09/2014	13 41 51.0	-13 57 04.5	0.4395009	0.9091058	7.39	26.0	0.2
27/09/2014	13 44 30.4	-14 17 45.1	0.4356127	0.8924652	7.53	25.7	0.2
28/09/2014	13 46 55.7	-14 36 30.0	0.4314924	0.8757283	7.67	25.4	0.3
29/09/2014	13 49 05.8	-14 53 09.7	0.4271482	0.8589381	7.82	25.1	0.3
30/09/2014	13 50 59.2	-15 07 33.8	0.4225900	0.8421456	7.98	24.6	0.4
01/10/2014	13 52 34.4	-15 19 30.9	0.4178286	0.8254110	8.14	24.1	0.4
02/10/2014	13 53 49.8	-15 28 48.5	0.4128762	0.8088052	8.31	23.4	0.5
03/10/2014	13 54 44.0	-15 35 12.9	0.4077467	0.7924111	8.48	22.7	0.6
04/10/2014	13 55 15.1	-15 38 29.8	0.4024559	0.7763252	8.66	21.9	0.7
05/10/2014	13 55 21.7	-15 38 23.7	0.3970212	0.7606587	8.83	20.9	0.8
06/10/2014	13 55 02.2	-15 34 39.1	0.3914623	0.7455392	9.01	19.8	1.0
07/10/2014	13 54 15.5	-15 27 00.5	0.3858014	0.7311115	9.19	18.7	1.2
08/10/2014	13 53 00.5	-15 15 13.4	0.3800631	0.7175381	9.37	17.3	1.4
09/10/2014	13 51 16.9	-14 59 05.3	0.3742747	0.7049992	9.53	15.9	1.6
10/10/2014	13 49 04.7	-14 38 27.5	0.3684665	0.6936913	9.69	14.3	1.9
11/10/2014	13 46 25.1	-14 13 16.2	0.3626720	0.6838248	9.83	12.5	2.3
12/10/2014	13 43 19.8	-13 43 34.8	0.3569277	0.6756197	9.95	10.7	2.7
13/10/2014	13 39 51.7	-13 09 36.2	0.3512736	0.6692996	10.04	8.7	3.2
14/10/2014	13 36 05.1	-12 31 43.7	0.3457524	0.6650832	10.10	6.7	3.7
15/10/2014	13 32 05.0	-11 50 32.9	0.3404104	0.6631747	10.13	4.6	4.3
16/10/2014	13 27 57.7	-11 06 51.3	0.3352959	0.6637528	10.12	2.6	5.0
17/10/2014	13 23 50.0	-10 21 37.3	0.3304597	0.6669589	10.08	1.5	5.4

GG/MM/AAAA	A.R.	DECL.	Dist.	RV	Diam.	El.	Mag.
18/10/2014	13 19 49.2	-09 35 57.9	0.3259537	0.6728870	9.99	2.7	4.9
19/10/2014	13 16 02.6	-08 51 04.3	0.3218302	0.6815755	9.86	4.7	4.1
20/10/2014	13 12 37.3	-08 08 07.9	0.3181407	0.6930017	9.70	6.7	3.4
21/10/2014	13 09 39.2	-07 28 15.8	0.3149341	0.7070812	9.50	8.6	2.8
22/10/2014	13 07 13.5	-06 52 26.3	0.3122555	0.7236703	9.29	10.4	2.2
23/10/2014	13 05 23.9	-06 21 26.5	0.3101448	0.7425730	9.05	12.0	1.7
24/10/2014	13 04 12.9	-05 55 50.4	0.3086342	0.7635498	8.80	13.5	1.3
25/10/2014	13 03 41.5	-05 35 58.8	0.3077478	0.7863291	8.55	14.7	0.9
26/10/2014	13 03 49.9	-05 22 00.0	0.3075000	0.8106189	8.29	15.8	0.6
27/10/2014	13 04 36.9	-05 13 51.4	0.3078948	0.8361187	8.04	16.7	0.3
28/10/2014	13 06 00.9	-05 11 21.3	0.3089257	0.8625297	7.79	17.4	0.1
29/10/2014	13 07 59.3	-05 14 11.6	0.3105762	0.8895643	7.55	17.9	-0.1
30/10/2014	13 10 29.6	-05 21 58.9	0.3128201	0.9169531	7.33	18.3	-0.3
31/10/2014	13 13 28.7	-05 34 17.1	0.3156233	0.9444508	7.12	18.5	-0.4
01/11/2014	13 16 53.8	-05 50 38.7	0.3189446	0.9718389	6.91	18.6	-0.5
02/11/2014	13 20 42.0	-06 10 35.7	0.3227380	0.9989279	6.73	18.7	-0.6
03/11/2014	13 24 50.5	-06 33 40.8	0.3269536	1.0255571	6.55	18.6	-0.6
04/11/2014	13 29 16.9	-06 59 27.9	0.3315398	1.0515937	6.39	18.4	-0.7
05/11/2014	13 33 58.7	-07 27 32.9	0.3364443	1.0769310	6.24	18.1	-0.7
06/11/2014	13 38 54.0	-07 57 33.0	0.3416153	1.1014857	6.10	17.8	-0.7
07/11/2014	13 44 00.9	-08 29 08.0	0.3470026	1.1251953	5.97	17.4	-0.8
08/11/2014	13 49 17.8	-09 01 59.5	0.3525581	1.1480150	5.85	17.0	-0.8
09/11/2014	13 54 43.3	-09 35 50.8	0.3582366	1.1699155	5.74	16.6	-0.8
10/11/2014	14 00 16.2	-10 10 27.3	0.3639957	1.1908798	5.64	16.1	-0.8
11/11/2014	14 05 55.5	-10 45 36.0	0.3697964	1.2109010	5.55	15.6	-0.8
12/11/2014	14 11 40.5	-11 21 05.4	0.3756029	1.2299806	5.46	15.0	-0.8
13/11/2014	14 17 30.2	-11 56 45.4	0.3813824	1.2481265	5.38	14.5	-0.8
14/11/2014	14 23 24.2	-12 32 27.1	0.3871053	1.2653512	5.31	13.9	-0.8
15/11/2014	14 29 21.9	-13 08 02.7	0.3927448	1.2816708	5.24	13.4	-0.8
16/11/2014	14 35 23.0	-13 43 25.2	0.3982771	1.2971042	5.18	12.8	-0.8
17/11/2014	14 41 27.0	-14 18 28.7	0.4036805	1.3116716	5.12	12.2	-0.8
18/11/2014	14 47 33.8	-14 53 07.7	0.4089358	1.3253945	5.07	11.6	-0.8
19/11/2014	14 53 43.0	-15 27 17.5	0.4140260	1.3382944	5.02	11.0	-0.8
20/11/2014	14 59 54.6	-16 00 53.9	0.4189358	1.3503933	4.98	10.5	-0.8
21/11/2014	15 06 08.4	-16 33 53.1	0.4236517	1.3617124	4.93	9.9	-0.8
22/11/2014	15 12 24.3	-17 06 11.8	0.4281617	1.3722726	4.90	9.3	-0.8
23/11/2014	15 18 42.2	-17 37 46.9	0.4324554	1.3820939	4.86	8.7	-0.9
24/11/2014	15 25 02.0	-18 08 35.6	0.4365232	1.3911956	4.83	8.1	-0.9
25/11/2014	15 31 23.7	-18 38 35.4	0.4403571	1.3995959	4.80	7.5	-0.9
26/11/2014	15 37 47.3	-19 07 44.0	0.4439498	1.4073118	4.78	7.0	-0.9
27/11/2014	15 44 12.7	-19 35 59.2	0.4472949	1.4143595	4.75	6.4	-0.9
28/11/2014	15 50 40.0	-20 03 19.0	0.4503869	1.4207539	4.73	5.8	-0.9
29/11/2014	15 57 09.1	-20 29 41.6	0.4532210	1.4265086	4.71	5.2	-1.0
30/11/2014	16 03 39.9	-20 55 05.0	0.4557929	1.4316364	4.69	4.7	-1.0
01/12/2014	16 10 12.7	-21 19 27.8	0.4580990	1.4361484	4.68	4.1	-1.0
02/12/2014	16 16 47.2	-21 42 48.1	0.4601362	1.4400550	4.67	3.6	-1.0
03/12/2014	16 23 23.5	-22 05 04.4	0.4619018	1.4433650	4.66	3.1	-1.1
04/12/2014	16 30 01.7	-22 26 15.3	0.4633938	1.4460861	4.65	2.5	-1.1
05/12/2014	16 36 41.7	-22 46 19.2	0.4646102	1.4482250	4.64	2.0	-1.1
06/12/2014	16 43 23.5	-23 05 14.8	0.4655496	1.4497869	4.64	1.6	-1.1
07/12/2014	16 50 07.1	-23 23 00.6	0.4662110	1.4507761	4.63	1.2	-1.2
08/12/2014	16 56 52.4	-23 39 35.2	0.4665936	1.4511954	4.63	1.1	-1.2
09/12/2014	17 03 39.5	-23 54 57.1	0.4666970	1.4510467	4.63	1.2	-1.2
10/12/2014	17 10 28.3	-24 09 05.1	0.4665210	1.4503308	4.63	1.5	-1.1
11/12/2014	17 17 18.7	-24 21 57.7	0.4660659	1.4490473	4.64	1.9	-1.1
12/12/2014	17 24 10.7	-24 33 33.8	0.4653322	1.4471945	4.64	2.4	-1.1
13/12/2014	17 31 04.3	-24 43 51.8	0.4643206	1.4447698	4.65	3.0	-1.1
14/12/2014	17 37 59.3	-24 52 50.6	0.4630325	1.4417696	4.66	3.5	-1.0
15/12/2014	17 44 55.7	-25 00 28.8	0.4614692	1.4381888	4.67	4.0	-1.0
16/12/2014	17 51 53.4	-25 06 45.2	0.4596328	1.4340216	4.69	4.6	-1.0
17/12/2014	17 58 52.2	-25 11 38.5	0.4575255	1.4292607	4.70	5.1	-1.0
18/12/2014	18 05 52.0	-25 15 07.6	0.4551501	1.4238978	4.72	5.7	-0.9
19/12/2014	18 12 52.8	-25 17 11.3	0.4525097	1.4179236	4.74	6.2	-0.9
20/12/2014	18 19 54.3	-25 17 48.4	0.4496083	1.4113272	4.76	6.8	-0.9
21/12/2014	18 26 56.3	-25 16 58.0	0.4464502	1.4040971	4.79	7.3	-0.9
22/12/2014	18 33 58.7	-25 14 38.9	0.4430403	1.3962202	4.81	7.9	-0.9
23/12/2014	18 41 01.2	-25 10 50.4	0.4393844	1.3876826	4.84	8.5	-0.9
24/12/2014	18 48 03.7	-25 05 31.6	0.4354891	1.3784692	4.87	9.0	-0.8
25/12/2014	18 55 05.8	-24 58 41.7	0.4313619	1.3685640	4.91	9.6	-0.8
26/12/2014	19 02 07.2	-24 50 20.1	0.4270113	1.3579498	4.95	10.2	-0.8
27/12/2014	19 09 07.6	-24 40 26.4	0.4224469	1.3466088	4.99	10.8	-0.8
28/12/2014	19 16 06.7	-24 29 00.3	0.4176797	1.3345222	5.04	11.3	-0.8
29/12/2014	19 23 04.1	-24 16 01.8	0.4127219	1.3216707	5.08	11.9	-0.8

GG/MM/AAAA	A.R.	DECL.	Dist.	RV	Diam.	El.	Mag.
30/12/2014	19 29 59.2	-24 01 31.0	0.4075876	1.3080344	5.14	12.5	-0.8
31/12/2014	19 36 51.7	-23 45 28.4	0.4022924	1.2935933	5.19	13.0	-0.8
01/01/2015	19 43 40.8	-23 27 54.8	0.3968539	1.2783275	5.26	13.6	-0.8
02/01/2015	19 50 26.1	-23 08 51.6	0.3912919	1.2622177	5.32	14.2	-0.8
03/01/2015	19 57 06.8	-22 48 20.4	0.3856286	1.2452460	5.40	14.7	-0.8
04/01/2015	20 03 42.1	-22 26 23.7	0.3798887	1.2273962	5.48	15.2	-0.8
05/01/2015	20 10 11.0	-22 03 04.4	0.3740996	1.2086549	5.56	15.7	-0.8
06/01/2015	20 16 32.6	-21 38 26.2	0.3682918	1.1890130	5.65	16.2	-0.8
07/01/2015	20 22 45.7	-21 12 34.0	0.3624986	1.1684663	5.75	16.7	-0.8
08/01/2015	20 28 48.8	-20 45 33.5	0.3567569	1.1470178	5.86	17.2	-0.8
09/01/2015	20 34 40.7	-20 17 31.7	0.3511065	1.1246791	5.98	17.6	-0.8
10/01/2015	20 40 19.5	-19 48 37.1	0.3455905	1.1014727	6.10	18.0	-0.8
11/01/2015	20 45 43.3	-19 18 59.7	0.3402550	1.0774345	6.24	18.3	-0.7
12/01/2015	20 50 50.1	-18 48 51.2	0.3351486	1.0526162	6.38	18.5	-0.7
13/01/2015	20 55 37.6	-18 18 25.2	0.3303221	1.0270884	6.54	18.7	-0.7
14/01/2015	21 00 03.0	-17 47 57.5	0.3258273	1.0009429	6.71	18.9	-0.6
15/01/2015	21 04 03.8	-17 17 45.8	0.3217165	0.9742958	6.90	18.9	-0.5
16/01/2015	21 07 36.8	-16 48 09.9	0.3180412	0.9472894	7.09	18.8	-0.5
17/01/2015	21 10 39.1	-16 19 31.5	0.3148502	0.9200939	7.30	18.7	-0.4
18/01/2015	21 13 07.4	-15 52 14.2	0.3121885	0.8929082	7.53	18.3	-0.2
19/01/2015	21 14 58.7	-15 26 42.4	0.3100956	0.8659587	7.76	17.9	-0.1
20/01/2015	21 16 10.1	-15 03 21.4	0.3086037	0.8394977	8.00	17.3	0.1
21/01/2015	21 16 39.2	-14 42 35.7	0.3077365	0.8137984	8.26	16.5	0.4
22/01/2015	21 16 23.9	-14 24 48.8	0.3075081	0.7891498	8.52	15.5	0.7
23/01/2015	21 15 23.4	-14 10 20.9	0.3079221	0.7658478	8.77	14.4	1.0
24/01/2015	21 13 37.5	-13 59 28.5	0.3089720	0.7441857	9.03	13.0	1.4
25/01/2015	21 11 07.8	-13 52 22.3	0.3106406	0.7244431	9.28	11.6	1.8
26/01/2015	21 07 57.0	-13 49 06.6	0.3129017	0.7068740	9.51	9.9	2.4
27/01/2015	21 04 09.5	-13 49 38.1	0.3157209	0.6916951	9.72	8.2	2.9
28/01/2015	20 59 51.2	-13 53 46.0	0.3190569	0.6790753	9.90	6.4	3.5
29/01/2015	20 55 09.2	-14 01 12.2	0.3228634	0.6691276	10.04	4.8	4.1
30/01/2015	20 50 11.7	-14 11 32.9	0.3270907	0.6619046	10.15	3.6	4.5
31/01/2015	20 45 07.3	-14 24 19.6	0.3316869	0.6573969	10.22	3.6	4.6
01/02/2015	20 40 04.6	-14 39 01.6	0.3365997	0.6555371	10.25	4.8	4.2
02/02/2015	20 35 11.8	-14 55 07.8	0.3417776	0.6562059	10.24	6.5	3.7
03/02/2015	20 30 36.2	-15 12 08.5	0.3471703	0.6592419	10.19	8.4	3.2
04/02/2015	20 26 23.8	-15 29 36.5	0.3527298	0.6644528	10.11	10.3	2.7
05/02/2015	20 22 39.4	-15 47 08.4	0.3584109	0.6716267	10.01	12.2	2.3
06/02/2015	20 19 26.2	-16 04 24.2	0.3641715	0.6805425	9.87	13.9	2.0
07/02/2015	20 16 46.6	-16 21 07.8	0.3699726	0.6909794	9.73	15.5	1.7
08/02/2015	20 14 41.3	-16 37 06.2	0.3757784	0.7027235	9.56	17.0	1.4
09/02/2015	20 13 10.5	-16 52 09.6	0.3815562	0.7155730	9.39	18.4	1.2
10/02/2015	20 12 13.7	-17 06 10.2	0.3872767	0.7293420	9.21	19.6	1.0
11/02/2015	20 11 49.4	-17 19 02.3	0.3929131	0.7438615	9.03	20.8	0.8
12/02/2015	20 11 56.4	-17 30 41.6	0.3984415	0.7589807	8.85	21.8	0.7
13/02/2015	20 12 32.7	-17 41 05.2	0.4038405	0.7745662	8.68	22.6	0.6
14/02/2015	20 13 36.4	-17 50 10.6	0.4090909	0.7905012	8.50	23.4	0.5
15/02/2015	20 15 05.7	-17 57 56.2	0.4141756	0.8066845	8.33	24.1	0.4
16/02/2015	20 16 58.6	-18 04 21.0	0.4190795	0.8230289	8.16	24.7	0.3
17/02/2015	20 19 13.2	-18 09 24.1	0.4237892	0.8394598	8.01	25.2	0.3
18/02/2015	20 21 47.9	-18 13 05.0	0.4282927	0.8559138	7.85	25.6	0.3
19/02/2015	20 24 40.8	-18 15 23.5	0.4325795	0.8723375	7.70	25.9	0.2
20/02/2015	20 27 50.6	-18 16 19.4	0.4366404	0.8886858	7.56	26.2	0.2
21/02/2015	20 31 15.6	-18 15 52.5	0.4404670	0.9049213	7.43	26.4	0.1
22/02/2015	20 34 54.7	-18 14 03.0	0.4440522	0.9210129	7.30	26.6	0.1
23/02/2015	20 38 46.6	-18 10 51.1	0.4473896	0.9369350	7.17	26.7	0.1
24/02/2015	20 42 50.3	-18 06 16.7	0.4504739	0.9526665	7.05	26.7	0.1
25/02/2015	20 47 04.6	-18 00 20.3	0.4533000	0.9681904	6.94	26.7	0.1
26/02/2015	20 51 28.8	-17 53 02.0	0.4558639	0.9834927	6.83	26.7	0.1
27/02/2015	20 56 01.9	-17 44 22.3	0.4581619	0.9985623	6.73	26.6	0.1
28/02/2015	21 00 43.2	-17 34 21.3	0.4601909	1.0133903	6.63	26.5	0.0
01/03/2015	21 05 32.1	-17 22 59.4	0.4619483	1.0279699	6.54	26.4	0.0
02/03/2015	21 10 28.0	-17 10 17.0	0.4634319	1.0422956	6.45	26.2	0.0
03/03/2015	21 15 30.2	-16 56 14.6	0.4646400	1.0563632	6.36	26.0	0.0
04/03/2015	21 20 38.3	-16 40 52.3	0.4655711	1.0701696	6.28	25.7	0.0
05/03/2015	21 25 51.9	-16 24 10.8	0.4662241	1.0837123	6.20	25.5	0.0
06/03/2015	21 31 10.5	-16 06 10.4	0.4665982	1.0969895	6.13	25.2	-0.0
07/03/2015	21 36 33.9	-15 46 51.4	0.4666932	1.1099996	6.05	24.8	-0.0
08/03/2015	21 42 01.5	-15 26 14.5	0.4665088	1.1227415	5.99	24.5	-0.0
09/03/2015	21 47 33.3	-15 04 19.9	0.4660453	1.1352137	5.92	24.1	-0.1
10/03/2015	21 53 09.0	-14 41 08.1	0.4653032	1.1474149	5.86	23.7	-0.1
11/03/2015	21 58 48.2	-14 16 39.7	0.4642833	1.1593436	5.80	23.3	-0.1
12/03/2015	22 04 31.0	-13 50 55.0	0.4629869	1.1709979	5.74	22.9	-0.1

GG/MM/AAAA	A.R.	DECL.	Dist.	RV	Diam.	El.	Mag.
13/03/2015	22 10 17.0	-13 23 54.5	0.4614154	1.1823752	5.68	22.4	-0.1
14/03/2015	22 16 06.2	-12 55 38.8	0.4595708	1.1934726	5.63	21.9	-0.1
15/03/2015	22 21 58.4	-12 26 08.3	0.4574553	1.2042864	5.58	21.4	-0.2
16/03/2015	22 27 53.6	-11 55 23.5	0.4550719	1.2148119	5.53	20.9	-0.2
17/03/2015	22 33 51.7	-11 23 24.9	0.4524236	1.2250436	5.49	20.3	-0.2
18/03/2015	22 39 52.7	-10 50 13.1	0.4495144	1.2349749	5.44	19.7	-0.3
19/03/2015	22 45 56.5	-10 15 48.7	0.4463486	1.2445981	5.40	19.2	-0.3
20/03/2015	22 52 03.1	-09 40 12.1	0.4429312	1.2539040	5.36	18.5	-0.3
21/03/2015	22 58 12.6	-09 03 24.1	0.4392680	1.2628822	5.32	17.9	-0.4
22/03/2015	23 04 25.0	-08 25 25.1	0.4353656	1.2715205	5.29	17.2	-0.4
23/03/2015	23 10 40.3	-07 46 16.0	0.4312316	1.2798048	5.25	16.6	-0.5
24/03/2015	23 16 58.7	-07 05 57.3	0.4268744	1.2877193	5.22	15.8	-0.5
25/03/2015	23 23 20.1	-06 24 30.0	0.4223037	1.2952456	5.19	15.1	-0.6
26/03/2015	23 29 44.8	-05 41 54.9	0.4175305	1.3023631	5.16	14.4	-0.6
27/03/2015	23 36 12.7	-04 58 13.1	0.4125672	1.3090482	5.13	13.6	-0.7
28/03/2015	23 42 44.1	-04 13 25.5	0.4074277	1.3152746	5.11	12.8	-0.7
29/03/2015	23 49 19.1	-03 27 33.5	0.4021279	1.3210128	5.09	12.0	-0.8
30/03/2015	23 55 57.8	-02 40 38.5	0.3966853	1.3262298	5.07	11.1	-0.9
31/03/2015	00 02 40.4	-01 52 42.1	0.3911200	1.3308891	5.05	10.3	-1.0
01/04/2015	00 09 26.9	-01 03 46.4	0.3854540	1.3349507	5.03	9.4	-1.1
02/04/2015	00 16 17.7	-00 13 53.5	0.3797121	1.3383704	5.02	8.5	-1.1
03/04/2015	00 23 12.8	+00 36 53.9	0.3739220	1.3411005	5.01	7.5	-1.2
04/04/2015	00 30 12.3	+01 28 33.0	0.3681141	1.3430892	5.00	6.6	-1.3
05/04/2015	00 37 16.4	+02 21 00.1	0.3623220	1.3442812	5.00	5.6	-1.4
06/04/2015	00 44 25.1	+03 14 11.2	0.3565824	1.3446177	5.00	4.6	-1.6
07/04/2015	00 51 38.6	+04 08 01.7	0.3509355	1.3440372	5.00	3.6	-1.7
08/04/2015	00 58 56.8	+05 02 26.1	0.3454244	1.3424760	5.01	2.6	-1.8
09/04/2015	01 06 19.8	+05 57 18.3	0.3400951	1.3398694	5.02	1.6	-2.0
10/04/2015	01 13 47.3	+06 52 31.2	0.3349966	1.3361528	5.03	0.9	-2.1
11/04/2015	01 21 19.3	+07 47 57.2	0.3301793	1.3312637	5.05	1.2	-2.1
12/04/2015	01 28 55.4	+08 43 27.1	0.3256955	1.3251435	5.07	2.1	-2.0
13/04/2015	01 36 35.2	+09 38 51.2	0.3215974	1.3177396	5.10	3.2	-1.9
14/04/2015	01 44 18.4	+10 33 59.0	0.3179361	1.3090082	5.13	4.3	-1.9
15/04/2015	01 52 04.3	+11 28 39.0	0.3147607	1.2989170	5.17	5.4	-1.8
16/04/2015	01 59 52.1	+12 22 39.2	0.3121158	1.2874473	5.22	6.5	-1.7
17/04/2015	02 07 41.1	+13 15 47.0	0.3100409	1.2745964	5.27	7.6	-1.6
18/04/2015	02 15 30.2	+14 07 49.7	0.3085678	1.2603800	5.33	8.7	-1.5
19/04/2015	02 23 18.5	+14 58 34.5	0.3077200	1.2448322	5.40	9.8	-1.5
20/04/2015	02 31 04.7	+15 47 49.1	0.3075112	1.2280067	5.47	10.9	-1.4
21/04/2015	02 38 47.7	+16 35 21.9	0.3079449	1.2099757	5.55	12.0	-1.3
22/04/2015	02 46 26.2	+17 21 01.9	0.3090140	1.1908279	5.64	13.0	-1.2
23/04/2015	02 53 59.0	+18 04 39.5	0.3107012	1.1706668	5.74	13.9	-1.1
24/04/2015	03 01 24.8	+18 46 06.4	0.3129799	1.1496068	5.85	14.8	-1.0
25/04/2015	03 08 42.3	+19 25 15.6	0.3158155	1.1277704	5.96	15.7	-0.9
26/04/2015	03 15 50.5	+20 02 01.9	0.3191666	1.1052845	6.08	16.5	-0.8
27/04/2015	03 22 48.2	+20 36 21.1	0.3229868	1.0822772	6.21	17.3	-0.8
28/04/2015	03 29 34.3	+21 08 10.7	0.3272260	1.0588747	6.35	18.0	-0.7
29/04/2015	03 36 07.9	+21 37 29.4	0.3318327	1.0351990	6.49	18.6	-0.6
30/04/2015	03 42 28.1	+22 04 16.9	0.3367545	1.0113664	6.64	19.2	-0.5
01/05/2015	03 48 33.9	+22 28 34.1	0.3419396	0.9874857	6.81	19.7	-0.3
02/05/2015	03 54 24.7	+22 50 22.4	0.3473381	0.9636577	6.97	20.1	-0.2
03/05/2015	03 59 59.7	+23 09 43.9	0.3529020	0.9399751	7.15	20.5	-0.1
04/05/2015	04 05 18.1	+23 26 41.3	0.3585862	0.9165225	7.33	20.8	0.0
05/05/2015	04 10 19.4	+23 41 17.6	0.3643486	0.8933763	7.52	21.0	0.1
06/05/2015	04 15 03.0	+23 53 35.8	0.3701503	0.8706061	7.72	21.1	0.2
07/05/2015	04 19 28.3	+24 03 39.5	0.3759557	0.8482744	7.92	21.2	0.4
08/05/2015	04 23 34.7	+24 11 31.9	0.3817323	0.8264382	8.13	21.1	0.5
09/05/2015	04 27 21.8	+24 17 16.5	0.3874506	0.8051492	8.35	21.0	0.6
10/05/2015	04 30 49.2	+24 20 56.6	0.3930841	0.7844548	8.57	20.9	0.8
11/05/2015	04 33 56.3	+24 22 35.6	0.3986088	0.7643986	8.79	20.6	0.9
12/05/2015	04 36 42.8	+24 22 16.6	0.4040036	0.7450214	9.02	20.2	1.1
13/05/2015	04 39 08.5	+24 20 02.8	0.4092491	0.7263613	9.25	19.8	1.2
14/05/2015	04 41 13.1	+24 15 57.3	0.4143286	0.7084547	9.49	19.3	1.4
15/05/2015	04 42 56.5	+24 10 03.4	0.4192268	0.6913365	9.72	18.7	1.6
16/05/2015	04 44 18.5	+24 02 24.3	0.4239304	0.6750403	9.95	18.0	1.8
17/05/2015	04 45 19.4	+23 53 03.3	0.4284275	0.6595992	10.19	17.2	2.0
18/05/2015	04 45 59.2	+23 42 04.2	0.4327075	0.6450452	10.42	16.4	2.2
19/05/2015	04 46 18.3	+23 29 31.0	0.4367613	0.6314099	10.64	15.5	2.4
20/05/2015	04 46 17.2	+23 15 28.1	0.4405807	0.6187241	10.86	14.5	2.6
21/05/2015	04 45 56.8	+23 00 00.7	0.4441584	0.6070177	11.07	13.4	2.9
22/05/2015	04 45 17.8	+22 43 14.6	0.4474883	0.5963195	11.27	12.2	3.1
23/05/2015	04 44 21.4	+22 25 16.4	0.4505647	0.5866567	11.45	11.0	3.4
24/05/2015	04 43 09.0	+22 06 14.5	0.4533829	0.5780546	11.63	9.7	3.7

GG/MM/AAAA	A.R.	DECL.	Dist.	RV	Diam.	El.	Mag.
25/05/2015	04 41 42.1	+21 46 17.0	0.4559387	0.5705360	11.78	8.4	4.0
26/05/2015	04 40 02.5	+21 25 34.1	0.4582285	0.5641210	11.91	7.0	4.4
27/05/2015	04 38 12.2	+21 04 16.7	0.4602493	0.5588260	12.03	5.6	4.7
28/05/2015	04 36 13.2	+20 42 36.9	0.4619983	0.5546637	12.12	4.3	5.1
29/05/2015	04 34 07.8	+20 20 47.6	0.4634736	0.5516427	12.18	3.0	5.4
30/05/2015	04 31 58.3	+19 59 02.3	0.4646732	0.5497669	12.22	2.1	5.7
31/05/2015	04 29 47.1	+19 37 35.0	0.4655958	0.5490354	12.24	2.2	5.7
01/06/2015	04 27 36.5	+19 16 39.8	0.4662403	0.5494426	12.23	3.1	5.4
02/06/2015	04 25 28.8	+18 56 30.5	0.4666059	0.5509783	12.20	4.4	5.1
03/06/2015	04 23 26.3	+18 37 20.6	0.4666923	0.5536276	12.14	5.7	4.7
04/06/2015	04 21 30.9	+18 19 22.4	0.4664994	0.5573714	12.06	7.1	4.4
05/06/2015	04 19 44.7	+18 02 47.5	0.4660273	0.5621871	11.95	8.5	4.1
06/06/2015	04 18 09.2	+17 47 45.9	0.4652767	0.5680486	11.83	9.9	3.8
07/06/2015	04 16 46.2	+17 34 26.0	0.4642483	0.5749272	11.69	11.2	3.5
08/06/2015	04 15 36.8	+17 22 54.9	0.4629434	0.5827923	11.53	12.4	3.2
09/06/2015	04 14 42.2	+17 13 17.9	0.4613635	0.5916114	11.36	13.6	3.0
10/06/2015	04 14 03.3	+17 05 38.5	0.4595105	0.6013517	11.17	14.7	2.7
11/06/2015	04 13 40.8	+16 59 59.0	0.4573868	0.6119795	10.98	15.7	2.5
12/06/2015	04 13 35.3	+16 56 20.1	0.4549951	0.6234614	10.78	16.7	2.3
13/06/2015	04 13 47.2	+16 54 41.0	0.4523388	0.6357643	10.57	17.6	2.1
14/06/2015	04 14 16.8	+16 55 00.1	0.4494216	0.6488559	10.36	18.4	1.9
15/06/2015	04 15 04.3	+16 57 14.3	0.4462479	0.6627047	10.14	19.2	1.8
16/06/2015	04 16 09.7	+17 01 19.9	0.4428228	0.6772800	9.92	19.8	1.6
17/06/2015	04 17 33.2	+17 07 12.4	0.4391521	0.6925522	9.70	20.4	1.5
18/06/2015	04 19 14.6	+17 14 46.5	0.4352424	0.7084927	9.48	20.9	1.3
19/06/2015	04 21 13.8	+17 23 56.6	0.4311013	0.7250734	9.27	21.4	1.2
20/06/2015	04 23 30.9	+17 34 36.6	0.4267373	0.7422667	9.05	21.7	1.1
21/06/2015	04 26 05.7	+17 46 39.7	0.4221601	0.7600455	8.84	22.0	0.9
22/06/2015	04 28 58.1	+17 59 59.2	0.4173808	0.7783825	8.63	22.2	0.8
23/06/2015	04 32 07.9	+18 14 27.8	0.4124117	0.7972497	8.43	22.4	0.7
24/06/2015	04 35 35.2	+18 29 58.3	0.4072670	0.8166188	8.23	22.5	0.6
25/06/2015	04 39 19.8	+18 46 22.9	0.4019624	0.8364596	8.03	22.5	0.5
26/06/2015	04 43 21.7	+19 03 33.8	0.3965156	0.8567404	7.84	22.4	0.4
27/06/2015	04 47 40.9	+19 21 22.7	0.3909467	0.8774270	7.66	22.3	0.3
28/06/2015	04 52 17.2	+19 39 41.4	0.3852778	0.8984823	7.48	22.1	0.2
29/06/2015	04 57 10.8	+19 58 21.1	0.3795339	0.9198654	7.31	21.9	0.1
30/06/2015	05 02 21.5	+20 17 12.8	0.3737426	0.9415311	7.14	21.6	0.0
01/07/2015	05 07 49.4	+20 36 07.1	0.3679345	0.9634291	6.98	21.2	-0.1
02/07/2015	05 13 34.4	+20 54 54.4	0.3621432	0.9855036	6.82	20.8	-0.2
03/07/2015	05 19 36.6	+21 13 24.5	0.3564057	1.0076921	6.67	20.3	-0.3
04/07/2015	05 25 55.8	+21 31 26.8	0.3507621	1.0299250	6.52	19.7	-0.4
05/07/2015	05 32 31.9	+21 48 50.6	0.3452557	1.0521256	6.39	19.1	-0.5
06/07/2015	05 39 24.7	+22 05 24.5	0.3399326	1.0742090	6.26	18.4	-0.6
07/07/2015	05 46 33.9	+22 20 56.8	0.3348418	1.0960827	6.13	17.7	-0.7
08/07/2015	05 53 59.2	+22 35 15.8	0.3300339	1.1176468	6.01	17.0	-0.8
09/07/2015	06 01 40.0	+22 48 09.5	0.3255610	1.1387945	5.90	16.1	-0.8
10/07/2015	06 09 35.7	+22 59 26.0	0.3214754	1.1594135	5.80	15.2	-0.9
11/07/2015	06 17 45.3	+23 08 53.6	0.3178282	1.1793876	5.70	14.3	-1.0
12/07/2015	06 26 08.0	+23 16 21.0	0.3146684	1.1985992	5.61	13.4	-1.1
13/07/2015	06 34 42.6	+23 21 37.9	0.3120405	1.2169317	5.52	12.3	-1.2
14/07/2015	06 43 27.7	+23 24 34.7	0.3099835	1.2342727	5.44	11.3	-1.3
15/07/2015	06 52 21.8	+23 25 03.2	0.3085294	1.2505177	5.37	10.2	-1.4
16/07/2015	07 01 23.4	+23 22 57.0	0.3077011	1.2655729	5.31	9.1	-1.5
17/07/2015	07 10 30.5	+23 18 11.0	0.3075122	1.2793583	5.25	8.0	-1.6
18/07/2015	07 19 41.6	+23 10 42.3	0.3079657	1.2918106	5.20	6.9	-1.7
19/07/2015	07 28 54.7	+23 00 29.9	0.3090542	1.3028844	5.16	5.8	-1.8
20/07/2015	07 38 08.2	+22 47 34.8	0.3107602	1.3125532	5.12	4.6	-1.8
21/07/2015	07 47 20.3	+22 31 59.7	0.3130568	1.3208096	5.09	3.6	-1.9
22/07/2015	07 56 29.5	+22 13 49.0	0.3159091	1.3276637	5.06	2.6	-2.0
23/07/2015	08 05 34.3	+21 53 08.7	0.3192756	1.3331419	5.04	1.8	-2.1
24/07/2015	08 14 33.5	+21 30 05.7	0.3231096	1.3372844	5.03	1.6	-2.0
25/07/2015	08 23 25.9	+21 04 48.0	0.3273612	1.3401427	5.01	2.2	-2.0
26/07/2015	08 32 10.7	+20 37 24.2	0.3319785	1.3417767	5.01	3.1	-1.8
27/07/2015	08 40 47.0	+20 08 03.4	0.3369094	1.3422525	5.01	4.1	-1.7
28/07/2015	08 49 14.5	+19 36 54.5	0.3421020	1.3416398	5.01	5.1	-1.6
29/07/2015	08 57 32.5	+19 04 06.9	0.3475065	1.3400096	5.01	6.1	-1.5
30/07/2015	09 05 40.8	+18 29 49.3	0.3530750	1.3374329	5.02	7.1	-1.4
31/07/2015	09 13 39.3	+17 54 10.5	0.3587624	1.3339789	5.04	8.1	-1.3
01/08/2015	09 21 27.8	+17 17 18.9	0.3645267	1.3297142	5.05	9.1	-1.2
02/08/2015	09 29 06.4	+16 39 22.2	0.3703293	1.3247019	5.07	10.0	-1.1
03/08/2015	09 36 35.1	+16 00 28.1	0.3761344	1.3190011	5.09	11.0	-1.0
04/08/2015	09 43 54.1	+15 20 43.5	0.3819097	1.3126665	5.12	11.9	-0.9
05/08/2015	09 51 03.6	+14 40 14.9	0.3876259	1.3057487	5.15	12.8	-0.8

GG/MM/AAAA	A.R.	DECL.	Dist.	RV	Diam.	El.	Mag.
06/08/2015	09 58 03.6	+13 59 08.6	0.3932565	1.2982937	5.18	13.6	-0.7
07/08/2015	10 04 54.6	+13 17 30.2	0.3987776	1.2903432	5.21	14.4	-0.7
08/08/2015	10 11 36.7	+12 35 25.2	0.4041681	1.2819351	5.24	15.3	-0.6
09/08/2015	10 18 10.1	+11 52 58.4	0.4094089	1.2731033	5.28	16.0	-0.5
10/08/2015	10 24 35.0	+11 10 14.7	0.4144830	1.2638781	5.32	16.8	-0.5
11/08/2015	10 30 51.8	+10 27 18.2	0.4193755	1.2542865	5.36	17.5	-0.4
12/08/2015	10 37 00.7	+09 44 13.2	0.4240729	1.2443527	5.40	18.2	-0.4
13/08/2015	10 43 01.8	+09 01 03.3	0.4285635	1.2340978	5.45	18.9	-0.3
14/08/2015	10 48 55.5	+08 17 52.3	0.4328367	1.2235406	5.49	19.6	-0.3
15/08/2015	10 54 41.8	+07 34 43.6	0.4368834	1.2126975	5.54	20.2	-0.3
16/08/2015	11 00 20.9	+06 51 40.3	0.4406954	1.2015830	5.59	20.8	-0.2
17/08/2015	11 05 53.1	+06 08 45.6	0.4442656	1.1902095	5.65	21.4	-0.2
18/08/2015	11 11 18.5	+05 26 02.4	0.4475877	1.1785880	5.70	21.9	-0.1
19/08/2015	11 16 37.2	+04 43 33.7	0.4506562	1.1667282	5.76	22.5	-0.1
20/08/2015	11 21 49.2	+04 01 22.2	0.4534663	1.1546381	5.82	23.0	-0.1
21/08/2015	11 26 54.8	+03 19 30.8	0.4560139	1.1423252	5.88	23.4	-0.1
22/08/2015	11 31 53.8	+02 38 02.0	0.4582955	1.1297957	5.95	23.9	-0.0
23/08/2015	11 36 46.5	+01 56 58.7	0.4603078	1.1170552	6.02	24.3	0.0
24/08/2015	11 41 32.7	+01 16 23.5	0.4620485	1.1041088	6.09	24.7	0.0
25/08/2015	11 46 12.4	+00 36 19.3	0.4635152	1.0909610	6.16	25.1	0.0
26/08/2015	11 50 45.6	-00 03 11.3	0.4647062	1.0776164	6.24	25.5	0.1
27/08/2015	11 55 12.2	-00 42 05.1	0.4656201	1.0640791	6.32	25.8	0.1
28/08/2015	11 59 32.1	-01 20 19.4	0.4662559	1.0503535	6.40	26.1	0.1
29/08/2015	12 03 45.0	-01 57 50.9	0.4666129	1.0364442	6.48	26.3	0.1
30/08/2015	12 07 50.9	-02 34 36.4	0.4666906	1.0223561	6.57	26.5	0.1
31/08/2015	12 11 49.5	-03 10 32.5	0.4664889	1.0080946	6.67	26.7	0.1
01/09/2015	12 15 40.5	-03 45 35.4	0.4660082	0.9936658	6.76	26.9	0.2
02/09/2015	12 19 23.5	-04 19 41.3	0.4652488	0.9790768	6.86	27.0	0.2
03/09/2015	12 22 58.2	-04 52 46.0	0.4642118	0.9643357	6.97	27.1	0.2
04/09/2015	12 26 24.2	-05 24 44.9	0.4628982	0.9494522	7.08	27.1	0.2
05/09/2015	12 29 41.0	-05 55 33.0	0.4613097	0.9344378	7.19	27.1	0.3
06/09/2015	12 32 48.0	-06 25 05.0	0.4594482	0.9193060	7.31	27.1	0.3
07/09/2015	12 35 44.6	-06 53 15.1	0.4573160	0.9040732	7.43	27.0	0.3
08/09/2015	12 38 30.0	-07 19 56.6	0.4549160	0.8887587	7.56	26.8	0.3
09/09/2015	12 41 03.6	-07 45 02.8	0.4522514	0.8733853	7.69	26.6	0.4
10/09/2015	12 43 24.4	-08 08 25.7	0.4493261	0.8579801	7.83	26.4	0.4
11/09/2015	12 45 31.6	-08 29 57.0	0.4461444	0.8425750	7.98	26.0	0.4
12/09/2015	12 47 24.2	-08 49 27.4	0.4427115	0.8272075	8.12	25.6	0.5
13/09/2015	12 49 01.0	-09 06 46.9	0.4390332	0.8119211	8.28	25.2	0.5
14/09/2015	12 50 21.1	-09 21 44.5	0.4351161	0.7967669	8.43	24.6	0.6
15/09/2015	12 51 23.2	-09 34 08.5	0.4309679	0.7818037	8.60	24.0	0.7
16/09/2015	12 52 06.2	-09 43 46.3	0.4265970	0.7670996	8.76	23.2	0.8
17/09/2015	12 52 28.9	-09 50 24.4	0.4220132	0.7527330	8.93	22.4	0.9
18/09/2015	12 52 30.1	-09 53 49.2	0.4172277	0.7387929	9.10	21.5	1.0
19/09/2015	12 52 08.9	-09 53 46.4	0.4122529	0.7253808	9.26	20.5	1.1
20/09/2015	12 51 24.4	-09 50 02.3	0.4071028	0.7126107	9.43	19.3	1.3
21/09/2015	12 50 16.0	-09 42 23.7	0.4017934	0.7006099	9.59	18.1	1.5
22/09/2015	12 48 43.4	-09 30 39.2	0.3963425	0.6895189	9.75	16.7	1.7
23/09/2015	12 46 46.7	-09 14 40.1	0.3907700	0.6794911	9.89	15.2	2.0
24/09/2015	12 44 26.8	-08 54 21.5	0.3850983	0.6706910	10.02	13.6	2.3
25/09/2015	12 41 44.9	-08 29 43.8	0.3793525	0.6632925	10.13	11.9	2.6
26/09/2015	12 38 43.3	-08 00 54.2	0.3735601	0.6574746	10.22	10.1	3.0
27/09/2015	12 35 24.8	-07 28 07.8	0.3677520	0.6534174	10.28	8.2	3.5
28/09/2015	12 31 53.3	-06 51 48.8	0.3619618	0.6512955	10.32	6.3	4.0
29/09/2015	12 28 13.3	-06 12 31.1	0.3562266	0.6512713	10.32	4.4	4.5
30/09/2015	12 24 30.1	-05 30 57.8	0.3505866	0.6534876	10.28	2.9	5.0
01/10/2015	12 20 49.4	-04 48 00.1	0.3450852	0.6580596	10.21	2.5	5.1
02/10/2015	12 17 17.3	-04 04 35.3	0.3397687	0.6650679	10.10	3.5	4.7
03/10/2015	12 13 59.8	-03 21 44.1	0.3346860	0.6745529	9.96	5.2	4.1
04/10/2015	12 11 02.5	-02 40 27.4	0.3298878	0.6865104	9.79	7.0	3.5
05/10/2015	12 08 30.7	-02 01 43.4	0.3254263	0.7008900	9.59	8.7	2.9
06/10/2015	12 06 28.8	-01 26 24.2	0.3213537	0.7175955	9.36	10.4	2.3
07/10/2015	12 05 00.1	-00 55 14.2	0.3177212	0.7364873	9.12	11.9	1.8
08/10/2015	12 04 07.1	-00 28 48.4	0.3145774	0.7573868	8.87	13.3	1.4
09/10/2015	12 03 51.3	-00 07 31.9	0.3119670	0.7800829	8.61	14.5	1.0
10/10/2015	12 04 13.0	+00 08 20.0	0.3099286	0.8043381	8.35	15.5	0.7
11/10/2015	12 05 11.8	+00 18 41.2	0.3084938	0.8298971	8.10	16.3	0.4
12/10/2015	12 06 46.5	+00 23 33.6	0.3076856	0.8564943	7.85	17.0	0.1
13/10/2015	12 08 55.3	+00 23 05.8	0.3075619	0.8838616	7.60	17.5	-0.1
14/10/2015	12 11 35.9	+00 17 32.0	0.3079906	0.9117361	7.37	17.8	-0.2
15/10/2015	12 14 45.7	+00 07 10.7	0.3090988	0.9398663	7.15	18.0	-0.4
16/10/2015	12 18 22.0	-00 07 36.9	0.3108239	0.9680181	6.94	18.1	-0.5
17/10/2015	12 22 22.0	-00 26 27.7	0.3131386	0.9959787	6.75	18.1	-0.6

GG/MM/AAAA	A.R.	DECL.	Dist.	RV	Diam.	El.	Mag.
18/10/2015	12 26 42.9	-00 48 57.5	0.3160077	1.0235596	6.57	17.9	-0.7
19/10/2015	12 31 22.2	-01 14 42.3	0.3193896	1.0505984	6.40	17.7	-0.7
20/10/2015	12 36 17.2	-01 43 18.3	0.3232375	1.0769589	6.24	17.4	-0.8
21/10/2015	12 41 25.8	-02 14 22.9	0.3275014	1.1025303	6.10	17.0	-0.8
22/10/2015	12 46 45.9	-02 47 34.5	0.3321294	1.1272259	5.96	16.5	-0.9
23/10/2015	12 52 15.6	-03 22 33.4	0.3370693	1.1509805	5.84	16.1	-0.9
24/10/2015	12 57 53.5	-03 59 01.3	0.3422693	1.1737483	5.73	15.5	-0.9
25/10/2015	13 03 38.1	-04 36 41.5	0.3476796	1.1955000	5.62	15.0	-0.9
26/10/2015	13 09 28.3	-05 15 19.1	0.3532524	1.2162202	5.53	14.4	-0.9
27/10/2015	13 15 23.1	-05 54 40.8	0.3589428	1.2359049	5.44	13.7	-0.9
28/10/2015	13 21 21.6	-06 34 34.6	0.3647089	1.2545591	5.36	13.1	-1.0
29/10/2015	13 27 23.2	-07 14 49.9	0.3705120	1.2721951	5.28	12.5	-1.0
30/10/2015	13 33 27.3	-07 55 17.3	0.3763166	1.2888302	5.21	11.8	-1.0
31/10/2015	13 39 33.5	-08 35 48.6	0.3820905	1.3044860	5.15	11.2	-1.0
01/11/2015	13 45 41.5	-09 16 16.5	0.3878043	1.3191864	5.09	10.5	-1.0
02/11/2015	13 51 50.8	-09 56 34.4	0.3934317	1.3329574	5.04	9.8	-1.0
03/11/2015	13 58 01.4	-10 36 36.7	0.3989491	1.3458257	4.99	9.2	-1.0
04/11/2015	14 04 13.0	-11 16 18.4	0.4043351	1.3578183	4.95	8.5	-1.0
05/11/2015	14 10 25.6	-11 55 35.1	0.4095708	1.3689620	4.91	7.8	-1.0
06/11/2015	14 16 39.1	-12 34 22.7	0.4146394	1.3792831	4.87	7.2	-1.0
07/11/2015	14 22 53.4	-13 12 37.7	0.4195259	1.3888070	4.84	6.5	-1.1
08/11/2015	14 29 08.5	-13 50 17.0	0.4242170	1.3975579	4.81	5.9	-1.1
09/11/2015	14 35 24.4	-14 27 17.8	0.4287008	1.4055590	4.78	5.2	-1.1
10/11/2015	14 41 41.2	-15 03 37.4	0.4329670	1.4128319	4.76	4.6	-1.1
11/11/2015	14 47 58.8	-15 39 13.5	0.4370065	1.4193970	4.73	4.0	-1.1
12/11/2015	14 54 17.3	-16 14 04.0	0.4408109	1.4252731	4.71	3.4	-1.2
13/11/2015	15 00 36.8	-16 48 06.9	0.4443734	1.4304780	4.70	2.7	-1.2
14/11/2015	15 06 57.3	-17 21 20.3	0.4476876	1.4350275	4.68	2.1	-1.2
15/11/2015	15 13 18.9	-17 53 42.5	0.4507480	1.4389365	4.67	1.5	-1.2
16/11/2015	15 19 41.6	-18 25 11.8	0.4535500	1.4422183	4.66	0.9	-1.3
17/11/2015	15 26 05.5	-18 55 46.6	0.4560893	1.4448850	4.65	0.4	-1.3
18/11/2015	15 32 30.6	-19 25 25.7	0.4583624	1.4469472	4.64	0.3	-1.3
19/11/2015	15 38 57.0	-19 54 06.7	0.4603663	1.4484145	4.64	0.9	-1.2
20/11/2015	15 45 24.6	-20 21 48.9	0.4620984	1.4492951	4.64	1.5	-1.2
21/11/2015	15 51 53.7	-20 48 30.9	0.4635564	1.4495960	4.64	2.0	-1.1
22/11/2015	15 58 24.2	-21 14 11.1	0.4647389	1.4493230	4.64	2.6	-1.1
23/11/2015	16 04 56.1	-21 38 48.2	0.4656441	1.4484809	4.64	3.2	-1.0
24/11/2015	16 11 29.4	-22 02 20.8	0.4662712	1.4470730	4.64	3.8	-1.0
25/11/2015	16 18 04.3	-22 24 47.6	0.4666194	1.4451018	4.65	4.3	-0.9
26/11/2015	16 24 40.6	-22 46 07.3	0.4666884	1.4425683	4.66	4.9	-0.9
27/11/2015	16 31 18.5	-23 06 18.5	0.4664780	1.4394724	4.67	5.4	-0.9
28/11/2015	16 37 57.7	-23 25 19.8	0.4659885	1.4358130	4.68	6.0	-0.8
29/11/2015	16 44 38.5	-23 43 09.9	0.4652205	1.4315877	4.69	6.5	-0.8
30/11/2015	16 51 20.6	-23 59 47.4	0.4641748	1.4267932	4.71	7.1	-0.8
01/12/2015	16 58 04.0	-24 15 11.0	0.4628527	1.4214248	4.73	7.6	-0.8
02/12/2015	17 04 48.7	-24 29 19.3	0.4612557	1.4154771	4.75	8.2	-0.7
03/12/2015	17 11 34.6	-24 42 11.0	0.4593857	1.4089436	4.77	8.7	-0.7
04/12/2015	17 18 21.5	-24 53 44.7	0.4572452	1.4018167	4.79	9.2	-0.7
05/12/2015	17 25 09.3	-25 03 59.1	0.4548370	1.3940879	4.82	9.8	-0.7
06/12/2015	17 31 57.9	-25 12 52.9	0.4521642	1.3857477	4.85	10.3	-0.7
07/12/2015	17 38 47.2	-25 20 24.8	0.4492309	1.3767857	4.88	10.9	-0.7
08/12/2015	17 45 36.8	-25 26 33.7	0.4460414	1.3671905	4.92	11.4	-0.7
09/12/2015	17 52 26.5	-25 31 18.4	0.4426008	1.3569498	4.95	11.9	-0.7
10/12/2015	17 59 16.2	-25 34 37.8	0.4389150	1.3460507	4.99	12.4	-0.6
11/12/2015	18 06 05.4	-25 36 30.8	0.4349907	1.3344793	5.04	13.0	-0.6
12/12/2015	18 12 53.9	-25 36 56.7	0.4308354	1.3222213	5.08	13.5	-0.6
13/12/2015	18 19 41.3	-25 35 54.6	0.4264578	1.3092617	5.13	14.0	-0.6
14/12/2015	18 26 27.0	-25 33 24.0	0.4218678	1.2955853	5.19	14.5	-0.6
15/12/2015	18 33 10.8	-25 29 24.4	0.4170763	1.2811769	5.25	15.0	-0.6
16/12/2015	18 39 51.9	-25 23 55.5	0.4120959	1.2660212	5.31	15.5	-0.6
17/12/2015	18 46 29.7	-25 16 57.5	0.4069407	1.2501036	5.38	16.0	-0.6
18/12/2015	18 53 03.6	-25 08 30.7	0.4016267	1.2334109	5.45	16.4	-0.6
19/12/2015	18 59 32.8	-24 58 35.9	0.3961718	1.2159299	5.53	16.9	-0.6
20/12/2015	19 05 56.3	-24 47 14.3	0.3905960	1.1976516	5.61	17.3	-0.6
21/12/2015	19 12 13.2	-24 34 27.6	0.3849218	1.1785685	5.70	17.7	-0.6
22/12/2015	19 18 22.4	-24 20 18.1	0.3791741	1.1586776	5.80	18.1	-0.6
23/12/2015	19 24 22.4	-24 04 48.9	0.3733809	1.1379809	5.91	18.5	-0.6
24/12/2015	19 30 12.0	-23 48 04.0	0.3675729	1.1164868	6.02	18.8	-0.6
25/12/2015	19 35 49.3	-23 30 08.2	0.3617840	1.0942022	6.14	19.1	-0.6
26/12/2015	19 41 12.7	-23 11 07.4	0.3560513	1.0711841	6.27	19.4	-0.6
27/12/2015	19 46 19.9	-22 51 08.8	0.3504150	1.0474419	6.42	19.5	-0.6
28/12/2015	19 51 08.8	-22 30 21.0	0.3449187	1.0230402	6.57	19.7	-0.6
29/12/2015	19 55 36.6	-22 08 54.0	0.3396088	0.9980511	6.73	19.7	-0.5

GG/MM/AAAA	A.R.	DECL.	Dist.	RV	Diam.	El.	Mag.
30/12/2015	19 59 40.6	-21 46 59.6	0.3345342	0.9725680	6.91	19.7	-0.5
31/12/2015	20 03 17.8	-21 24 51.1	0.3297458	0.9467077	7.10	19.6	-0.4

MARTE

GG/MM/AAAA	A.R.	DECL.	Dist.	RV	Diam.	El.	Mag.
01/01/2013	20 29 15.5	-20 12 29.3	1.3854172	2.2249506	4.21	24.0	1.2
02/01/2013	20 32 30.1	-20 00 54.2	1.3850905	2.2273204	4.20	23.7	1.2
03/01/2013	20 35 44.4	-19 49 05.8	1.3847778	2.2296826	4.20	23.5	1.2
04/01/2013	20 38 58.2	-19 37 04.3	1.3844791	2.2320373	4.19	23.3	1.2
05/01/2013	20 42 11.7	-19 24 49.8	1.3841944	2.2343842	4.19	23.0	1.2
06/01/2013	20 45 24.8	-19 12 22.5	1.3839238	2.2367233	4.18	22.8	1.2
07/01/2013	20 48 37.4	-18 59 42.6	1.3836673	2.2390545	4.18	22.6	1.2
08/01/2013	20 51 49.7	-18 46 50.2	1.3834250	2.2413775	4.18	22.4	1.2
09/01/2013	20 55 01.6	-18 33 45.6	1.3831968	2.2436920	4.17	22.1	1.2
10/01/2013	20 58 13.0	-18 20 29.0	1.3829829	2.2459978	4.17	21.9	1.2
11/01/2013	21 01 24.1	-18 07 00.5	1.3827832	2.2482946	4.16	21.7	1.2
12/01/2013	21 04 34.7	-17 53 20.4	1.3825978	2.2505824	4.16	21.4	1.2
13/01/2013	21 07 44.9	-17 39 28.8	1.3824267	2.2528609	4.15	21.2	1.2
14/01/2013	21 10 54.6	-17 25 26.1	1.3822699	2.2551304	4.15	21.0	1.2
15/01/2013	21 14 04.0	-17 11 12.3	1.3821274	2.2573909	4.15	20.7	1.2
16/01/2013	21 17 12.8	-16 56 47.6	1.3819994	2.2596426	4.14	20.5	1.2
17/01/2013	21 20 21.2	-16 42 12.4	1.3818857	2.2618859	4.14	20.3	1.2
18/01/2013	21 23 29.2	-16 27 26.7	1.3817864	2.2641210	4.13	20.1	1.2
19/01/2013	21 26 36.8	-16 12 30.7	1.3817016	2.2663484	4.13	19.8	1.2
20/01/2013	21 29 43.8	-15 57 24.8	1.3816312	2.2685682	4.13	19.6	1.2
21/01/2013	21 32 50.5	-15 42 09.0	1.3815752	2.2707809	4.12	19.4	1.2
22/01/2013	21 35 56.7	-15 26 43.6	1.3815336	2.2729867	4.12	19.2	1.2
23/01/2013	21 39 02.4	-15 11 08.7	1.3815066	2.2751859	4.11	18.9	1.2
24/01/2013	21 42 07.7	-14 55 24.7	1.3814939	2.2773789	4.11	18.7	1.2
25/01/2013	21 45 12.6	-14 39 31.7	1.3814958	2.2795659	4.11	18.5	1.2
26/01/2013	21 48 17.0	-14 23 29.9	1.3815121	2.2817471	4.10	18.2	1.2
27/01/2013	21 51 21.0	-14 07 19.5	1.3815428	2.2839227	4.10	18.0	1.2
28/01/2013	21 54 24.6	-13 51 00.8	1.3815881	2.2860929	4.09	17.8	1.2
29/01/2013	21 57 27.7	-13 34 33.8	1.3816477	2.2882579	4.09	17.6	1.2
30/01/2013	22 00 30.4	-13 17 58.9	1.3817218	2.2904176	4.09	17.3	1.2
31/01/2013	22 03 32.7	-13 01 16.1	1.3818103	2.2925721	4.08	17.1	1.2
01/02/2013	22 06 34.6	-12 44 25.8	1.3819133	2.2947213	4.08	16.9	1.2
02/02/2013	22 09 36.0	-12 27 28.1	1.3820306	2.2968651	4.08	16.7	1.2
03/02/2013	22 12 37.1	-12 10 23.2	1.3821623	2.2990032	4.07	16.4	1.2
04/02/2013	22 15 37.8	-11 53 11.3	1.3823084	2.3011354	4.07	16.2	1.2
05/02/2013	22 18 38.1	-11 35 52.6	1.3824688	2.3032614	4.06	16.0	1.2
06/02/2013	22 21 38.0	-11 18 27.4	1.3826436	2.3053807	4.06	15.8	1.2
07/02/2013	22 24 37.5	-11 00 55.8	1.3828326	2.3074929	4.06	15.6	1.2
08/02/2013	22 27 36.7	-10 43 18.2	1.3830359	2.3095978	4.05	15.3	1.2
09/02/2013	22 30 35.5	-10 25 34.6	1.3832535	2.3116949	4.05	15.1	1.2
10/02/2013	22 33 33.9	-10 07 45.5	1.3834852	2.3137839	4.05	14.9	1.2
11/02/2013	22 36 31.9	-09 49 50.9	1.3837311	2.3158648	4.04	14.7	1.2
12/02/2013	22 39 29.6	-09 31 51.1	1.3839912	2.3179374	4.04	14.4	1.2
13/02/2013	22 42 26.9	-09 13 46.3	1.3842653	2.3200017	4.03	14.2	1.2
14/02/2013	22 45 23.9	-08 55 36.8	1.3845536	2.3220578	4.03	14.0	1.2
15/02/2013	22 48 20.5	-08 37 22.6	1.3848558	2.3241057	4.03	13.8	1.2
16/02/2013	22 51 16.8	-08 19 04.1	1.3851720	2.3261457	4.02	13.5	1.2
17/02/2013	22 54 12.8	-08 00 41.4	1.3855022	2.3281779	4.02	13.3	1.2
18/02/2013	22 57 08.4	-07 42 14.8	1.3858462	2.3302025	4.02	13.1	1.2
19/02/2013	23 00 03.8	-07 23 44.5	1.3862041	2.3322195	4.01	12.9	1.2
20/02/2013	23 02 58.8	-07 05 10.7	1.3865758	2.3342293	4.01	12.7	1.2
21/02/2013	23 05 53.5	-06 46 33.5	1.3869612	2.3362319	4.01	12.4	1.2
22/02/2013	23 08 47.9	-06 27 53.2	1.3873603	2.3382275	4.00	12.2	1.2
23/02/2013	23 11 42.0	-06 09 10.1	1.3877730	2.3402162	4.00	12.0	1.2
24/02/2013	23 14 35.8	-05 50 24.2	1.3881993	2.3421981	4.00	11.8	1.2
25/02/2013	23 17 29.4	-05 31 35.8	1.3886391	2.3441734	3.99	11.6	1.2
26/02/2013	23 20 22.7	-05 12 45.1	1.3890923	2.3461421	3.99	11.3	1.2
27/02/2013	23 23 15.7	-04 53 52.3	1.3895590	2.3481042	3.99	11.1	1.2
28/02/2013	23 26 08.5	-04 34 57.6	1.3900389	2.3500596	3.98	10.9	1.2
01/03/2013	23 29 01.0	-04 16 01.0	1.3905321	2.3520082	3.98	10.7	1.2
02/03/2013	23 31 53.4	-03 57 02.9	1.3910385	2.3539497	3.98	10.5	1.2
03/03/2013	23 34 45.5	-03 38 03.4	1.3915580	2.3558838	3.97	10.2	1.2
04/03/2013	23 37 37.4	-03 19 02.7	1.3920905	2.3578101	3.97	10.0	1.2
05/03/2013	23 40 29.1	-03 00 01.0	1.3926360	2.3597282	3.97	9.8	1.2
06/03/2013	23 43 20.7	-02 40 58.5	1.3931944	2.3616376	3.96	9.6	1.2
07/03/2013	23 46 12.0	-02 21 55.4	1.3937656	2.3635377	3.96	9.4	1.2

GG/MM/AAAA	A.R.	DECL.	Dist.	RV	Diam.	El.	Mag.
08/03/2013	23 49 03.2	-02 02 51.9	1.3943495	2.3654281	3.96	9.1	1.2
09/03/2013	23 51 54.2	-01 43 48.2	1.3949462	2.3673082	3.95	8.9	1.2
10/03/2013	23 54 45.1	-01 24 44.6	1.3955553	2.3691776	3.95	8.7	1.2
11/03/2013	23 57 35.8	-01 05 41.1	1.3961770	2.3710360	3.95	8.5	1.2
12/03/2013	00 00 26.3	-00 46 38.1	1.3968111	2.3728830	3.94	8.2	1.2
13/03/2013	00 03 16.7	-00 27 35.7	1.3974575	2.3747183	3.94	8.0	1.2
14/03/2013	00 06 07.0	-00 08 34.1	1.3981162	2.3765420	3.94	7.8	1.2
15/03/2013	00 08 57.2	+00 10 26.6	1.3987870	2.3783538	3.94	7.6	1.2
16/03/2013	00 11 47.3	+00 29 26.1	1.3994698	2.3801537	3.93	7.4	1.2
17/03/2013	00 14 37.2	+00 48 24.2	1.4001646	2.3819417	3.93	7.2	1.2
18/03/2013	00 17 27.0	+01 07 20.8	1.4008713	2.3837178	3.93	6.9	1.2
19/03/2013	00 20 16.8	+01 26 15.6	1.4015898	2.3854820	3.92	6.7	1.2
20/03/2013	00 23 06.5	+01 45 08.5	1.4023200	2.3872343	3.92	6.5	1.2
21/03/2013	00 25 56.0	+02 03 59.3	1.4030617	2.3889748	3.92	6.3	1.2
22/03/2013	00 28 45.5	+02 22 47.9	1.4038150	2.3907035	3.92	6.1	1.2
23/03/2013	00 31 35.0	+02 41 34.0	1.4045796	2.3924205	3.91	5.8	1.2
24/03/2013	00 34 24.4	+03 00 17.4	1.4053555	2.3941257	3.91	5.6	1.2
25/03/2013	00 37 13.7	+03 18 58.0	1.4061426	2.3958192	3.91	5.4	1.2
26/03/2013	00 40 03.0	+03 37 35.6	1.4069409	2.3975009	3.90	5.2	1.2
27/03/2013	00 42 52.3	+03 56 10.1	1.4077500	2.3991710	3.90	5.0	1.2
28/03/2013	00 45 41.5	+04 14 41.3	1.4085701	2.4008291	3.90	4.7	1.2
29/03/2013	00 48 30.8	+04 33 09.1	1.4094009	2.4024752	3.90	4.5	1.2
30/03/2013	00 51 20.0	+04 51 33.2	1.4102425	2.4041090	3.89	4.3	1.2
31/03/2013	00 54 09.3	+05 09 53.6	1.4110945	2.4057300	3.89	4.1	1.2
01/04/2013	00 56 58.5	+05 28 10.1	1.4119570	2.4073379	3.89	3.9	1.2
02/04/2013	00 59 47.8	+05 46 22.5	1.4128299	2.4089320	3.89	3.6	1.2
03/04/2013	01 02 37.2	+06 04 30.6	1.4137130	2.4105118	3.88	3.4	1.2
04/04/2013	01 05 26.5	+06 22 34.2	1.4146062	2.4120766	3.88	3.2	1.2
05/04/2013	01 08 16.0	+06 40 33.3	1.4155094	2.4136258	3.88	3.0	1.2
06/04/2013	01 11 05.4	+06 58 27.5	1.4164225	2.4151589	3.88	2.7	1.2
07/04/2013	01 13 55.0	+07 16 16.8	1.4173454	2.4166752	3.87	2.5	1.2
08/04/2013	01 16 44.6	+07 34 00.9	1.4182779	2.4181741	3.87	2.3	1.2
09/04/2013	01 19 34.2	+07 51 39.8	1.4192200	2.4196554	3.87	2.1	1.2
10/04/2013	01 22 24.0	+08 09 13.2	1.4201716	2.4211186	3.87	1.8	1.2
11/04/2013	01 25 13.8	+08 26 41.0	1.4211324	2.4225633	3.86	1.6	1.2
12/04/2013	01 28 03.7	+08 44 03.1	1.4221025	2.4239893	3.86	1.4	1.2
13/04/2013	01 30 53.8	+09 01 19.2	1.4230816	2.4253964	3.86	1.2	1.2
14/04/2013	01 33 43.9	+09 18 29.2	1.4240696	2.4267844	3.86	1.0	1.2
15/04/2013	01 36 34.1	+09 35 32.9	1.4250666	2.4281532	3.85	0.8	1.2
16/04/2013	01 39 24.4	+09 52 30.2	1.4260722	2.4295027	3.85	0.6	1.2
17/04/2013	01 42 14.8	+10 09 20.8	1.4270864	2.4308327	3.85	0.4	1.2
18/04/2013	01 45 05.3	+10 26 04.6	1.4281092	2.4321432	3.85	0.4	1.2
19/04/2013	01 47 55.9	+10 42 41.9	1.4291402	2.4334342	3.85	0.5	1.2
20/04/2013	01 50 46.7	+10 59 12.3	1.4301795	2.4347056	3.84	0.6	1.2
21/04/2013	01 53 37.6	+11 15 35.5	1.4312269	2.4359573	3.84	0.8	1.2
22/04/2013	01 56 28.6	+11 31 51.3	1.4322823	2.4371894	3.84	1.0	1.2
23/04/2013	01 59 19.7	+11 47 59.6	1.4333456	2.4384017	3.84	1.2	1.2
24/04/2013	02 02 11.0	+12 04 00.4	1.4344166	2.4395943	3.84	1.4	1.2
25/04/2013	02 05 02.5	+12 19 53.4	1.4354952	2.4407670	3.83	1.6	1.2
26/04/2013	02 07 54.1	+12 35 38.6	1.4365813	2.4419197	3.83	1.9	1.2
27/04/2013	02 10 45.8	+12 51 15.8	1.4376748	2.4430521	3.83	2.1	1.2
28/04/2013	02 13 37.8	+13 06 44.9	1.4387755	2.4441637	3.83	2.3	1.2
29/04/2013	02 16 29.9	+13 22 05.8	1.4398833	2.4452542	3.83	2.5	1.2
30/04/2013	02 19 22.2	+13 37 18.4	1.4409981	2.4463230	3.83	2.7	1.2
01/05/2013	02 22 14.6	+13 52 22.5	1.4421198	2.4473693	3.82	3.0	1.3
02/05/2013	02 25 07.2	+14 07 17.9	1.4432482	2.4483924	3.82	3.2	1.3
03/05/2013	02 28 00.1	+14 22 04.6	1.4443832	2.4493918	3.82	3.4	1.3
04/05/2013	02 30 53.1	+14 36 42.4	1.4455247	2.4503667	3.82	3.6	1.3
05/05/2013	02 33 46.3	+14 51 11.1	1.4466725	2.4513165	3.82	3.9	1.3
06/05/2013	02 36 39.6	+15 05 30.7	1.4478266	2.4522405	3.82	4.1	1.3
07/05/2013	02 39 33.2	+15 19 41.0	1.4489867	2.4531382	3.82	4.3	1.3
08/05/2013	02 42 27.0	+15 33 41.8	1.4501529	2.4540092	3.81	4.6	1.3
09/05/2013	02 45 20.9	+15 47 33.2	1.4513249	2.4548530	3.81	4.8	1.3
10/05/2013	02 48 15.1	+16 01 14.9	1.4525026	2.4556692	3.81	5.0	1.3
11/05/2013	02 51 09.4	+16 14 46.8	1.4536859	2.4564576	3.81	5.3	1.3
12/05/2013	02 54 04.0	+16 28 08.8	1.4548746	2.4572177	3.81	5.5	1.3
13/05/2013	02 56 58.7	+16 41 20.8	1.4560687	2.4579495	3.81	5.7	1.3
14/05/2013	02 59 53.6	+16 54 22.7	1.4572680	2.4586526	3.81	6.0	1.3
15/05/2013	03 02 48.7	+17 07 14.3	1.4584724	2.4593270	3.81	6.2	1.3
16/05/2013	03 05 43.9	+17 19 55.6	1.4596817	2.4599725	3.80	6.4	1.3
17/05/2013	03 08 39.4	+17 32 26.3	1.4608959	2.4605889	3.80	6.7	1.3
18/05/2013	03 11 35.0	+17 44 46.5	1.4621148	2.4611762	3.80	6.9	1.3
19/05/2013	03 14 30.8	+17 56 56.0	1.4633382	2.4617343	3.80	7.1	1.3

GG/MM/AAAA	A.R.	DECL.	Dist.	RV	Diam.	El.	Mag.
20/05/2013	03 17 26.8	+18 08 54.7	1.4645661	2.4622631	3.80	7.4	1.3
21/05/2013	03 20 22.9	+18 20 42.5	1.4657983	2.4627625	3.80	7.6	1.4
22/05/2013	03 23 19.3	+18 32 19.4	1.4670347	2.4632327	3.80	7.9	1.4
23/05/2013	03 26 15.8	+18 43 45.1	1.4682752	2.4636734	3.80	8.1	1.4
24/05/2013	03 29 12.5	+18 54 59.7	1.4695196	2.4640845	3.80	8.3	1.4
25/05/2013	03 32 09.3	+19 06 03.0	1.4707678	2.4644659	3.80	8.6	1.4
26/05/2013	03 35 06.4	+19 16 55.1	1.4720197	2.4648171	3.80	8.8	1.4
27/05/2013	03 38 03.6	+19 27 35.7	1.4732752	2.4651379	3.80	9.1	1.4
28/05/2013	03 41 01.0	+19 38 04.8	1.4745341	2.4654276	3.80	9.3	1.4
29/05/2013	03 43 58.5	+19 48 22.4	1.4757963	2.4656856	3.80	9.5	1.4
30/05/2013	03 46 56.2	+19 58 28.3	1.4770618	2.4659112	3.80	9.8	1.4
31/05/2013	03 49 54.1	+20 08 22.4	1.4783303	2.4661036	3.80	10.0	1.4
01/06/2013	03 52 52.2	+20 18 04.7	1.4796017	2.4662622	3.80	10.3	1.4
02/06/2013	03 55 50.3	+20 27 35.1	1.4808760	2.4663863	3.80	10.5	1.4
03/06/2013	03 58 48.7	+20 36 53.5	1.4821529	2.4664752	3.79	10.8	1.4
04/06/2013	04 01 47.2	+20 45 59.8	1.4834324	2.4665283	3.79	11.0	1.4
05/06/2013	04 04 45.8	+20 54 54.1	1.4847144	2.4665452	3.79	11.3	1.4
06/06/2013	04 07 44.5	+21 03 36.1	1.4859987	2.4665253	3.79	11.5	1.4
07/06/2013	04 10 43.4	+21 12 05.9	1.4872852	2.4664683	3.79	11.7	1.4
08/06/2013	04 13 42.4	+21 20 23.4	1.4885738	2.4663736	3.80	12.0	1.4
09/06/2013	04 16 41.5	+21 28 28.5	1.4898644	2.4662411	3.80	12.2	1.4
10/06/2013	04 19 40.7	+21 36 21.3	1.4911568	2.4660703	3.80	12.5	1.4
11/06/2013	04 22 40.0	+21 44 01.5	1.4924510	2.4658611	3.80	12.7	1.4
12/06/2013	04 25 39.4	+21 51 29.2	1.4937467	2.4656133	3.80	13.0	1.5
13/06/2013	04 28 38.9	+21 58 44.4	1.4950440	2.4653266	3.80	13.2	1.5
14/06/2013	04 31 38.4	+22 05 46.9	1.4963426	2.4650010	3.80	13.5	1.5
15/06/2013	04 34 38.0	+22 12 36.8	1.4976424	2.4646362	3.80	13.8	1.5
16/06/2013	04 37 37.6	+22 19 13.9	1.4989434	2.4642323	3.80	14.0	1.5
17/06/2013	04 40 37.3	+22 25 38.3	1.5002454	2.4637893	3.80	14.3	1.5
18/06/2013	04 43 37.0	+22 31 49.9	1.5015483	2.4633069	3.80	14.5	1.5
19/06/2013	04 46 36.7	+22 37 48.7	1.5028520	2.4627853	3.80	14.8	1.5
20/06/2013	04 49 36.5	+22 43 34.6	1.5041564	2.4622244	3.80	15.0	1.5
21/06/2013	04 52 36.3	+22 49 07.7	1.5054613	2.4616242	3.80	15.3	1.5
22/06/2013	04 55 36.1	+22 54 27.9	1.5067667	2.4609845	3.80	15.6	1.5
23/06/2013	04 58 36.0	+22 59 35.3	1.5080723	2.4603051	3.80	15.8	1.5
24/06/2013	05 01 35.8	+23 04 29.8	1.5093782	2.4595857	3.81	16.1	1.5
25/06/2013	05 04 35.6	+23 09 11.3	1.5106842	2.4588259	3.81	16.3	1.5
26/06/2013	05 07 35.4	+23 13 40.0	1.5119902	2.4580251	3.81	16.6	1.5
27/06/2013	05 10 35.1	+23 17 55.7	1.5132961	2.4571826	3.81	16.9	1.5
28/06/2013	05 13 34.9	+23 21 58.4	1.5146017	2.4562977	3.81	17.1	1.5
29/06/2013	05 16 34.6	+23 25 48.2	1.5159070	2.4553697	3.81	17.4	1.5
30/06/2013	05 19 34.2	+23 29 25.0	1.5172118	2.4543981	3.81	17.6	1.5
01/07/2013	05 22 33.8	+23 32 48.8	1.5185161	2.4533821	3.82	17.9	1.5
02/07/2013	05 25 33.4	+23 35 59.7	1.5198197	2.4523211	3.82	18.2	1.5
03/07/2013	05 28 32.8	+23 38 57.7	1.5211225	2.4512147	3.82	18.4	1.5
04/07/2013	05 31 32.2	+23 41 42.7	1.5224244	2.4500623	3.82	18.7	1.5
05/07/2013	05 34 31.5	+23 44 14.9	1.5237254	2.4488635	3.82	19.0	1.5
06/07/2013	05 37 30.6	+23 46 34.2	1.5250252	2.4476180	3.82	19.2	1.5
07/07/2013	05 40 29.7	+23 48 40.6	1.5263238	2.4463252	3.83	19.5	1.5
08/07/2013	05 43 28.6	+23 50 34.3	1.5276211	2.4449851	3.83	19.8	1.5
09/07/2013	05 46 27.4	+23 52 15.1	1.5289170	2.4435972	3.83	20.1	1.6
10/07/2013	05 49 26.0	+23 53 43.1	1.5302114	2.4421614	3.83	20.3	1.6
11/07/2013	05 52 24.5	+23 54 58.5	1.5315042	2.4406776	3.84	20.6	1.6
12/07/2013	05 55 22.8	+23 56 01.1	1.5327952	2.4391455	3.84	20.9	1.6
13/07/2013	05 58 20.9	+23 56 51.0	1.5340845	2.4375652	3.84	21.2	1.6
14/07/2013	06 01 18.8	+23 57 28.3	1.5353718	2.4359365	3.84	21.4	1.6
15/07/2013	06 04 16.5	+23 57 53.0	1.5366570	2.4342595	3.85	21.7	1.6
16/07/2013	06 07 14.0	+23 58 05.1	1.5379402	2.4325341	3.85	22.0	1.6
17/07/2013	06 10 11.2	+23 58 04.7	1.5392211	2.4307605	3.85	22.3	1.6
18/07/2013	06 13 08.3	+23 57 51.9	1.5404997	2.4289386	3.85	22.6	1.6
19/07/2013	06 16 05.1	+23 57 26.7	1.5417759	2.4270685	3.86	22.8	1.6
20/07/2013	06 19 01.6	+23 56 49.1	1.5430496	2.4251501	3.86	23.1	1.6
21/07/2013	06 21 58.0	+23 55 59.3	1.5443206	2.4231834	3.86	23.4	1.6
22/07/2013	06 24 54.0	+23 54 57.3	1.5455890	2.4211682	3.87	23.7	1.6
23/07/2013	06 27 49.8	+23 53 43.1	1.5468545	2.4191041	3.87	24.0	1.6
24/07/2013	06 30 45.3	+23 52 16.9	1.5481172	2.4169908	3.87	24.3	1.6
25/07/2013	06 33 40.6	+23 50 38.6	1.5493768	2.4148277	3.88	24.5	1.6
26/07/2013	06 36 35.5	+23 48 48.3	1.5506334	2.4126142	3.88	24.8	1.6
27/07/2013	06 39 30.2	+23 46 46.0	1.5518868	2.4103497	3.88	25.1	1.6
28/07/2013	06 42 24.5	+23 44 32.0	1.5531370	2.4080336	3.89	25.4	1.6
29/07/2013	06 45 18.6	+23 42 06.2	1.5543837	2.4056653	3.89	25.7	1.6
30/07/2013	06 48 12.3	+23 39 28.7	1.5556271	2.4032442	3.89	26.0	1.6
31/07/2013	06 51 05.8	+23 36 39.6	1.5568669	2.4007699	3.90	26.3	1.6

GG/MM/AAAA	A.R.	DECL.	Dist.	RV	Diam.	El.	Mag.
01/08/2013	06 53 58.9	+23 33 39.0	1.5581030	2.3982420	3.90	26.6	1.6
02/08/2013	06 56 51.6	+23 30 27.0	1.5593355	2.3956599	3.91	26.9	1.6
03/08/2013	06 59 44.0	+23 27 03.7	1.5605642	2.3930234	3.91	27.2	1.6
04/08/2013	07 02 36.1	+23 23 29.2	1.5617889	2.3903321	3.92	27.5	1.6
05/08/2013	07 05 27.8	+23 19 43.5	1.5630097	2.3875857	3.92	27.8	1.6
06/08/2013	07 08 19.1	+23 15 46.8	1.5642265	2.3847841	3.92	28.1	1.6
07/08/2013	07 11 10.0	+23 11 39.2	1.5654391	2.3819270	3.93	28.4	1.6
08/08/2013	07 14 00.6	+23 07 20.7	1.5666475	2.3790144	3.93	28.7	1.6
09/08/2013	07 16 50.7	+23 02 51.5	1.5678515	2.3760461	3.94	29.0	1.6
10/08/2013	07 19 40.4	+22 58 11.7	1.5690512	2.3730222	3.94	29.3	1.6
11/08/2013	07 22 29.8	+22 53 21.2	1.5702464	2.3699426	3.95	29.6	1.6
12/08/2013	07 25 18.7	+22 48 20.3	1.5714370	2.3668074	3.95	29.9	1.6
13/08/2013	07 28 07.2	+22 43 09.1	1.5726231	2.3636168	3.96	30.2	1.6
14/08/2013	07 30 55.2	+22 37 47.6	1.5738044	2.3603709	3.97	30.5	1.6
15/08/2013	07 33 42.9	+22 32 16.0	1.5749809	2.3570697	3.97	30.8	1.6
16/08/2013	07 36 30.1	+22 26 34.3	1.5761525	2.3537136	3.98	31.1	1.6
17/08/2013	07 39 16.8	+22 20 42.7	1.5773192	2.3503024	3.98	31.4	1.6
18/08/2013	07 42 03.2	+22 14 41.4	1.5784808	2.3468364	3.99	31.7	1.6
19/08/2013	07 44 49.1	+22 08 30.3	1.5796374	2.3433155	3.99	32.1	1.6
20/08/2013	07 47 34.5	+22 02 09.6	1.5807887	2.3397395	4.00	32.4	1.6
21/08/2013	07 50 19.5	+21 55 39.4	1.5819349	2.3361082	4.01	32.7	1.6
22/08/2013	07 53 04.0	+21 48 59.8	1.5830757	2.3324212	4.01	33.0	1.6
23/08/2013	07 55 48.1	+21 42 10.9	1.5842110	2.3286781	4.02	33.3	1.6
24/08/2013	07 58 31.7	+21 35 12.8	1.5853410	2.3248784	4.03	33.6	1.6
25/08/2013	08 01 14.9	+21 28 05.6	1.5864653	2.3210216	4.03	34.0	1.6
26/08/2013	08 03 57.6	+21 20 49.4	1.5875841	2.3171073	4.04	34.3	1.6
27/08/2013	08 06 39.8	+21 13 24.4	1.5886972	2.3131350	4.05	34.6	1.6
28/08/2013	08 09 21.6	+21 05 50.7	1.5898045	2.3091042	4.05	34.9	1.6
29/08/2013	08 12 03.0	+20 58 08.4	1.5909059	2.3050147	4.06	35.3	1.6
30/08/2013	08 14 43.9	+20 50 17.6	1.5920015	2.3008661	4.07	35.6	1.6
31/08/2013	08 17 24.2	+20 42 18.5	1.5930911	2.2966582	4.08	35.9	1.6
01/09/2013	08 20 04.2	+20 34 11.2	1.5941747	2.2923906	4.08	36.2	1.6
02/09/2013	08 22 43.6	+20 25 55.9	1.5952522	2.2880631	4.09	36.6	1.6
03/09/2013	08 25 22.6	+20 17 32.5	1.5963235	2.2836758	4.10	36.9	1.6
04/09/2013	08 28 01.0	+20 09 01.4	1.5973886	2.2792283	4.11	37.2	1.6
05/09/2013	08 30 39.0	+20 00 22.5	1.5984474	2.2747207	4.11	37.6	1.6
06/09/2013	08 33 16.5	+19 51 36.1	1.5994998	2.2701530	4.12	37.9	1.6
07/09/2013	08 35 53.5	+19 42 42.2	1.6005458	2.2655254	4.13	38.2	1.6
08/09/2013	08 38 30.0	+19 33 41.0	1.6015853	2.2608378	4.14	38.6	1.6
09/09/2013	08 41 06.0	+19 24 32.6	1.6026183	2.2560906	4.15	38.9	1.6
10/09/2013	08 43 41.5	+19 15 17.0	1.6036447	2.2512840	4.16	39.3	1.6
11/09/2013	08 46 16.5	+19 05 54.6	1.6046644	2.2464182	4.17	39.6	1.6
12/09/2013	08 48 51.0	+18 56 25.3	1.6056773	2.2414936	4.18	39.9	1.6
13/09/2013	08 51 25.0	+18 46 49.2	1.6066835	2.2365105	4.19	40.3	1.6
14/09/2013	08 53 58.5	+18 37 06.6	1.6076828	2.2314691	4.19	40.6	1.6
15/09/2013	08 56 31.5	+18 27 17.6	1.6086752	2.2263696	4.20	41.0	1.6
16/09/2013	08 59 04.0	+18 17 22.2	1.6096606	2.2212122	4.21	41.3	1.6
17/09/2013	09 01 36.1	+18 07 20.6	1.6106390	2.2159970	4.22	41.7	1.6
18/09/2013	09 04 07.6	+17 57 12.8	1.6116103	2.2107239	4.23	42.0	1.6
19/09/2013	09 06 38.6	+17 46 59.1	1.6125745	2.2053927	4.24	42.4	1.6
20/09/2013	09 09 09.2	+17 36 39.4	1.6135315	2.2000033	4.25	42.7	1.6
21/09/2013	09 11 39.3	+17 26 13.9	1.6144813	2.1945554	4.27	43.1	1.6
22/09/2013	09 14 08.9	+17 15 42.8	1.6154237	2.1890487	4.28	43.5	1.6
23/09/2013	09 16 38.0	+17 05 06.0	1.6163588	2.1834829	4.29	43.8	1.6
24/09/2013	09 19 06.6	+16 54 23.9	1.6172865	2.1778576	4.30	44.2	1.6
25/09/2013	09 21 34.8	+16 43 36.5	1.6182067	2.1721728	4.31	44.5	1.6
26/09/2013	09 24 02.5	+16 32 44.0	1.6191194	2.1664280	4.32	44.9	1.6
27/09/2013	09 26 29.8	+16 21 46.4	1.6200245	2.1606231	4.33	45.3	1.6
28/09/2013	09 28 56.5	+16 10 44.0	1.6209221	2.1547581	4.34	45.6	1.6
29/09/2013	09 31 22.8	+15 59 36.8	1.6218119	2.1488327	4.36	46.0	1.6
30/09/2013	09 33 48.6	+15 48 25.0	1.6226941	2.1428469	4.37	46.4	1.6
01/10/2013	09 36 13.9	+15 37 08.7	1.6235685	2.1368007	4.38	46.7	1.6
02/10/2013	09 38 38.8	+15 25 48.0	1.6244351	2.1306942	4.39	47.1	1.6
03/10/2013	09 41 03.2	+15 14 23.1	1.6252938	2.1245273	4.41	47.5	1.6
04/10/2013	09 43 27.1	+15 02 54.1	1.6261446	2.1183003	4.42	47.9	1.6
05/10/2013	09 45 50.5	+14 51 21.1	1.6269875	2.1120133	4.43	48.2	1.6
06/10/2013	09 48 13.4	+14 39 44.2	1.6278223	2.1056668	4.45	48.6	1.6
07/10/2013	09 50 35.9	+14 28 03.6	1.6286492	2.0992610	4.46	49.0	1.6
08/10/2013	09 52 57.9	+14 16 19.4	1.6294679	2.0927964	4.47	49.4	1.6
09/10/2013	09 55 19.5	+14 04 31.7	1.6302785	2.0862736	4.49	49.8	1.6
10/10/2013	09 57 40.5	+13 52 40.6	1.6310810	2.0796929	4.50	50.1	1.6
11/10/2013	10 00 01.1	+13 40 46.3	1.6318752	2.0730550	4.52	50.5	1.6
12/10/2013	10 02 21.2	+13 28 48.9	1.6326611	2.0663603	4.53	50.9	1.6

GG/MM/AAAA	A.R.	DECL.	Dist.	RV	Diam.	El.	Mag.
13/10/2013	10 04 40.9	+13 16 48.5	1.6334388	2.0596093	4.54	51.3	1.6
14/10/2013	10 07 00.1	+13 04 45.2	1.6342081	2.0528023	4.56	51.7	1.6
15/10/2013	10 09 18.8	+12 52 39.1	1.6349691	2.0459396	4.57	52.1	1.6
16/10/2013	10 11 37.1	+12 40 30.3	1.6357216	2.0390215	4.59	52.5	1.6
17/10/2013	10 13 54.9	+12 28 19.0	1.6364656	2.0320479	4.61	52.9	1.6
18/10/2013	10 16 12.3	+12 16 05.1	1.6372012	2.0250191	4.62	53.3	1.5
19/10/2013	10 18 29.2	+12 03 48.9	1.6379282	2.0179350	4.64	53.7	1.5
20/10/2013	10 20 45.7	+11 51 30.4	1.6386466	2.0107955	4.65	54.1	1.5
21/10/2013	10 23 01.8	+11 39 09.8	1.6393565	2.0036006	4.67	54.5	1.5
22/10/2013	10 25 17.4	+11 26 47.1	1.6400576	1.9963502	4.69	54.9	1.5
23/10/2013	10 27 32.6	+11 14 22.6	1.6407501	1.9890444	4.71	55.3	1.5
24/10/2013	10 29 47.4	+11 01 56.3	1.6414339	1.9816830	4.72	55.7	1.5
25/10/2013	10 32 01.8	+10 49 28.3	1.6421089	1.9742661	4.74	56.1	1.5
26/10/2013	10 34 15.7	+10 36 58.8	1.6427751	1.9667937	4.76	56.5	1.5
27/10/2013	10 36 29.1	+10 24 28.0	1.6434325	1.9592660	4.78	56.9	1.5
28/10/2013	10 38 42.2	+10 11 55.8	1.6440810	1.9516830	4.80	57.3	1.5
29/10/2013	10 40 54.8	+09 59 22.6	1.6447207	1.9440450	4.81	57.7	1.5
30/10/2013	10 43 07.0	+09 46 48.3	1.6453514	1.9363521	4.83	58.2	1.5
31/10/2013	10 45 18.7	+09 34 13.1	1.6459731	1.9286046	4.85	58.6	1.5
01/11/2013	10 47 30.0	+09 21 37.2	1.6465859	1.9208029	4.87	59.0	1.5
02/11/2013	10 49 40.9	+09 09 00.6	1.6471896	1.9129473	4.89	59.4	1.5
03/11/2013	10 51 51.4	+08 56 23.4	1.6477843	1.9050384	4.91	59.9	1.5
04/11/2013	10 54 01.4	+08 43 45.9	1.6483699	1.8970767	4.93	60.3	1.5
05/11/2013	10 56 10.9	+08 31 08.1	1.6489464	1.8890630	4.95	60.7	1.5
06/11/2013	10 58 20.0	+08 18 30.1	1.6495138	1.8809981	4.98	61.1	1.4
07/11/2013	11 00 28.7	+08 05 52.0	1.6500720	1.8728826	5.00	61.6	1.4
08/11/2013	11 02 37.0	+07 53 14.1	1.6506210	1.8647174	5.02	62.0	1.4
09/11/2013	11 04 44.8	+07 40 36.3	1.6511608	1.8565033	5.04	62.4	1.4
10/11/2013	11 06 52.1	+07 27 58.8	1.6516913	1.8482410	5.06	62.9	1.4
11/11/2013	11 08 59.1	+07 15 21.8	1.6522126	1.8399311	5.09	63.3	1.4
12/11/2013	11 11 05.5	+07 02 45.2	1.6527245	1.8315743	5.11	63.8	1.4
13/11/2013	11 13 11.6	+06 50 09.2	1.6532272	1.8231709	5.13	64.2	1.4
14/11/2013	11 15 17.2	+06 37 33.9	1.6537205	1.8147215	5.16	64.7	1.4
15/11/2013	11 17 22.4	+06 24 59.3	1.6542044	1.8062263	5.18	65.1	1.4
16/11/2013	11 19 27.1	+06 12 25.6	1.6546789	1.7976857	5.21	65.5	1.4
17/11/2013	11 21 31.5	+05 59 52.9	1.6551440	1.7890999	5.23	66.0	1.4
18/11/2013	11 23 35.4	+05 47 21.3	1.6555997	1.7804692	5.26	66.5	1.4
19/11/2013	11 25 38.8	+05 34 50.9	1.6560458	1.7717938	5.28	66.9	1.4
20/11/2013	11 27 41.9	+05 22 21.8	1.6564826	1.7630740	5.31	67.4	1.3
21/11/2013	11 29 44.5	+05 09 54.2	1.6569097	1.7543100	5.34	67.8	1.3
22/11/2013	11 31 46.7	+04 57 28.1	1.6573274	1.7455021	5.36	68.3	1.3
23/11/2013	11 33 48.4	+04 45 03.7	1.6577355	1.7366506	5.39	68.8	1.3
24/11/2013	11 35 49.7	+04 32 41.1	1.6581341	1.7277558	5.42	69.2	1.3
25/11/2013	11 37 50.5	+04 20 20.5	1.6585230	1.7188182	5.45	69.7	1.3
26/11/2013	11 39 50.9	+04 08 01.9	1.6589024	1.7098382	5.47	70.2	1.3
27/11/2013	11 41 50.9	+03 55 45.5	1.6592721	1.7008162	5.50	70.6	1.3
28/11/2013	11 43 50.3	+03 43 31.4	1.6596322	1.6917527	5.53	71.1	1.3
29/11/2013	11 45 49.4	+03 31 19.7	1.6599826	1.6826483	5.56	71.6	1.3
30/11/2013	11 47 47.9	+03 19 10.5	1.6603234	1.6735037	5.59	72.1	1.2
01/12/2013	11 49 46.0	+03 07 04.0	1.6606544	1.6643196	5.62	72.5	1.2
02/12/2013	11 51 43.5	+02 55 00.3	1.6609758	1.6550970	5.66	73.0	1.2
03/12/2013	11 53 40.6	+02 42 59.4	1.6612874	1.6458366	5.69	73.5	1.2
04/12/2013	11 55 37.2	+02 31 01.6	1.6615893	1.6365397	5.72	74.0	1.2
05/12/2013	11 57 33.3	+02 19 07.0	1.6618814	1.6272073	5.75	74.5	1.2
06/12/2013	11 59 28.9	+02 07 15.5	1.6621638	1.6178406	5.79	75.0	1.2
07/12/2013	12 01 23.9	+01 55 27.5	1.6624364	1.6084407	5.82	75.5	1.2
08/12/2013	12 03 18.5	+01 43 43.0	1.6626992	1.5990087	5.85	76.0	1.2
09/12/2013	12 05 12.5	+01 32 02.0	1.6629522	1.5895456	5.89	76.5	1.2
10/12/2013	12 07 05.9	+01 20 24.7	1.6631953	1.5800522	5.92	77.0	1.1
11/12/2013	12 08 58.9	+01 08 51.1	1.6634287	1.5705294	5.96	77.5	1.1
12/12/2013	12 10 51.3	+00 57 21.4	1.6636522	1.5609780	6.00	78.0	1.1
13/12/2013	12 12 43.1	+00 45 55.6	1.6638658	1.5513986	6.03	78.5	1.1
14/12/2013	12 14 34.4	+00 34 33.9	1.6640696	1.5417919	6.07	79.0	1.1
15/12/2013	12 16 25.2	+00 23 16.3	1.6642635	1.5321586	6.11	79.6	1.1
16/12/2013	12 18 15.4	+00 12 02.9	1.6644475	1.5224993	6.15	80.1	1.1
17/12/2013	12 20 05.0	+00 00 53.9	1.6646217	1.5128145	6.19	80.6	1.1
18/12/2013	12 21 54.1	-00 10 10.6	1.6647859	1.5031048	6.23	81.1	1.0
19/12/2013	12 23 42.5	-00 21 10.5	1.6649403	1.4933709	6.27	81.7	1.0
20/12/2013	12 25 30.4	-00 32 05.7	1.6650847	1.4836133	6.31	82.2	1.0
21/12/2013	12 27 17.7	-00 42 56.0	1.6652192	1.4738328	6.35	82.7	1.0
22/12/2013	12 29 04.3	-00 53 41.4	1.6653438	1.4640299	6.39	83.3	1.0
23/12/2013	12 30 50.3	-01 04 21.7	1.6654585	1.4542055	6.44	83.8	1.0
24/12/2013	12 32 35.7	-01 14 56.7	1.6655632	1.4443602	6.48	84.4	1.0

GG/MM/AAAA	A.R.	DECL.	Dist.	RV	Diam.	El.	Mag.
25/12/2013	12 34 20.4	-01 25 26.4	1.6656580	1.4344949	6.52	84.9	0.9
26/12/2013	12 36 04.4	-01 35 50.7	1.6657428	1.4246105	6.57	85.5	0.9
27/12/2013	12 37 47.7	-01 46 09.4	1.6658177	1.4147078	6.62	86.0	0.9
28/12/2013	12 39 30.4	-01 56 22.3	1.6658826	1.4047878	6.66	86.6	0.9
29/12/2013	12 41 12.3	-02 06 29.5	1.6659375	1.3948517	6.71	87.1	0.9
30/12/2013	12 42 53.5	-02 16 30.6	1.6659825	1.3849007	6.76	87.7	0.9
31/12/2013	12 44 33.9	-02 26 25.7	1.6660176	1.3749361	6.81	88.3	0.8
01/01/2014	12 46 13.5	-02 36 14.5	1.6660427	1.3649593	6.86	88.8	0.8
02/01/2014	12 47 52.3	-02 45 57.0	1.6660578	1.3549719	6.91	89.4	0.8
03/01/2014	12 49 30.4	-02 55 33.0	1.6660629	1.3449754	6.96	90.0	0.8
04/01/2014	12 51 07.5	-03 05 02.3	1.6660581	1.3349714	7.01	90.6	0.8
05/01/2014	12 52 43.9	-03 14 25.0	1.6660433	1.3249616	7.06	91.2	0.8
06/01/2014	12 54 19.3	-03 23 40.8	1.6660186	1.3149472	7.12	91.8	0.8
07/01/2014	12 55 53.9	-03 32 49.8	1.6659838	1.3049298	7.17	92.4	0.7
08/01/2014	12 57 27.6	-03 41 51.7	1.6659392	1.2949105	7.23	93.0	0.7
09/01/2014	12 59 00.4	-03 50 46.6	1.6658845	1.2848907	7.28	93.6	0.7
10/01/2014	13 00 32.3	-03 59 34.2	1.6658199	1.2748715	7.34	94.2	0.7
11/01/2014	13 02 03.2	-04 08 14.6	1.6657453	1.2648540	7.40	94.8	0.7
12/01/2014	13 03 33.1	-04 16 47.6	1.6656608	1.2548393	7.46	95.4	0.7
13/01/2014	13 05 02.1	-04 25 13.0	1.6655664	1.2448286	7.52	96.0	0.6
14/01/2014	13 06 30.0	-04 33 30.7	1.6654619	1.2348230	7.58	96.7	0.6
15/01/2014	13 07 56.9	-04 41 40.7	1.6653476	1.2248235	7.64	97.3	0.6
16/01/2014	13 09 22.8	-04 49 42.8	1.6652233	1.2148313	7.70	97.9	0.6
17/01/2014	13 10 47.6	-04 57 36.9	1.6650891	1.2048475	7.77	98.6	0.6
18/01/2014	13 12 11.2	-05 05 22.7	1.6649449	1.1948733	7.83	99.2	0.5
19/01/2014	13 13 33.8	-05 13 00.3	1.6647909	1.1849099	7.90	99.9	0.5
20/01/2014	13 14 55.1	-05 20 29.4	1.6646269	1.1749585	7.97	100.5	0.5
21/01/2014	13 16 15.3	-05 27 49.9	1.6644530	1.1650205	8.03	101.2	0.5
22/01/2014	13 17 34.3	-05 35 01.8	1.6642693	1.1550973	8.10	101.9	0.5
23/01/2014	13 18 51.9	-05 42 04.7	1.6640756	1.1451902	8.17	102.5	0.4
24/01/2014	13 20 08.3	-05 48 58.6	1.6638721	1.1353008	8.24	103.2	0.4
25/01/2014	13 21 23.4	-05 55 43.5	1.6636587	1.1254307	8.32	103.9	0.4
26/01/2014	13 22 37.1	-06 02 18.9	1.6634354	1.1155816	8.39	104.6	0.4
27/01/2014	13 23 49.5	-06 08 45.0	1.6632023	1.1057554	8.46	105.3	0.4
28/01/2014	13 25 00.3	-06 15 01.5	1.6629593	1.0959541	8.54	106.0	0.3
29/01/2014	13 26 09.7	-06 21 08.2	1.6627066	1.0861798	8.62	106.7	0.3
30/01/2014	13 27 17.6	-06 27 05.0	1.6624440	1.0764346	8.70	107.4	0.3
31/01/2014	13 28 23.9	-06 32 51.7	1.6621716	1.0667210	8.77	108.1	0.3
01/02/2014	13 29 28.7	-06 38 28.2	1.6618894	1.0570412	8.85	108.9	0.2
02/02/2014	13 30 31.8	-06 43 54.4	1.6615974	1.0473975	8.94	109.6	0.2
03/02/2014	13 31 33.2	-06 49 10.1	1.6612957	1.0377923	9.02	110.4	0.2
04/02/2014	13 32 33.0	-06 54 15.3	1.6609842	1.0282278	9.10	111.1	0.2
05/02/2014	13 33 31.0	-06 59 09.9	1.6606630	1.0187060	9.19	111.9	0.1
06/02/2014	13 34 27.3	-07 03 53.6	1.6603321	1.0092290	9.27	112.6	0.1
07/02/2014	13 35 21.8	-07 08 26.5	1.6599914	0.9997989	9.36	113.4	0.1
08/02/2014	13 36 14.4	-07 12 48.3	1.6596411	0.9904176	9.45	114.2	0.1
09/02/2014	13 37 05.2	-07 16 59.0	1.6592811	0.9810871	9.54	115.0	0.1
10/02/2014	13 37 54.0	-07 20 58.4	1.6589114	0.9718096	9.63	115.8	0.0
11/02/2014	13 38 40.9	-07 24 46.3	1.6585321	0.9625869	9.72	116.6	0.0
12/02/2014	13 39 25.8	-07 28 22.6	1.6581432	0.9534212	9.82	117.4	-0.0
13/02/2014	13 40 08.7	-07 31 47.2	1.6577447	0.9443145	9.91	118.2	-0.0
14/02/2014	13 40 49.5	-07 34 59.9	1.6573366	0.9352691	10.01	119.0	-0.1
15/02/2014	13 41 28.1	-07 38 00.5	1.6569189	0.9262870	10.10	119.9	-0.1
16/02/2014	13 42 04.6	-07 40 48.9	1.6564917	0.9173705	10.20	120.7	-0.1
17/02/2014	13 42 38.8	-07 43 25.0	1.6560550	0.9085220	10.30	121.6	-0.1
18/02/2014	13 43 10.8	-07 45 48.5	1.6556087	0.8997438	10.40	122.5	-0.2
19/02/2014	13 43 40.5	-07 47 59.4	1.6551530	0.8910385	10.50	123.4	-0.2
20/02/2014	13 44 07.8	-07 49 57.4	1.6546878	0.8824085	10.61	124.2	-0.2
21/02/2014	13 44 32.6	-07 51 42.4	1.6542132	0.8738567	10.71	125.1	-0.3
22/02/2014	13 44 55.1	-07 53 14.3	1.6537292	0.8653859	10.82	126.1	-0.3
23/02/2014	13 45 15.0	-07 54 32.8	1.6532357	0.8569991	10.92	127.0	-0.3
24/02/2014	13 45 32.3	-07 55 37.9	1.6527330	0.8486993	11.03	127.9	-0.3
25/02/2014	13 45 47.1	-07 56 29.4	1.6522208	0.8404898	11.14	128.8	-0.4
26/02/2014	13 45 59.2	-07 57 07.1	1.6516994	0.8323740	11.24	129.8	-0.4
27/02/2014	13 46 08.6	-07 57 30.9	1.6511686	0.8243555	11.35	130.8	-0.4
28/02/2014	13 46 15.2	-07 57 40.7	1.6506286	0.8164379	11.46	131.7	-0.4
01/03/2014	13 46 19.1	-07 57 36.4	1.6500793	0.8086248	11.58	132.7	-0.5
02/03/2014	13 46 20.1	-07 57 17.9	1.6495209	0.8009198	11.69	133.7	-0.5
03/03/2014	13 46 18.3	-07 56 45.1	1.6489532	0.7933266	11.80	134.7	-0.5
04/03/2014	13 46 13.7	-07 55 58.1	1.6483764	0.7858487	11.91	135.8	-0.6
05/03/2014	13 46 06.2	-07 54 56.7	1.6477905	0.7784895	12.02	136.8	-0.6
06/03/2014	13 45 55.8	-07 53 41.1	1.6471954	0.7712524	12.14	137.8	-0.6
07/03/2014	13 45 42.5	-07 52 11.0	1.6465913	0.7641407	12.25	138.9	-0.6

GG/MM/AAAA	A.R.	DECL.	Dist.	RV	Diam.	El.	Mag.
08/03/2014	13 45 26.2	-07 50 26.7	1.6459781	0.7571577	12.36	140.0	-0.7
09/03/2014	13 45 07.0	-07 48 28.0	1.6453560	0.7503066	12.47	141.1	-0.7
10/03/2014	13 44 44.9	-07 46 14.9	1.6447248	0.7435907	12.59	142.1	-0.7
11/03/2014	13 44 19.8	-07 43 47.6	1.6440847	0.7370132	12.70	143.3	-0.8
12/03/2014	13 43 51.7	-07 41 06.0	1.6434357	0.7305773	12.81	144.4	-0.8
13/03/2014	13 43 20.7	-07 38 10.3	1.6427778	0.7242863	12.92	145.5	-0.8
14/03/2014	13 42 46.8	-07 35 00.5	1.6421110	0.7181435	13.03	146.6	-0.8
15/03/2014	13 42 09.9	-07 31 36.7	1.6414355	0.7121519	13.14	147.8	-0.9
16/03/2014	13 41 30.1	-07 27 59.0	1.6407511	0.7063150	13.25	149.0	-0.9
17/03/2014	13 40 47.4	-07 24 07.6	1.6400580	0.7006358	13.36	150.1	-0.9
18/03/2014	13 40 01.8	-07 20 02.8	1.6393562	0.6951178	13.47	151.3	-1.0
19/03/2014	13 39 13.3	-07 15 44.6	1.6386457	0.6897640	13.57	152.5	-1.0
20/03/2014	13 38 22.1	-07 11 13.4	1.6379266	0.6845779	13.67	153.7	-1.0
21/03/2014	13 37 28.1	-07 06 29.3	1.6371989	0.6795627	13.77	155.0	-1.0
22/03/2014	13 36 31.4	-07 01 32.9	1.6364626	0.6747219	13.87	156.2	-1.1
23/03/2014	13 35 32.0	-06 56 24.3	1.6357178	0.6700587	13.97	157.4	-1.1
24/03/2014	13 34 30.0	-06 51 03.9	1.6349645	0.6655765	14.06	158.7	-1.1
25/03/2014	13 33 25.5	-06 45 32.3	1.6342027	0.6612787	14.15	160.0	-1.2
26/03/2014	13 32 18.5	-06 39 49.7	1.6334326	0.6571687	14.24	161.2	-1.2
27/03/2014	13 31 09.2	-06 33 56.9	1.6326540	0.6532495	14.33	162.5	-1.2
28/03/2014	13 29 57.6	-06 27 54.3	1.6318672	0.6495242	14.41	163.8	-1.2
29/03/2014	13 28 43.8	-06 21 42.6	1.6310720	0.6459959	14.49	165.1	-1.3
30/03/2014	13 27 28.1	-06 15 22.4	1.6302686	0.6426670	14.56	166.4	-1.3
31/03/2014	13 26 10.4	-06 08 54.5	1.6294571	0.6395400	14.64	167.7	-1.3
01/04/2014	13 24 51.0	-06 02 19.7	1.6286373	0.6366169	14.70	169.0	-1.3
02/04/2014	13 23 30.0	-05 55 38.7	1.6278094	0.6338994	14.77	170.3	-1.4
03/04/2014	13 22 07.5	-05 48 52.4	1.6269735	0.6313891	14.82	171.6	-1.4
04/04/2014	13 20 43.7	-05 42 01.6	1.6261296	0.6290870	14.88	172.9	-1.4
05/04/2014	13 19 18.8	-05 35 07.2	1.6252776	0.6269940	14.93	174.2	-1.4
06/04/2014	13 17 52.9	-05 28 10.1	1.6244178	0.6251108	14.97	175.3	-1.4
07/04/2014	13 16 26.1	-05 21 11.1	1.6235500	0.6234376	15.01	176.4	-1.5
08/04/2014	13 14 58.7	-05 14 11.2	1.6226744	0.6219746	15.05	177.2	-1.5
09/04/2014	13 13 30.8	-05 07 11.3	1.6217910	0.6207216	15.08	177.5	-1.5
10/04/2014	13 12 02.5	-05 00 12.3	1.6208999	0.6196784	15.10	177.1	-1.5
11/04/2014	13 10 34.1	-04 53 15.0	1.6200011	0.6188442	15.12	176.2	-1.5
12/04/2014	13 09 05.7	-04 46 20.5	1.6190946	0.6182184	15.14	175.1	-1.5
13/04/2014	13 07 37.5	-04 39 29.6	1.6181806	0.6178000	15.15	173.9	-1.5
14/04/2014	13 06 09.5	-04 32 43.2	1.6172590	0.6175877	15.16	172.6	-1.4
15/04/2014	13 04 42.1	-04 26 02.2	1.6163299	0.6175801	15.16	171.3	-1.4
16/04/2014	13 03 15.3	-04 19 27.6	1.6153934	0.6177758	15.15	170.0	-1.4
17/04/2014	13 01 49.4	-04 13 00.1	1.6144495	0.6181732	15.14	168.7	-1.4
18/04/2014	13 00 24.3	-04 06 40.6	1.6134983	0.6187704	15.13	167.4	-1.4
19/04/2014	12 59 00.4	-04 00 29.9	1.6125398	0.6195656	15.11	166.1	-1.4
20/04/2014	12 57 37.7	-03 54 28.8	1.6115740	0.6205568	15.08	164.8	-1.4
21/04/2014	12 56 16.4	-03 48 38.0	1.6106011	0.6217419	15.05	163.5	-1.4
22/04/2014	12 54 56.7	-03 42 58.3	1.6096211	0.6231187	15.02	162.2	-1.3
23/04/2014	12 53 38.6	-03 37 30.5	1.6086340	0.6246848	14.98	160.9	-1.3
24/04/2014	12 52 22.3	-03 32 15.2	1.6076400	0.6264375	14.94	159.6	-1.3
25/04/2014	12 51 07.9	-03 27 13.1	1.6066390	0.6283739	14.90	158.3	-1.3
26/04/2014	12 49 55.6	-03 22 24.8	1.6056311	0.6304912	14.85	157.0	-1.3
27/04/2014	12 48 45.4	-03 17 51.0	1.6046164	0.6327860	14.79	155.8	-1.2
28/04/2014	12 47 37.5	-03 13 32.2	1.6035950	0.6352548	14.73	154.5	-1.2
29/04/2014	12 46 32.0	-03 09 28.9	1.6025668	0.6378939	14.67	153.3	-1.2
30/04/2014	12 45 29.0	-03 05 41.7	1.6015320	0.6406993	14.61	152.0	-1.2
01/05/2014	12 44 28.6	-03 02 10.8	1.6004906	0.6436670	14.54	150.8	-1.2
02/05/2014	12 43 30.8	-02 58 56.8	1.5994427	0.6467928	14.47	149.6	-1.1
03/05/2014	12 42 35.7	-02 55 59.8	1.5983884	0.6500724	14.40	148.4	-1.1
04/05/2014	12 41 43.4	-02 53 20.1	1.5973276	0.6535015	14.32	147.2	-1.1
05/05/2014	12 40 53.9	-02 50 58.0	1.5962606	0.6570756	14.24	146.1	-1.1
06/05/2014	12 40 07.3	-02 48 53.6	1.5951873	0.6607904	14.16	144.9	-1.1
07/05/2014	12 39 23.6	-02 47 07.0	1.5941078	0.6646416	14.08	143.7	-1.0
08/05/2014	12 38 42.8	-02 45 38.4	1.5930221	0.6686247	14.00	142.6	-1.0
09/05/2014	12 38 04.9	-02 44 27.7	1.5919304	0.6727356	13.91	141.5	-1.0
10/05/2014	12 37 30.1	-02 43 34.9	1.5908327	0.6769699	13.83	140.4	-1.0
11/05/2014	12 36 58.2	-02 43 00.2	1.5897291	0.6813234	13.74	139.3	-1.0
12/05/2014	12 36 29.3	-02 42 43.4	1.5886197	0.6857921	13.65	138.2	-0.9
13/05/2014	12 36 03.4	-02 42 44.4	1.5875044	0.6903720	13.56	137.2	-0.9
14/05/2014	12 35 40.5	-02 43 03.2	1.5863834	0.6950592	13.47	136.1	-0.9
15/05/2014	12 35 20.6	-02 43 39.6	1.5852568	0.6998500	13.37	135.1	-0.9
16/05/2014	12 35 03.6	-02 44 33.6	1.5841246	0.7047409	13.28	134.0	-0.8
17/05/2014	12 34 49.5	-02 45 44.9	1.5829870	0.7097285	13.19	133.0	-0.8
18/05/2014	12 34 38.3	-02 47 13.4	1.5818438	0.7148095	13.09	132.0	-0.8
19/05/2014	12 34 30.1	-02 48 58.9	1.5806954	0.7199806	13.00	131.1	-0.8

GG/MM/AAAA	A.R.	DECL.	Dist.	RV	Diam.	El.	Mag.
20/05/2014	12 34 24.7	-02 51 01.2	1.5795416	0.7252388	12.91	130.1	-0.8
21/05/2014	12 34 22.2	-02 53 20.2	1.5783827	0.7305811	12.81	129.1	-0.7
22/05/2014	12 34 22.5	-02 55 55.7	1.5772186	0.7360043	12.72	128.2	-0.7
23/05/2014	12 34 25.6	-02 58 47.5	1.5760495	0.7415053	12.62	127.3	-0.7
24/05/2014	12 34 31.6	-03 01 55.4	1.5748754	0.7470811	12.53	126.4	-0.7
25/05/2014	12 34 40.3	-03 05 19.3	1.5736964	0.7527285	12.43	125.4	-0.6
26/05/2014	12 34 51.7	-03 08 58.9	1.5725126	0.7584442	12.34	124.6	-0.6
27/05/2014	12 35 05.9	-03 12 54.0	1.5713241	0.7642253	12.25	123.7	-0.6
28/05/2014	12 35 22.7	-03 17 04.5	1.5701309	0.7700683	12.15	122.8	-0.6
29/05/2014	12 35 42.2	-03 21 29.9	1.5689331	0.7759703	12.06	122.0	-0.6
30/05/2014	12 36 04.3	-03 26 10.2	1.5677308	0.7819281	11.97	121.1	-0.5
31/05/2014	12 36 29.0	-03 31 05.0	1.5665242	0.7879386	11.88	120.3	-0.5
01/06/2014	12 36 56.3	-03 36 14.0	1.5653132	0.7939989	11.79	119.5	-0.5
02/06/2014	12 37 26.0	-03 41 37.1	1.5640979	0.8001060	11.70	118.6	-0.5
03/06/2014	12 37 58.2	-03 47 13.8	1.5628785	0.8062572	11.61	117.8	-0.5
04/06/2014	12 38 32.8	-03 53 03.9	1.5616550	0.8124497	11.52	117.1	-0.4
05/06/2014	12 39 09.8	-03 59 07.1	1.5604275	0.8186810	11.43	116.3	-0.4
06/06/2014	12 39 49.1	-04 05 23.2	1.5591961	0.8249485	11.35	115.5	-0.4
07/06/2014	12 40 30.8	-04 11 51.8	1.5579609	0.8312498	11.26	114.8	-0.4
08/06/2014	12 41 14.6	-04 18 32.7	1.5567219	0.8375827	11.18	114.0	-0.4
09/06/2014	12 42 00.7	-04 25 25.5	1.5554793	0.8439449	11.09	113.3	-0.3
10/06/2014	12 42 48.9	-04 32 30.1	1.5542332	0.8503345	11.01	112.5	-0.3
11/06/2014	12 43 39.3	-04 39 46.1	1.5529836	0.8567496	10.93	111.8	-0.3
12/06/2014	12 44 31.7	-04 47 13.2	1.5517306	0.8631884	10.84	111.1	-0.3
13/06/2014	12 45 26.2	-04 54 51.1	1.5504744	0.8696493	10.76	110.4	-0.3
14/06/2014	12 46 22.7	-05 02 39.6	1.5492149	0.8761310	10.68	109.7	-0.2
15/06/2014	12 47 21.1	-05 10 38.5	1.5479524	0.8826320	10.60	109.1	-0.2
16/06/2014	12 48 21.4	-05 18 47.4	1.5466868	0.8891513	10.53	108.4	-0.2
17/06/2014	12 49 23.7	-05 27 06.1	1.5454184	0.8956876	10.45	107.7	-0.2
18/06/2014	12 50 27.8	-05 35 34.3	1.5441471	0.9022397	10.37	107.1	-0.2
19/06/2014	12 51 33.7	-05 44 11.9	1.5428731	0.9088064	10.30	106.4	-0.1
20/06/2014	12 52 41.5	-05 52 58.7	1.5415965	0.9153865	10.23	105.8	-0.1
21/06/2014	12 53 51.0	-06 01 54.4	1.5403174	0.9219786	10.15	105.2	-0.1
22/06/2014	12 55 02.3	-06 10 58.8	1.5390358	0.9285814	10.08	104.5	-0.1
23/06/2014	12 56 15.3	-06 20 11.7	1.5377519	0.9351935	10.01	103.9	-0.1
24/06/2014	12 57 30.1	-06 29 33.0	1.5364657	0.9418134	9.94	103.3	-0.1
25/06/2014	12 58 46.5	-06 39 02.3	1.5351775	0.9484398	9.87	102.7	-0.1
26/06/2014	13 00 04.6	-06 48 39.5	1.5338872	0.9550711	9.80	102.1	-0.0
27/06/2014	13 01 24.3	-06 58 24.3	1.5325949	0.9617061	9.73	101.5	-0.0
28/06/2014	13 02 45.7	-07 08 16.6	1.5313008	0.9683432	9.67	100.9	-0.0
29/06/2014	13 04 08.6	-07 18 16.0	1.5300051	0.9749812	9.60	100.4	0.0
30/06/2014	13 05 33.1	-07 28 22.4	1.5287076	0.9816187	9.54	99.8	0.0
01/07/2014	13 06 59.1	-07 38 35.5	1.5274087	0.9882545	9.47	99.2	0.0
02/07/2014	13 08 26.6	-07 48 55.1	1.5261083	0.9948873	9.41	98.7	0.0
03/07/2014	13 09 55.6	-07 59 21.0	1.5248066	1.0015161	9.35	98.1	0.1
04/07/2014	13 11 26.0	-08 09 52.9	1.5235037	1.0081398	9.28	97.6	0.1
05/07/2014	13 12 57.9	-08 20 30.6	1.5221998	1.0147572	9.22	97.1	0.1
06/07/2014	13 14 31.2	-08 31 13.9	1.5208948	1.0213677	9.16	96.5	0.1
07/07/2014	13 16 05.9	-08 42 02.6	1.5195889	1.0279701	9.11	96.0	0.1
08/07/2014	13 17 42.0	-08 52 56.5	1.5182822	1.0345639	9.05	95.5	0.1
09/07/2014	13 19 19.4	-09 03 55.3	1.5169749	1.0411483	8.99	95.0	0.1
10/07/2014	13 20 58.2	-09 14 58.8	1.5156670	1.0477228	8.93	94.5	0.1
11/07/2014	13 22 38.2	-09 26 06.8	1.5143587	1.0542869	8.88	94.0	0.2
12/07/2014	13 24 19.5	-09 37 19.1	1.5130500	1.0608404	8.82	93.5	0.2
13/07/2014	13 26 02.1	-09 48 35.4	1.5117411	1.0673830	8.77	93.0	0.2
14/07/2014	13 27 45.9	-09 59 55.5	1.5104320	1.0739146	8.72	92.5	0.2
15/07/2014	13 29 31.0	-10 11 19.3	1.5091230	1.0804351	8.66	92.0	0.2
16/07/2014	13 31 17.3	-10 22 46.5	1.5078141	1.0869444	8.61	91.5	0.2
17/07/2014	13 33 04.8	-10 34 17.0	1.5065053	1.0934422	8.56	91.1	0.2
18/07/2014	13 34 53.5	-10 45 50.6	1.5051969	1.0999281	8.51	90.6	0.3
19/07/2014	13 36 43.4	-10 57 27.1	1.5038890	1.1064020	8.46	90.1	0.3
20/07/2014	13 38 34.4	-11 09 06.4	1.5025816	1.1128632	8.41	89.7	0.3
21/07/2014	13 40 26.7	-11 20 48.2	1.5012749	1.1193113	8.36	89.2	0.3
22/07/2014	13 42 20.2	-11 32 32.5	1.4999690	1.1257457	8.31	88.8	0.3
23/07/2014	13 44 14.8	-11 44 18.9	1.4986640	1.1321659	8.27	88.3	0.3
24/07/2014	13 46 10.6	-11 56 07.4	1.4973601	1.1385712	8.22	87.9	0.3
25/07/2014	13 48 07.5	-12 07 57.7	1.4960572	1.1449611	8.17	87.4	0.3
26/07/2014	13 50 05.5	-12 19 49.7	1.4947557	1.1513349	8.13	87.0	0.3
27/07/2014	13 52 04.7	-12 31 43.0	1.4934555	1.1576921	8.09	86.6	0.4
28/07/2014	13 54 05.1	-12 43 37.6	1.4921568	1.1640320	8.04	86.1	0.4
29/07/2014	13 56 06.5	-12 55 33.3	1.4908598	1.1703542	8.00	85.7	0.4
30/07/2014	13 58 09.0	-13 07 29.8	1.4895645	1.1766582	7.95	85.3	0.4
31/07/2014	14 00 12.7	-13 19 26.9	1.4882710	1.1829433	7.91	84.9	0.4

GG/MM/AAAA	A.R.	DECL.	Dist.	RV	Diam.	El.	Mag.
01/08/2014	14 02 17.4	-13 31 24.4	1.4869796	1.1892093	7.87	84.5	0.4
02/08/2014	14 04 23.2	-13 43 22.2	1.4856902	1.1954556	7.83	84.0	0.4
03/08/2014	14 06 30.0	-13 55 20.0	1.4844031	1.2016820	7.79	83.6	0.4
04/08/2014	14 08 37.9	-14 07 17.6	1.4831183	1.2078881	7.75	83.2	0.4
05/08/2014	14 10 46.9	-14 19 14.9	1.4818360	1.2140738	7.71	82.8	0.4
06/08/2014	14 12 56.9	-14 31 11.5	1.4805563	1.2202389	7.67	82.4	0.4
07/08/2014	14 15 08.0	-14 43 07.4	1.4792793	1.2263833	7.63	82.0	0.5
08/08/2014	14 17 20.0	-14 55 02.3	1.4780051	1.2325071	7.59	81.7	0.5
09/08/2014	14 19 33.1	-15 06 55.9	1.4767340	1.2386105	7.56	81.3	0.5
10/08/2014	14 21 47.2	-15 18 48.1	1.4754659	1.2446937	7.52	80.9	0.5
11/08/2014	14 24 02.3	-15 30 38.7	1.4742010	1.2507571	7.48	80.5	0.5
12/08/2014	14 26 18.3	-15 42 27.4	1.4729394	1.2568010	7.45	80.1	0.5
13/08/2014	14 28 35.4	-15 54 14.1	1.4716814	1.2628257	7.41	79.7	0.5
14/08/2014	14 30 53.5	-16 05 58.5	1.4704269	1.2688315	7.38	79.4	0.5
15/08/2014	14 33 12.5	-16 17 40.5	1.4691761	1.2748186	7.34	79.0	0.5
16/08/2014	14 35 32.5	-16 29 19.9	1.4679292	1.2807871	7.31	78.6	0.5
17/08/2014	14 37 53.6	-16 40 56.5	1.4666863	1.2867370	7.27	78.3	0.5
18/08/2014	14 40 15.6	-16 52 30.2	1.4654474	1.2926681	7.24	77.9	0.5
19/08/2014	14 42 38.6	-17 04 00.7	1.4642128	1.2985804	7.21	77.5	0.6
20/08/2014	14 45 02.6	-17 15 27.9	1.4629826	1.3044736	7.18	77.2	0.6
21/08/2014	14 47 27.6	-17 26 51.6	1.4617568	1.3103476	7.14	76.8	0.6
22/08/2014	14 49 53.6	-17 38 11.4	1.4605356	1.3162022	7.11	76.5	0.6
23/08/2014	14 52 20.6	-17 49 27.4	1.4593191	1.3220371	7.08	76.1	0.6
24/08/2014	14 54 48.5	-18 00 39.1	1.4581076	1.3278521	7.05	75.8	0.6
25/08/2014	14 57 17.4	-18 11 46.5	1.4569010	1.3336470	7.02	75.4	0.6
26/08/2014	14 59 47.3	-18 22 49.3	1.4556995	1.3394216	6.99	75.1	0.6
27/08/2014	15 02 18.2	-18 33 47.4	1.4545033	1.3451756	6.96	74.8	0.6
28/08/2014	15 04 50.0	-18 44 40.4	1.4533124	1.3509088	6.93	74.4	0.6
29/08/2014	15 07 22.8	-18 55 28.2	1.4521270	1.3566212	6.90	74.1	0.6
30/08/2014	15 09 56.5	-19 06 10.6	1.4509473	1.3623125	6.87	73.7	0.6
31/08/2014	15 12 31.2	-19 16 47.4	1.4497734	1.3679826	6.84	73.4	0.6
01/09/2014	15 15 06.9	-19 27 18.3	1.4486053	1.3736316	6.81	73.1	0.6
02/09/2014	15 17 43.4	-19 37 43.2	1.4474432	1.3792595	6.79	72.7	0.6
03/09/2014	15 20 20.9	-19 48 01.9	1.4462873	1.3848662	6.76	72.4	0.7
04/09/2014	15 22 59.4	-19 58 14.0	1.4451376	1.3904520	6.73	72.1	0.7
05/09/2014	15 25 38.7	-20 08 19.5	1.4439944	1.3960172	6.70	71.8	0.7
06/09/2014	15 28 18.9	-20 18 18.1	1.4428577	1.4015621	6.68	71.5	0.7
07/09/2014	15 31 00.1	-20 28 09.5	1.4417276	1.4070871	6.65	71.1	0.7
08/09/2014	15 33 42.1	-20 37 53.5	1.4406043	1.4125927	6.63	70.8	0.7
09/09/2014	15 36 25.0	-20 47 30.0	1.4394879	1.4180796	6.60	70.5	0.7
10/09/2014	15 39 08.8	-20 56 58.6	1.4383786	1.4235482	6.58	70.2	0.7
11/09/2014	15 41 53.5	-21 06 19.3	1.4372764	1.4289991	6.55	69.9	0.7
12/09/2014	15 44 39.0	-21 15 31.7	1.4361815	1.4344328	6.53	69.6	0.7
13/09/2014	15 47 25.4	-21 24 35.8	1.4350940	1.4398495	6.50	69.3	0.7
14/09/2014	15 50 12.7	-21 33 31.2	1.4340140	1.4452496	6.48	69.0	0.7
15/09/2014	15 53 00.9	-21 42 17.9	1.4329417	1.4506331	6.45	68.6	0.7
16/09/2014	15 55 50.0	-21 50 55.6	1.4318773	1.4560001	6.43	68.3	0.7
17/09/2014	15 58 39.9	-21 59 24.2	1.4308207	1.4613509	6.41	68.0	0.7
18/09/2014	16 01 30.6	-22 07 43.3	1.4297721	1.4666852	6.38	67.7	0.7
19/09/2014	16 04 22.3	-22 15 52.9	1.4287318	1.4720032	6.36	67.4	0.7
20/09/2014	16 07 14.7	-22 23 52.7	1.4276997	1.4773047	6.34	67.1	0.7
21/09/2014	16 10 08.0	-22 31 42.4	1.4266760	1.4825898	6.31	66.8	0.8
22/09/2014	16 13 02.2	-22 39 22.0	1.4256608	1.4878584	6.29	66.5	0.8
23/09/2014	16 15 57.1	-22 46 51.2	1.4246543	1.4931105	6.27	66.3	0.8
24/09/2014	16 18 52.9	-22 54 09.8	1.4236566	1.4983458	6.25	66.0	0.8
25/09/2014	16 21 49.5	-23 01 17.6	1.4226678	1.5035645	6.23	65.7	0.8
26/09/2014	16 24 46.8	-23 08 14.4	1.4216880	1.5087664	6.20	65.4	0.8
27/09/2014	16 27 45.0	-23 15 00.0	1.4207173	1.5139515	6.18	65.1	0.8
28/09/2014	16 30 43.9	-23 21 34.3	1.4197559	1.5191199	6.16	64.8	0.8
29/09/2014	16 33 43.7	-23 27 57.0	1.4188038	1.5242714	6.14	64.5	0.8
30/09/2014	16 36 44.1	-23 34 08.0	1.4178613	1.5294063	6.12	64.2	0.8
01/10/2014	16 39 45.3	-23 40 07.1	1.4169283	1.5345247	6.10	63.9	0.8
02/10/2014	16 42 47.2	-23 45 54.1	1.4160051	1.5396269	6.08	63.7	0.8
03/10/2014	16 45 49.8	-23 51 28.8	1.4150917	1.5447130	6.06	63.4	0.8
04/10/2014	16 48 53.1	-23 56 51.0	1.4141883	1.5497836	6.04	63.1	0.8
05/10/2014	16 51 57.1	-24 02 00.6	1.4132949	1.5548392	6.02	62.8	0.8
06/10/2014	16 55 01.7	-24 06 57.3	1.4124118	1.5598802	6.00	62.5	0.8
07/10/2014	16 58 07.0	-24 11 41.0	1.4115389	1.5649074	5.98	62.3	0.8
08/10/2014	17 01 12.9	-24 16 11.5	1.4106764	1.5699213	5.96	62.0	0.8
09/10/2014	17 04 19.4	-24 20 28.7	1.4098244	1.5749225	5.94	61.7	0.8
10/10/2014	17 07 26.5	-24 24 32.4	1.4089830	1.5799117	5.92	61.4	0.8
11/10/2014	17 10 34.2	-24 28 22.4	1.4081524	1.5848892	5.91	61.2	0.8
12/10/2014	17 13 42.5	-24 31 58.6	1.4073326	1.5898555	5.89	60.9	0.8

GG/MM/AAAA	A.R.	DECL.	Dist.	RV	Diam.	El.	Mag.
13/10/2014	17 16 51.4	-24 35 21.0	1.4065238	1.5948109	5.87	60.6	0.8
14/10/2014	17 20 00.9	-24 38 29.2	1.4057260	1.5997556	5.85	60.4	0.8
15/10/2014	17 23 10.9	-24 41 23.3	1.4049393	1.6046898	5.83	60.1	0.8
16/10/2014	17 26 21.4	-24 44 03.0	1.4041639	1.6096135	5.82	59.8	0.8
17/10/2014	17 29 32.5	-24 46 28.2	1.4033999	1.6145270	5.80	59.6	0.9
18/10/2014	17 32 44.1	-24 48 38.8	1.4026473	1.6194302	5.78	59.3	0.9
19/10/2014	17 35 56.1	-24 50 34.7	1.4019063	1.6243232	5.76	59.0	0.9
20/10/2014	17 39 08.6	-24 52 15.8	1.4011769	1.6292060	5.75	58.8	0.9
21/10/2014	17 42 21.6	-24 53 41.8	1.4004593	1.6340786	5.73	58.5	0.9
22/10/2014	17 45 35.0	-24 54 52.9	1.3997535	1.6389409	5.71	58.2	0.9
23/10/2014	17 48 48.9	-24 55 48.7	1.3990597	1.6437930	5.69	58.0	0.9
24/10/2014	17 52 03.2	-24 56 29.3	1.3983779	1.6486347	5.68	57.7	0.9
25/10/2014	17 55 17.8	-24 56 54.6	1.3977082	1.6534661	5.66	57.5	0.9
26/10/2014	17 58 32.8	-24 57 04.4	1.3970507	1.6582871	5.64	57.2	0.9
27/10/2014	18 01 48.2	-24 56 58.7	1.3964055	1.6630976	5.63	56.9	0.9
28/10/2014	18 05 03.9	-24 56 37.5	1.3957728	1.6678979	5.61	56.7	0.9
29/10/2014	18 08 19.9	-24 56 00.6	1.3951525	1.6726879	5.60	56.4	0.9
30/10/2014	18 11 36.2	-24 55 08.1	1.3945447	1.6774679	5.58	56.2	0.9
31/10/2014	18 14 52.7	-24 53 59.8	1.3939496	1.6822382	5.56	55.9	0.9
01/11/2014	18 18 09.5	-24 52 35.7	1.3933672	1.6869991	5.55	55.6	0.9
02/11/2014	18 21 26.5	-24 50 55.8	1.3927977	1.6917511	5.53	55.4	0.9
03/11/2014	18 24 43.7	-24 48 59.9	1.3922410	1.6964946	5.52	55.1	0.9
04/11/2014	18 28 01.1	-24 46 48.1	1.3916972	1.7012303	5.50	54.9	0.9
05/11/2014	18 31 18.6	-24 44 20.3	1.3911665	1.7059586	5.49	54.6	0.9
06/11/2014	18 34 36.3	-24 41 36.5	1.3906489	1.7106803	5.47	54.4	0.9
07/11/2014	18 37 54.1	-24 38 36.7	1.3901445	1.7153958	5.46	54.1	0.9
08/11/2014	18 41 12.0	-24 35 20.9	1.3896533	1.7201057	5.44	53.9	0.9
09/11/2014	18 44 30.0	-24 31 49.0	1.3891755	1.7248104	5.43	53.6	0.9
10/11/2014	18 47 48.1	-24 28 01.1	1.3887110	1.7295102	5.41	53.4	0.9
11/11/2014	18 51 06.2	-24 23 57.2	1.3882600	1.7342054	5.40	53.1	0.9
12/11/2014	18 54 24.4	-24 19 37.3	1.3878225	1.7388962	5.38	52.9	0.9
13/11/2014	18 57 42.6	-24 15 01.3	1.3873985	1.7435829	5.37	52.6	1.0
14/11/2014	19 01 00.9	-24 10 09.4	1.3869882	1.7482654	5.35	52.4	1.0
15/11/2014	19 04 19.1	-24 05 01.5	1.3865916	1.7529439	5.34	52.1	1.0
16/11/2014	19 07 37.3	-23 59 37.7	1.3862087	1.7576183	5.33	51.9	1.0
17/11/2014	19 10 55.4	-23 53 58.0	1.3858396	1.7622888	5.31	51.6	1.0
18/11/2014	19 14 13.5	-23 48 02.5	1.3854843	1.7669553	5.30	51.4	1.0
19/11/2014	19 17 31.5	-23 41 51.2	1.3851430	1.7716176	5.28	51.1	1.0
20/11/2014	19 20 49.5	-23 35 24.1	1.3848156	1.7762759	5.27	50.9	1.0
21/11/2014	19 24 07.4	-23 28 41.3	1.3845022	1.7809298	5.26	50.7	1.0
22/11/2014	19 27 25.1	-23 21 43.0	1.3842028	1.7855793	5.24	50.4	1.0
23/11/2014	19 30 42.7	-23 14 29.2	1.3839175	1.7902242	5.23	50.2	1.0
24/11/2014	19 34 00.2	-23 06 59.9	1.3836464	1.7948645	5.21	49.9	1.0
25/11/2014	19 37 17.5	-22 59 15.3	1.3833894	1.7995000	5.20	49.7	1.0
26/11/2014	19 40 34.6	-22 51 15.6	1.3831466	1.8041308	5.19	49.4	1.0
27/11/2014	19 43 51.5	-22 43 00.7	1.3829180	1.8087569	5.17	49.2	1.0
28/11/2014	19 47 08.2	-22 34 30.8	1.3827037	1.8133784	5.16	49.0	1.0
29/11/2014	19 50 24.7	-22 25 46.0	1.3825036	1.8179956	5.15	48.7	1.0
30/11/2014	19 53 40.9	-22 16 46.5	1.3823179	1.8226088	5.14	48.5	1.0
01/12/2014	19 56 56.8	-22 07 32.2	1.3821466	1.8272184	5.12	48.2	1.0
02/12/2014	20 00 12.5	-21 58 03.4	1.3819896	1.8318248	5.11	48.0	1.0
03/12/2014	20 03 27.9	-21 48 20.2	1.3818470	1.8364285	5.10	47.7	1.0
04/12/2014	20 06 43.0	-21 38 22.7	1.3817189	1.8410299	5.08	47.5	1.0
05/12/2014	20 09 57.7	-21 28 11.0	1.3816051	1.8456295	5.07	47.3	1.0
06/12/2014	20 13 12.2	-21 17 45.2	1.3815059	1.8502278	5.06	47.0	1.0
07/12/2014	20 16 26.3	-21 07 05.6	1.3814211	1.8548250	5.05	46.8	1.0
08/12/2014	20 19 40.1	-20 56 12.2	1.3813507	1.8594215	5.03	46.5	1.0
09/12/2014	20 22 53.5	-20 45 05.3	1.3812949	1.8640176	5.02	46.3	1.0
10/12/2014	20 26 06.6	-20 33 44.9	1.3812535	1.8686134	5.01	46.1	1.0
11/12/2014	20 29 19.4	-20 22 11.2	1.3812266	1.8732090	5.00	45.8	1.0
12/12/2014	20 32 31.7	-20 10 24.4	1.3812143	1.8778046	4.98	45.6	1.0
13/12/2014	20 35 43.7	-19 58 24.5	1.3812165	1.8824000	4.97	45.3	1.0
14/12/2014	20 38 55.4	-19 46 11.9	1.3812331	1.8869955	4.96	45.1	1.0
15/12/2014	20 42 06.6	-19 33 46.5	1.3812643	1.8915907	4.95	44.9	1.0
16/12/2014	20 45 17.5	-19 21 08.7	1.3813099	1.8961858	4.94	44.6	1.1
17/12/2014	20 48 27.9	-19 08 18.4	1.3813701	1.9007804	4.92	44.4	1.1
18/12/2014	20 51 38.0	-18 55 16.1	1.3814447	1.9053745	4.91	44.2	1.1
19/12/2014	20 54 47.7	-18 42 01.8	1.3815338	1.9099678	4.90	43.9	1.1
20/12/2014	20 57 57.0	-18 28 35.6	1.3816374	1.9145601	4.89	43.7	1.1
21/12/2014	21 01 05.9	-18 14 57.9	1.3817554	1.9191511	4.88	43.4	1.1
22/12/2014	21 04 14.3	-18 01 08.8	1.3818879	1.9237405	4.87	43.2	1.1
23/12/2014	21 07 22.4	-17 47 08.4	1.3820347	1.9283280	4.85	43.0	1.1
24/12/2014	21 10 30.0	-17 32 57.1	1.3821960	1.9329133	4.84	42.7	1.1

GG/MM/AAAA	A.R.	DECL.	Dist.	RV	Diam.	El.	Mag.
25/12/2014	21 13 37.2	-17 18 35.0	1.3823716	1.9374964	4.83	42.5	1.1
26/12/2014	21 16 44.0	-17 04 02.4	1.3825615	1.9420772	4.82	42.3	1.1
27/12/2014	21 19 50.4	-16 49 19.3	1.3827657	1.9466557	4.81	42.0	1.1
28/12/2014	21 22 56.3	-16 34 26.1	1.3829843	1.9512320	4.80	41.8	1.1
29/12/2014	21 26 01.7	-16 19 22.8	1.3832171	1.9558064	4.79	41.5	1.1
30/12/2014	21 29 06.8	-16 04 09.8	1.3834641	1.9603792	4.77	41.3	1.1
31/12/2014	21 32 11.4	-15 48 47.2	1.3837252	1.9649505	4.76	41.1	1.1
01/01/2015	21 35 15.5	-15 33 15.3	1.3840006	1.9695208	4.75	40.8	1.1
02/01/2015	21 38 19.2	-15 17 34.1	1.3842900	1.9740904	4.74	40.6	1.1
03/01/2015	21 41 22.5	-15 01 44.0	1.3845935	1.9786594	4.73	40.4	1.1
04/01/2015	21 44 25.3	-14 45 45.1	1.3849110	1.9832282	4.72	40.1	1.1
05/01/2015	21 47 27.7	-14 29 37.8	1.3852425	1.9877970	4.71	39.9	1.1
06/01/2015	21 50 29.6	-14 13 22.0	1.3855879	1.9923658	4.70	39.7	1.1
07/01/2015	21 53 31.2	-13 56 58.1	1.3859472	1.9969349	4.69	39.4	1.1
08/01/2015	21 56 32.3	-13 40 26.3	1.3863204	2.0015042	4.68	39.2	1.1
09/01/2015	21 59 33.0	-13 23 46.7	1.3867073	2.0060738	4.67	38.9	1.1
10/01/2015	22 02 33.2	-13 06 59.5	1.3871079	2.0106436	4.66	38.7	1.1
11/01/2015	22 05 33.1	-12 50 05.0	1.3875222	2.0152135	4.64	38.5	1.1
12/01/2015	22 08 32.5	-12 33 03.4	1.3879501	2.0197833	4.63	38.2	1.1
13/01/2015	22 11 31.6	-12 15 54.8	1.3883915	2.0243529	4.62	38.0	1.1
14/01/2015	22 14 30.2	-11 58 39.5	1.3888464	2.0289220	4.61	37.8	1.1
15/01/2015	22 17 28.5	-11 41 17.5	1.3893148	2.0334903	4.60	37.5	1.1
16/01/2015	22 20 26.4	-11 23 49.3	1.3897965	2.0380575	4.59	37.3	1.1
17/01/2015	22 23 23.9	-11 06 14.9	1.3902915	2.0426233	4.58	37.1	1.2
18/01/2015	22 26 21.1	-10 48 34.6	1.3907997	2.0471872	4.57	36.8	1.2
19/01/2015	22 29 17.8	-10 30 48.6	1.3913211	2.0517487	4.56	36.6	1.2
20/01/2015	22 32 14.3	-10 12 57.1	1.3918555	2.0563074	4.55	36.3	1.2
21/01/2015	22 35 10.3	-09 55 00.4	1.3924029	2.0608628	4.54	36.1	1.2
22/01/2015	22 38 06.0	-09 36 58.6	1.3929633	2.0654145	4.53	35.9	1.2
23/01/2015	22 41 01.4	-09 18 52.0	1.3935365	2.0699623	4.52	35.6	1.2
24/01/2015	22 43 56.4	-09 00 40.8	1.3941225	2.0745059	4.51	35.4	1.2
25/01/2015	22 46 51.1	-08 42 25.2	1.3947212	2.0790452	4.50	35.2	1.2
26/01/2015	22 49 45.4	-08 24 05.4	1.3953325	2.0835803	4.49	34.9	1.2
27/01/2015	22 52 39.4	-08 05 41.6	1.3959563	2.0881113	4.48	34.7	1.2
28/01/2015	22 55 33.0	-07 47 14.1	1.3965926	2.0926383	4.47	34.5	1.2
29/01/2015	22 58 26.4	-07 28 42.9	1.3972412	2.0971614	4.46	34.2	1.2
30/01/2015	23 01 19.4	-07 10 08.4	1.3979021	2.1016808	4.45	34.0	1.2
31/01/2015	23 04 12.2	-06 51 30.8	1.3985751	2.1061965	4.44	33.7	1.2
01/02/2015	23 07 04.6	-06 32 50.1	1.3992603	2.1107088	4.43	33.5	1.2
02/02/2015	23 09 56.7	-06 14 06.8	1.3999574	2.1152177	4.43	33.3	1.2
03/02/2015	23 12 48.6	-05 55 20.9	1.4006665	2.1197233	4.42	33.0	1.2
04/02/2015	23 15 40.1	-05 36 32.6	1.4013874	2.1242255	4.41	32.8	1.2
05/02/2015	23 18 31.4	-05 17 42.1	1.4021199	2.1287242	4.40	32.6	1.2
06/02/2015	23 21 22.5	-04 58 49.6	1.4028641	2.1332196	4.39	32.3	1.2
07/02/2015	23 24 13.3	-04 39 55.4	1.4036198	2.1377113	4.38	32.1	1.2
08/02/2015	23 27 03.8	-04 20 59.5	1.4043870	2.1421992	4.37	31.9	1.2
09/02/2015	23 29 54.2	-04 02 02.1	1.4051654	2.1466831	4.36	31.6	1.2
10/02/2015	23 32 44.3	-03 43 03.6	1.4059551	2.1511628	4.35	31.4	1.2
11/02/2015	23 35 34.2	-03 24 03.9	1.4067559	2.1556378	4.34	31.1	1.2
12/02/2015	23 38 23.9	-03 05 03.4	1.4075676	2.1601080	4.33	30.9	1.2
13/02/2015	23 41 13.4	-02 46 02.1	1.4083903	2.1645727	4.32	30.7	1.2
14/02/2015	23 44 02.7	-02 27 00.3	1.4092238	2.1690316	4.32	30.4	1.2
15/02/2015	23 46 51.9	-02 07 58.2	1.4100680	2.1734841	4.31	30.2	1.2
16/02/2015	23 49 40.9	-01 48 56.0	1.4109227	2.1779297	4.30	29.9	1.2
17/02/2015	23 52 29.7	-01 29 53.8	1.4117880	2.1823678	4.29	29.7	1.2
18/02/2015	23 55 18.4	-01 10 51.9	1.4126635	2.1867976	4.28	29.5	1.3
19/02/2015	23 58 06.9	-00 51 50.4	1.4135494	2.1912187	4.27	29.2	1.3
20/02/2015	00 00 55.3	-00 32 49.6	1.4144454	2.1956306	4.26	29.0	1.3
21/02/2015	00 03 43.6	-00 13 49.6	1.4153513	2.2000327	4.25	28.7	1.3
22/02/2015	00 06 31.7	+00 05 09.4	1.4162673	2.2044248	4.25	28.5	1.3
23/02/2015	00 09 19.8	+00 24 07.2	1.4171930	2.2088068	4.24	28.3	1.3
24/02/2015	00 12 07.7	+00 43 03.7	1.4181283	2.2131785	4.23	28.0	1.3
25/02/2015	00 14 55.5	+01 01 58.5	1.4190733	2.2175400	4.22	27.8	1.3
26/02/2015	00 17 43.2	+01 20 51.6	1.4200277	2.2218911	4.21	27.6	1.3
27/02/2015	00 20 30.8	+01 39 42.8	1.4209914	2.2262321	4.20	27.3	1.3
28/02/2015	00 23 18.3	+01 58 31.9	1.4219644	2.2305628	4.20	27.1	1.3
01/03/2015	00 26 05.8	+02 17 18.7	1.4229464	2.2348833	4.19	26.8	1.3
02/03/2015	00 28 53.2	+02 36 03.1	1.4239374	2.2391936	4.18	26.6	1.3
03/03/2015	00 31 40.5	+02 54 44.8	1.4249373	2.2434936	4.17	26.4	1.3
04/03/2015	00 34 27.8	+03 13 23.7	1.4259458	2.2477832	4.16	26.1	1.3
05/03/2015	00 37 15.0	+03 31 59.7	1.4269630	2.2520624	4.16	25.9	1.3
06/03/2015	00 40 02.2	+03 50 32.5	1.4279887	2.2563311	4.15	25.6	1.3
07/03/2015	00 42 49.4	+04 09 02.1	1.4290228	2.2605889	4.14	25.4	1.3

GG/MM/AAAA	A.R.	DECL.	Dist.	RV	Diam.	El.	Mag.
08/03/2015	00 45 36.5	+04 27 28.2	1.4300651	2.2648358	4.13	25.1	1.3
09/03/2015	00 48 23.7	+04 45 50.8	1.4311155	2.2690715	4.13	24.9	1.3
10/03/2015	00 51 10.8	+05 04 09.6	1.4321739	2.2732956	4.12	24.7	1.3
11/03/2015	00 53 58.0	+05 22 24.5	1.4332401	2.2775079	4.11	24.4	1.3
12/03/2015	00 56 45.1	+05 40 35.4	1.4343141	2.2817078	4.10	24.2	1.3
13/03/2015	00 59 32.4	+05 58 42.1	1.4353958	2.2858950	4.09	23.9	1.3
14/03/2015	01 02 19.6	+06 16 44.4	1.4364849	2.2900689	4.09	23.7	1.3
15/03/2015	01 05 06.9	+06 34 42.2	1.4375814	2.2942290	4.08	23.4	1.3
16/03/2015	01 07 54.2	+06 52 35.4	1.4386851	2.2983746	4.07	23.2	1.3
17/03/2015	01 10 41.6	+07 10 23.7	1.4397960	2.3025050	4.07	23.0	1.3
18/03/2015	01 13 29.1	+07 28 07.0	1.4409139	2.3066195	4.06	22.7	1.3
19/03/2015	01 16 16.6	+07 45 45.1	1.4420386	2.3107175	4.05	22.5	1.3
20/03/2015	01 19 04.3	+08 03 17.9	1.4431700	2.3147982	4.04	22.2	1.3
21/03/2015	01 21 51.9	+08 20 45.3	1.4443081	2.3188612	4.04	22.0	1.3
22/03/2015	01 24 39.7	+08 38 07.0	1.4454526	2.3229058	4.03	21.7	1.3
23/03/2015	01 27 27.6	+08 55 22.9	1.4466035	2.3269318	4.02	21.5	1.3
24/03/2015	01 30 15.5	+09 12 33.0	1.4477606	2.3309390	4.02	21.3	1.4
25/03/2015	01 33 03.6	+09 29 36.9	1.4489238	2.3349271	4.01	21.0	1.4
26/03/2015	01 35 51.8	+09 46 34.6	1.4500930	2.3388962	4.00	20.8	1.4
27/03/2015	01 38 40.0	+10 03 25.9	1.4512680	2.3428460	4.00	20.5	1.4
28/03/2015	01 41 28.4	+10 20 10.6	1.4524487	2.3467766	3.99	20.3	1.4
29/03/2015	01 44 16.9	+10 36 48.7	1.4536350	2.3506880	3.98	20.0	1.4
30/03/2015	01 47 05.5	+10 53 19.9	1.4548268	2.3545800	3.98	19.8	1.4
31/03/2015	01 49 54.2	+11 09 44.1	1.4560239	2.3584525	3.97	19.5	1.4
01/04/2015	01 52 43.1	+11 26 01.2	1.4572262	2.3623054	3.96	19.3	1.4
02/04/2015	01 55 32.1	+11 42 11.0	1.4584336	2.3661388	3.96	19.0	1.4
03/04/2015	01 58 21.2	+11 58 13.5	1.4596459	2.3699522	3.95	18.8	1.4
04/04/2015	02 01 10.5	+12 14 08.4	1.4608630	2.3737457	3.94	18.6	1.4
05/04/2015	02 03 59.9	+12 29 55.7	1.4620849	2.3775190	3.94	18.3	1.4
06/04/2015	02 06 49.5	+12 45 35.2	1.4633113	2.3812718	3.93	18.1	1.4
07/04/2015	02 09 39.3	+13 01 06.8	1.4645421	2.3850038	3.92	17.8	1.4
08/04/2015	02 12 29.2	+13 16 30.4	1.4657772	2.3887147	3.92	17.6	1.4
09/04/2015	02 15 19.3	+13 31 45.8	1.4670165	2.3924041	3.91	17.3	1.4
10/04/2015	02 18 09.6	+13 46 53.0	1.4682599	2.3960715	3.91	17.1	1.4
11/04/2015	02 21 00.0	+14 01 51.8	1.4695072	2.3997165	3.90	16.8	1.4
12/04/2015	02 23 50.7	+14 16 42.1	1.4707583	2.4033383	3.89	16.6	1.4
13/04/2015	02 26 41.5	+14 31 23.7	1.4720131	2.4069365	3.89	16.3	1.4
14/04/2015	02 29 32.6	+14 45 56.6	1.4732714	2.4105102	3.88	16.1	1.4
15/04/2015	02 32 23.8	+15 00 20.5	1.4745331	2.4140588	3.88	15.8	1.4
16/04/2015	02 35 15.2	+15 14 35.4	1.4757982	2.4175815	3.87	15.6	1.4
17/04/2015	02 38 06.8	+15 28 41.2	1.4770664	2.4210776	3.87	15.3	1.4
18/04/2015	02 40 58.6	+15 42 37.7	1.4783377	2.4245464	3.86	15.1	1.4
19/04/2015	02 43 50.7	+15 56 24.8	1.4796119	2.4279874	3.86	14.8	1.4
20/04/2015	02 46 42.9	+16 10 02.5	1.4808888	2.4314002	3.85	14.6	1.4
21/04/2015	02 49 35.3	+16 23 30.5	1.4821685	2.4347842	3.84	14.3	1.4
22/04/2015	02 52 27.9	+16 36 48.8	1.4834507	2.4381393	3.84	14.1	1.4
23/04/2015	02 55 20.7	+16 49 57.2	1.4847354	2.4414653	3.83	13.8	1.4
24/04/2015	02 58 13.7	+17 02 55.7	1.4860223	2.4447621	3.83	13.6	1.4
25/04/2015	03 01 06.9	+17 15 44.1	1.4873115	2.4480296	3.82	13.3	1.4
26/04/2015	03 04 00.3	+17 28 22.3	1.4886027	2.4512676	3.82	13.0	1.4
27/04/2015	03 06 53.9	+17 40 50.1	1.4898958	2.4544762	3.81	12.8	1.4
28/04/2015	03 09 47.7	+17 53 07.6	1.4911908	2.4576551	3.81	12.5	1.4
29/04/2015	03 12 41.6	+18 05 14.5	1.4924875	2.4608043	3.80	12.3	1.4
30/04/2015	03 15 35.8	+18 17 10.8	1.4937858	2.4639236	3.80	12.0	1.4
01/05/2015	03 18 30.1	+18 28 56.4	1.4950855	2.4670130	3.79	11.8	1.4
02/05/2015	03 21 24.6	+18 40 31.2	1.4963865	2.4700723	3.79	11.5	1.4
03/05/2015	03 24 19.3	+18 51 55.1	1.4976888	2.4731013	3.78	11.3	1.4
04/05/2015	03 27 14.2	+19 03 08.0	1.4989922	2.4760999	3.78	11.0	1.4
05/05/2015	03 30 09.3	+19 14 09.9	1.5002966	2.4790676	3.78	10.8	1.4
06/05/2015	03 33 04.6	+19 25 00.6	1.5016019	2.4820044	3.77	10.5	1.4
07/05/2015	03 36 00.0	+19 35 40.1	1.5029079	2.4849097	3.77	10.3	1.5
08/05/2015	03 38 55.7	+19 46 08.2	1.5042146	2.4877833	3.76	10.0	1.5
09/05/2015	03 41 51.5	+19 56 25.0	1.5055217	2.4906245	3.76	9.7	1.5
10/05/2015	03 44 47.5	+20 06 30.3	1.5068293	2.4934329	3.75	9.5	1.5
11/05/2015	03 47 43.7	+20 16 24.1	1.5081372	2.4962078	3.75	9.2	1.5
12/05/2015	03 50 40.1	+20 26 06.2	1.5094453	2.4989485	3.75	9.0	1.5
13/05/2015	03 53 36.6	+20 35 36.6	1.5107535	2.5016544	3.74	8.7	1.5
14/05/2015	03 56 33.3	+20 44 55.3	1.5120616	2.5043247	3.74	8.4	1.5
15/05/2015	03 59 30.2	+20 54 02.0	1.5133695	2.5069587	3.73	8.2	1.5
16/05/2015	04 02 27.2	+21 02 56.9	1.5146772	2.5095557	3.73	7.9	1.5
17/05/2015	04 05 24.4	+21 11 39.7	1.5159845	2.5121151	3.73	7.7	1.5
18/05/2015	04 08 21.7	+21 20 10.5	1.5172913	2.5146364	3.72	7.4	1.5
19/05/2015	04 11 19.1	+21 28 29.2	1.5185976	2.5171191	3.72	7.1	1.5

GG/MM/AAAA	A.R.	DECL.	Dist.	RV	Diam.	El.	Mag.
20/05/2015	04 14 16.7	+21 36 35.7	1.5199031	2.5195628	3.71	6.9	1.5
21/05/2015	04 17 14.5	+21 44 30.0	1.5212078	2.5219675	3.71	6.6	1.5
22/05/2015	04 20 12.3	+21 52 12.1	1.5225116	2.5243328	3.71	6.4	1.5
23/05/2015	04 23 10.2	+21 59 41.7	1.5238144	2.5266587	3.70	6.1	1.5
24/05/2015	04 26 08.3	+22 06 59.0	1.5251160	2.5289450	3.70	5.8	1.5
25/05/2015	04 29 06.4	+22 14 03.8	1.5264164	2.5311916	3.70	5.6	1.5
26/05/2015	04 32 04.6	+22 20 56.1	1.5277154	2.5333985	3.69	5.3	1.5
27/05/2015	04 35 02.9	+22 27 35.8	1.5290131	2.5355656	3.69	5.1	1.5
28/05/2015	04 38 01.3	+22 34 02.9	1.5303091	2.5376927	3.69	4.8	1.5
29/05/2015	04 40 59.7	+22 40 17.4	1.5316035	2.5397798	3.69	4.5	1.5
30/05/2015	04 43 58.2	+22 46 19.2	1.5328961	2.5418268	3.68	4.3	1.5
31/05/2015	04 46 56.8	+22 52 08.3	1.5341869	2.5438336	3.68	4.0	1.5
01/06/2015	04 49 55.4	+22 57 44.7	1.5354757	2.5458000	3.68	3.7	1.5
02/06/2015	04 52 54.0	+23 03 08.4	1.5367625	2.5477258	3.67	3.5	1.5
03/06/2015	04 55 52.7	+23 08 19.3	1.5380471	2.5496109	3.67	3.2	1.5
04/06/2015	04 58 51.4	+23 13 17.4	1.5393294	2.5514550	3.67	3.0	1.5
05/06/2015	05 01 50.2	+23 18 02.7	1.5406094	2.5532577	3.67	2.7	1.5
06/06/2015	05 04 48.9	+23 22 35.2	1.5418870	2.5550187	3.66	2.4	1.5
07/06/2015	05 07 47.7	+23 26 54.9	1.5431619	2.5567373	3.66	2.2	1.5
08/06/2015	05 10 46.4	+23 31 01.8	1.5444343	2.5584131	3.66	1.9	1.5
09/06/2015	05 13 45.2	+23 34 55.8	1.5457038	2.5600454	3.66	1.7	1.5
10/06/2015	05 16 43.9	+23 38 36.9	1.5469706	2.5616335	3.65	1.4	1.5
11/06/2015	05 19 42.7	+23 42 05.1	1.5482344	2.5631767	3.65	1.1	1.5
12/06/2015	05 22 41.4	+23 45 20.5	1.5494952	2.5646744	3.65	0.9	1.5
13/06/2015	05 25 40.0	+23 48 23.1	1.5507529	2.5661258	3.65	0.7	1.5
14/06/2015	05 28 38.6	+23 51 12.8	1.5520073	2.5675304	3.65	0.6	1.5
15/06/2015	05 31 37.2	+23 53 49.6	1.5532585	2.5688877	3.64	0.5	1.5
16/06/2015	05 34 35.7	+23 56 13.4	1.5545062	2.5701971	3.64	0.6	1.5
17/06/2015	05 37 34.1	+23 58 24.4	1.5557505	2.5714584	3.64	0.8	1.5
18/06/2015	05 40 32.4	+24 00 22.6	1.5569912	2.5726711	3.64	1.1	1.5
19/06/2015	05 43 30.6	+24 02 08.1	1.5582282	2.5738352	3.64	1.3	1.5
20/06/2015	05 46 28.7	+24 03 40.9	1.5594615	2.5749505	3.64	1.6	1.5
21/06/2015	05 49 26.7	+24 05 00.9	1.5606910	2.5760168	3.63	1.8	1.5
22/06/2015	05 52 24.6	+24 06 08.1	1.5619165	2.5770341	3.63	2.1	1.5
23/06/2015	05 55 22.3	+24 07 02.7	1.5631380	2.5780022	3.63	2.4	1.5
24/06/2015	05 58 19.8	+24 07 44.6	1.5643555	2.5789212	3.63	2.7	1.5
25/06/2015	06 01 17.2	+24 08 13.8	1.5655687	2.5797910	3.63	2.9	1.5
26/06/2015	06 04 14.4	+24 08 30.4	1.5667777	2.5806115	3.63	3.2	1.5
27/06/2015	06 07 11.5	+24 08 34.4	1.5679823	2.5813827	3.63	3.5	1.6
28/06/2015	06 10 08.4	+24 08 25.9	1.5691825	2.5821046	3.62	3.8	1.6
29/06/2015	06 13 05.1	+24 08 04.9	1.5703782	2.5827770	3.62	4.1	1.6
30/06/2015	06 16 01.6	+24 07 31.4	1.5715693	2.5834000	3.62	4.3	1.6
01/07/2015	06 18 57.8	+24 06 45.6	1.5727558	2.5839733	3.62	4.6	1.6
02/07/2015	06 21 53.9	+24 05 47.4	1.5739375	2.5844970	3.62	4.9	1.6
03/07/2015	06 24 49.8	+24 04 37.0	1.5751143	2.5849706	3.62	5.2	1.6
04/07/2015	06 27 45.4	+24 03 14.4	1.5762863	2.5853940	3.62	5.5	1.6
05/07/2015	06 30 40.8	+24 01 39.4	1.5774532	2.5857667	3.62	5.7	1.6
06/07/2015	06 33 35.9	+23 59 52.4	1.5786151	2.5860881	3.62	6.0	1.6
07/07/2015	06 36 30.8	+23 57 53.2	1.5797719	2.5863578	3.62	6.3	1.6
08/07/2015	06 39 25.5	+23 55 42.1	1.5809235	2.5865750	3.62	6.6	1.6
09/07/2015	06 42 19.9	+23 53 19.0	1.5820697	2.5867392	3.62	6.9	1.6
10/07/2015	06 45 14.1	+23 50 44.0	1.5832106	2.5868497	3.62	7.2	1.6
11/07/2015	06 48 07.9	+23 47 57.2	1.5843461	2.5869058	3.62	7.4	1.6
12/07/2015	06 51 01.5	+23 44 58.6	1.5854760	2.5869070	3.62	7.7	1.6
13/07/2015	06 53 54.8	+23 41 48.4	1.5866004	2.5868529	3.62	8.0	1.6
14/07/2015	06 56 47.9	+23 38 26.6	1.5877191	2.5867429	3.62	8.3	1.6
15/07/2015	06 59 40.6	+23 34 53.4	1.5888321	2.5865767	3.62	8.6	1.6
16/07/2015	07 02 33.0	+23 31 08.7	1.5899393	2.5863541	3.62	8.9	1.6
17/07/2015	07 05 25.0	+23 27 12.7	1.5910407	2.5860748	3.62	9.2	1.6
18/07/2015	07 08 16.8	+23 23 05.4	1.5921361	2.5857386	3.62	9.5	1.6
19/07/2015	07 11 08.2	+23 18 47.0	1.5932255	2.5853455	3.62	9.8	1.7
20/07/2015	07 13 59.2	+23 14 17.4	1.5943089	2.5848953	3.62	10.1	1.7
21/07/2015	07 16 50.0	+23 09 36.9	1.5953861	2.5843881	3.62	10.4	1.7
22/07/2015	07 19 40.3	+23 04 45.4	1.5964571	2.5838238	3.62	10.7	1.7
23/07/2015	07 22 30.3	+22 59 43.1	1.5975219	2.5832024	3.62	11.0	1.7
24/07/2015	07 25 19.9	+22 54 30.1	1.5985803	2.5825240	3.62	11.3	1.7
25/07/2015	07 28 09.2	+22 49 06.4	1.5996323	2.5817885	3.63	11.6	1.7
26/07/2015	07 30 58.1	+22 43 32.1	1.6006779	2.5809960	3.63	11.9	1.7
27/07/2015	07 33 46.6	+22 37 47.3	1.6017170	2.5801465	3.63	12.2	1.7
28/07/2015	07 36 34.7	+22 31 52.2	1.6027495	2.5792401	3.63	12.5	1.7
29/07/2015	07 39 22.4	+22 25 46.8	1.6037753	2.5782768	3.63	12.8	1.7
30/07/2015	07 42 09.8	+22 19 31.2	1.6047944	2.5772565	3.63	13.1	1.7
31/07/2015	07 44 56.7	+22 13 05.6	1.6058068	2.5761792	3.63	13.4	1.7

GG/MM/AAAA	A.R.	DECL.	Dist.	RV	Diam.	El.	Mag.
01/08/2015	07 47 43.3	+22 06 30.0	1.6068124	2.5750447	3.63	13.7	1.7
02/08/2015	07 50 29.5	+21 59 44.4	1.6078111	2.5738527	3.64	14.0	1.7
03/08/2015	07 53 15.2	+21 52 49.1	1.6088028	2.5726027	3.64	14.3	1.7
04/08/2015	07 56 00.6	+21 45 44.1	1.6097875	2.5712945	3.64	14.6	1.7
05/08/2015	07 58 45.6	+21 38 29.4	1.6107652	2.5699272	3.64	14.9	1.7
06/08/2015	08 01 30.2	+21 31 05.2	1.6117358	2.5685005	3.64	15.2	1.7
07/08/2015	08 04 14.4	+21 23 31.6	1.6126992	2.5670137	3.65	15.5	1.7
08/08/2015	08 06 58.2	+21 15 48.7	1.6136554	2.5654663	3.65	15.8	1.7
09/08/2015	08 09 41.6	+21 07 56.7	1.6146044	2.5638577	3.65	16.1	1.7
10/08/2015	08 12 24.5	+20 59 55.5	1.6155460	2.5621875	3.65	16.4	1.7
11/08/2015	08 15 07.1	+20 51 45.5	1.6164802	2.5604554	3.66	16.8	1.7
12/08/2015	08 17 49.3	+20 43 26.6	1.6174070	2.5586610	3.66	17.1	1.7
13/08/2015	08 20 31.0	+20 34 59.0	1.6183263	2.5568041	3.66	17.4	1.7
14/08/2015	08 23 12.3	+20 26 22.7	1.6192380	2.5548844	3.66	17.7	1.7
15/08/2015	08 25 53.2	+20 17 38.0	1.6201422	2.5529020	3.67	18.0	1.7
16/08/2015	08 28 33.6	+20 08 44.9	1.6210388	2.5508567	3.67	18.3	1.7
17/08/2015	08 31 13.7	+19 59 43.5	1.6219276	2.5487484	3.67	18.6	1.7
18/08/2015	08 33 53.3	+19 50 33.9	1.6228088	2.5465773	3.68	19.0	1.7
19/08/2015	08 36 32.5	+19 41 16.3	1.6236821	2.5443433	3.68	19.3	1.8
20/08/2015	08 39 11.2	+19 31 50.6	1.6245476	2.5420465	3.68	19.6	1.8
21/08/2015	08 41 49.5	+19 22 17.2	1.6254053	2.5396870	3.69	19.9	1.8
22/08/2015	08 44 27.4	+19 12 36.0	1.6262550	2.5372649	3.69	20.2	1.8
23/08/2015	08 47 04.9	+19 02 47.2	1.6270967	2.5347804	3.69	20.6	1.8
24/08/2015	08 49 41.9	+18 52 50.9	1.6279304	2.5322336	3.70	20.9	1.8
25/08/2015	08 52 18.5	+18 42 47.2	1.6287561	2.5296246	3.70	21.2	1.8
26/08/2015	08 54 54.7	+18 32 36.2	1.6295737	2.5269537	3.70	21.5	1.8
27/08/2015	08 57 30.5	+18 22 18.0	1.6303831	2.5242209	3.71	21.9	1.8
28/08/2015	09 00 05.8	+18 11 52.8	1.6311843	2.5214263	3.71	22.2	1.8
29/08/2015	09 02 40.7	+18 01 20.6	1.6319773	2.5185699	3.72	22.5	1.8
30/08/2015	09 05 15.2	+17 50 41.5	1.6327620	2.5156515	3.72	22.8	1.8
31/08/2015	09 07 49.3	+17 39 55.7	1.6335385	2.5126711	3.73	23.2	1.8
01/09/2015	09 10 23.0	+17 29 03.2	1.6343065	2.5096282	3.73	23.5	1.8
02/09/2015	09 12 56.3	+17 18 04.1	1.6350662	2.5065224	3.73	23.8	1.8
03/09/2015	09 15 29.2	+17 06 58.6	1.6358174	2.5033533	3.74	24.2	1.8
04/09/2015	09 18 01.7	+16 55 46.7	1.6365601	2.5001204	3.74	24.5	1.8
05/09/2015	09 20 33.8	+16 44 28.6	1.6372944	2.4968231	3.75	24.8	1.8
06/09/2015	09 23 05.5	+16 33 04.4	1.6380200	2.4934612	3.75	25.2	1.8
07/09/2015	09 25 36.8	+16 21 34.1	1.6387371	2.4900341	3.76	25.5	1.8
08/09/2015	09 28 07.8	+16 09 58.1	1.6394456	2.4865418	3.76	25.8	1.8
09/09/2015	09 30 38.3	+15 58 16.3	1.6401454	2.4829839	3.77	26.2	1.8
10/09/2015	09 33 08.4	+15 46 28.8	1.6408365	2.4793602	3.78	26.5	1.8
11/09/2015	09 35 38.2	+15 34 35.8	1.6415189	2.4756707	3.78	26.8	1.8
12/09/2015	09 38 07.6	+15 22 37.5	1.6421925	2.4719154	3.79	27.2	1.8
13/09/2015	09 40 36.6	+15 10 33.8	1.6428573	2.4680941	3.79	27.5	1.8
14/09/2015	09 43 05.2	+14 58 24.9	1.6435133	2.4642071	3.80	27.9	1.8
15/09/2015	09 45 33.4	+14 46 11.0	1.6441604	2.4602543	3.80	28.2	1.8
16/09/2015	09 48 01.3	+14 33 52.1	1.6447987	2.4562360	3.81	28.6	1.8
17/09/2015	09 50 28.7	+14 21 28.3	1.6454279	2.4521523	3.82	28.9	1.8
18/09/2015	09 52 55.8	+14 08 59.8	1.6460483	2.4480035	3.82	29.2	1.8
19/09/2015	09 55 22.6	+13 56 26.6	1.6466596	2.4437896	3.83	29.6	1.8
20/09/2015	09 57 48.9	+13 43 49.0	1.6472619	2.4395112	3.84	29.9	1.8
21/09/2015	10 00 15.0	+13 31 06.8	1.6478552	2.4351683	3.84	30.3	1.8
22/09/2015	10 02 40.6	+13 18 20.4	1.6484393	2.4307613	3.85	30.6	1.8
23/09/2015	10 05 05.9	+13 05 29.8	1.6490144	2.4262906	3.86	31.0	1.8
24/09/2015	10 07 30.9	+12 52 35.1	1.6495803	2.4217564	3.86	31.3	1.8
25/09/2015	10 09 55.5	+12 39 36.3	1.6501371	2.4171589	3.87	31.7	1.8
26/09/2015	10 12 19.7	+12 26 33.7	1.6506846	2.4124984	3.88	32.1	1.8
27/09/2015	10 14 43.6	+12 13 27.3	1.6512230	2.4077751	3.89	32.4	1.8
28/09/2015	10 17 07.2	+12 00 17.1	1.6517521	2.4029888	3.90	32.8	1.8
29/09/2015	10 19 30.5	+11 47 03.4	1.6522719	2.3981394	3.90	33.1	1.8
30/09/2015	10 21 53.5	+11 33 46.0	1.6527824	2.3932269	3.91	33.5	1.8
01/10/2015	10 24 16.1	+11 20 25.2	1.6532836	2.3882507	3.92	33.8	1.8
02/10/2015	10 26 38.5	+11 07 01.1	1.6537754	2.3832107	3.93	34.2	1.8
03/10/2015	10 29 00.5	+10 53 33.7	1.6542579	2.3781064	3.94	34.6	1.8
04/10/2015	10 31 22.3	+10 40 03.2	1.6547310	2.3729377	3.94	34.9	1.8
05/10/2015	10 33 43.7	+10 26 29.7	1.6551947	2.3677042	3.95	35.3	1.8
06/10/2015	10 36 04.9	+10 12 53.3	1.6556489	2.3624058	3.96	35.6	1.8
07/10/2015	10 38 25.8	+09 59 14.2	1.6560937	2.3570424	3.97	36.0	1.8
08/10/2015	10 40 46.4	+09 45 32.3	1.6565290	2.3516140	3.98	36.4	1.8
09/10/2015	10 43 06.7	+09 31 47.9	1.6569548	2.3461206	3.99	36.7	1.8
10/10/2015	10 45 26.7	+09 18 01.0	1.6573711	2.3405623	4.00	37.1	1.8
11/10/2015	10 47 46.5	+09 04 11.8	1.6577778	2.3349392	4.01	37.5	1.8
12/10/2015	10 50 05.9	+08 50 20.3	1.6581750	2.3292515	4.02	37.8	1.8

GG/MM/AAAA	A.R.	DECL.	Dist.	RV	Diam.	El.	Mag.
13/10/2015	10 52 25.1	+08 36 26.6	1.6585625	2.3234994	4.03	38.2	1.8
14/10/2015	10 54 44.1	+08 22 30.9	1.6589405	2.3176833	4.04	38.6	1.8
15/10/2015	10 57 02.7	+08 08 33.2	1.6593089	2.3118033	4.05	39.0	1.8
16/10/2015	10 59 21.2	+07 54 33.7	1.6596677	2.3058599	4.06	39.3	1.8
17/10/2015	11 01 39.3	+07 40 32.4	1.6600167	2.2998536	4.07	39.7	1.7
18/10/2015	11 03 57.2	+07 26 29.5	1.6603562	2.2937847	4.08	40.1	1.7
19/10/2015	11 06 14.9	+07 12 25.0	1.6606859	2.2876536	4.09	40.5	1.7
20/10/2015	11 08 32.3	+06 58 19.1	1.6610059	2.2814610	4.10	40.8	1.7
21/10/2015	11 10 49.4	+06 44 11.9	1.6613163	2.2752072	4.11	41.2	1.7
22/10/2015	11 13 06.3	+06 30 03.4	1.6616169	2.2688928	4.13	41.6	1.7
23/10/2015	11 15 23.0	+06 15 53.7	1.6619077	2.2625183	4.14	42.0	1.7
24/10/2015	11 17 39.5	+06 01 43.0	1.6621889	2.2560840	4.15	42.4	1.7
25/10/2015	11 19 55.7	+05 47 31.3	1.6624602	2.2495903	4.16	42.7	1.7
26/10/2015	11 22 11.7	+05 33 18.7	1.6627217	2.2430376	4.17	43.1	1.7
27/10/2015	11 24 27.5	+05 19 05.3	1.6629735	2.2364258	4.19	43.5	1.7
28/10/2015	11 26 43.1	+05 04 51.1	1.6632155	2.2297550	4.20	43.9	1.7
29/10/2015	11 28 58.5	+04 50 36.2	1.6634476	2.2230252	4.21	44.3	1.7
30/10/2015	11 31 13.7	+04 36 20.8	1.6636699	2.2162363	4.22	44.7	1.7
31/10/2015	11 33 28.8	+04 22 04.9	1.6638824	2.2093881	4.24	45.1	1.7
01/11/2015	11 35 43.6	+04 07 48.6	1.6640851	2.2024804	4.25	45.5	1.7
02/11/2015	11 37 58.3	+03 53 32.0	1.6642779	2.1955134	4.26	45.9	1.7
03/11/2015	11 40 12.8	+03 39 15.3	1.6644608	2.1884868	4.28	46.2	1.7
04/11/2015	11 42 27.1	+03 24 58.5	1.6646338	2.1814008	4.29	46.6	1.7
05/11/2015	11 44 41.2	+03 10 41.8	1.6647970	2.1742556	4.30	47.0	1.7
06/11/2015	11 46 55.2	+02 56 25.2	1.6649503	2.1670512	4.32	47.4	1.7
07/11/2015	11 49 09.0	+02 42 08.8	1.6650937	2.1597881	4.33	47.8	1.7
08/11/2015	11 51 22.6	+02 27 52.8	1.6652272	2.1524663	4.35	48.2	1.7
09/11/2015	11 53 36.0	+02 13 37.1	1.6653507	2.1450863	4.36	48.6	1.7
10/11/2015	11 55 49.3	+01 59 22.0	1.6654644	2.1376485	4.38	49.0	1.7
11/11/2015	11 58 02.4	+01 45 07.5	1.6655682	2.1301533	4.39	49.4	1.7
12/11/2015	12 00 15.4	+01 30 53.8	1.6656620	2.1226011	4.41	49.8	1.7
13/11/2015	12 02 28.2	+01 16 40.8	1.6657459	2.1149927	4.43	50.2	1.6
14/11/2015	12 04 40.8	+01 02 28.7	1.6658198	2.1073285	4.44	50.6	1.6
15/11/2015	12 06 53.3	+00 48 17.6	1.6658839	2.0996092	4.46	51.0	1.6
16/11/2015	12 09 05.7	+00 34 07.7	1.6659380	2.0918354	4.47	51.5	1.6
17/11/2015	12 11 17.8	+00 19 58.9	1.6659821	2.0840080	4.49	51.9	1.6
18/11/2015	12 13 29.9	+00 05 51.4	1.6660163	2.0761275	4.51	52.3	1.6
19/11/2015	12 15 41.7	-00 08 14.7	1.6660406	2.0681948	4.53	52.7	1.6
20/11/2015	12 17 53.5	-00 22 19.4	1.6660549	2.0602104	4.54	53.1	1.6
21/11/2015	12 20 05.1	-00 36 22.5	1.6660593	2.0521751	4.56	53.5	1.6
22/11/2015	12 22 16.5	-00 50 24.0	1.6660538	2.0440894	4.58	53.9	1.6
23/11/2015	12 24 27.8	-01 04 23.8	1.6660383	2.0359539	4.60	54.3	1.6
24/11/2015	12 26 39.0	-01 18 21.9	1.6660128	2.0277690	4.62	54.7	1.6
25/11/2015	12 28 50.1	-01 32 18.1	1.6659774	2.0195349	4.63	55.2	1.6
26/11/2015	12 31 01.1	-01 46 12.5	1.6659321	2.0112518	4.65	55.6	1.6
27/11/2015	12 33 12.0	-02 00 04.8	1.6658768	2.0029200	4.67	56.0	1.6
28/11/2015	12 35 22.7	-02 13 55.2	1.6658116	1.9945394	4.69	56.4	1.6
29/11/2015	12 37 33.3	-02 27 43.3	1.6657365	1.9861103	4.71	56.8	1.6
30/11/2015	12 39 43.9	-02 41 29.2	1.6656514	1.9776326	4.73	57.3	1.5
01/12/2015	12 41 54.3	-02 55 12.8	1.6655564	1.9691067	4.75	57.7	1.5
02/12/2015	12 44 04.6	-03 08 53.9	1.6654515	1.9605327	4.77	58.1	1.5
03/12/2015	12 46 14.8	-03 22 32.5	1.6653366	1.9519109	4.80	58.5	1.5
04/12/2015	12 48 24.8	-03 36 08.4	1.6652119	1.9432418	4.82	59.0	1.5
05/12/2015	12 50 34.8	-03 49 41.7	1.6650772	1.9345256	4.84	59.4	1.5
06/12/2015	12 52 44.7	-04 03 12.2	1.6649327	1.9257629	4.86	59.8	1.5
07/12/2015	12 54 54.4	-04 16 39.8	1.6647782	1.9169541	4.88	60.3	1.5
08/12/2015	12 57 04.1	-04 30 04.4	1.6646139	1.9080999	4.91	60.7	1.5
09/12/2015	12 59 13.6	-04 43 25.9	1.6644397	1.8992008	4.93	61.1	1.5
10/12/2015	13 01 23.0	-04 56 44.4	1.6642556	1.8902575	4.95	61.6	1.5
11/12/2015	13 03 32.3	-05 09 59.6	1.6640617	1.8812707	4.98	62.0	1.5
12/12/2015	13 05 41.4	-05 23 11.4	1.6638579	1.8722413	5.00	62.4	1.5
13/12/2015	13 07 50.5	-05 36 19.9	1.6636443	1.8631700	5.02	62.9	1.4
14/12/2015	13 09 59.4	-05 49 24.8	1.6634208	1.8540578	5.05	63.3	1.4
15/12/2015	13 12 08.2	-06 02 26.2	1.6631875	1.8449056	5.07	63.8	1.4
16/12/2015	13 14 16.8	-06 15 23.9	1.6629444	1.8357144	5.10	64.2	1.4
17/12/2015	13 16 25.4	-06 28 17.8	1.6626915	1.8264850	5.12	64.6	1.4
18/12/2015	13 18 33.8	-06 41 07.9	1.6624288	1.8172184	5.15	65.1	1.4
19/12/2015	13 20 42.1	-06 53 54.1	1.6621563	1.8079155	5.18	65.5	1.4
20/12/2015	13 22 50.2	-07 06 36.3	1.6618741	1.7985771	5.20	66.0	1.4
21/12/2015	13 24 58.2	-07 19 14.5	1.6615821	1.7892039	5.23	66.4	1.4
22/12/2015	13 27 06.1	-07 31 48.7	1.6612804	1.7797966	5.26	66.9	1.4
23/12/2015	13 29 13.9	-07 44 18.7	1.6609689	1.7703557	5.29	67.3	1.4
24/12/2015	13 31 21.5	-07 56 44.6	1.6606478	1.7608816	5.32	67.8	1.3

GG/MM/AAAA	A.R.	DECL.	Dist.	RV	Diam.	El.	Mag.
25/12/2015	13 33 29.1	-08 09 06.2	1.6603169	1.7513748	5.34	68.2	1.3
26/12/2015	13 35 36.5	-08 21 23.5	1.6599764	1.7418356	5.37	68.7	1.3
27/12/2015	13 37 43.7	-08 33 36.3	1.6596262	1.7322643	5.40	69.1	1.3
28/12/2015	13 39 50.9	-08 45 44.8	1.6592663	1.7226613	5.43	69.6	1.3
29/12/2015	13 41 57.9	-08 57 48.6	1.6588969	1.7130269	5.46	70.0	1.3
30/12/2015	13 44 04.8	-09 09 47.8	1.6585178	1.7033614	5.50	70.5	1.3
31/12/2015	13 46 11.5	-09 21 42.3	1.6581291	1.6936655	5.53	71.0	1.3

URANO

GG/MM/AAAA	A.R.	DECL.	Dist.	RV	Diam.	El.	Mag.
01/01/2013	00 18 35.8	+01 14 37.9	20.05765	20.136109	3.48	84.0	5.8
02/01/2013	00 18 39.4	+01 15 03.3	20.05759	20.153241	3.48	83.0	5.8
03/01/2013	00 18 43.0	+01 15 29.8	20.05753	20.170339	3.47	82.0	5.8
04/01/2013	00 18 46.9	+01 15 57.4	20.05747	20.187397	3.47	81.0	5.8
05/01/2013	00 18 51.0	+01 16 26.3	20.05741	20.204410	3.47	80.0	5.8
06/01/2013	00 18 55.2	+01 16 56.3	20.05736	20.221374	3.46	79.0	5.9
07/01/2013	00 18 59.7	+01 17 27.5	20.05730	20.238282	3.46	78.0	5.9
08/01/2013	00 19 04.3	+01 17 59.9	20.05724	20.255131	3.46	77.0	5.9
09/01/2013	00 19 09.1	+01 18 33.4	20.05718	20.271914	3.46	76.0	5.9
10/01/2013	00 19 14.0	+01 19 08.1	20.05712	20.288626	3.45	75.0	5.9
11/01/2013	00 19 19.2	+01 19 43.9	20.05707	20.305262	3.45	74.0	5.9
12/01/2013	00 19 24.5	+01 20 20.9	20.05701	20.321817	3.45	73.0	5.9
13/01/2013	00 19 30.0	+01 20 58.9	20.05695	20.338285	3.44	72.0	5.9
14/01/2013	00 19 35.7	+01 21 38.0	20.05689	20.354661	3.44	71.1	5.9
15/01/2013	00 19 41.5	+01 22 18.2	20.05683	20.370940	3.44	70.1	5.9
16/01/2013	00 19 47.5	+01 22 59.4	20.05678	20.387117	3.44	69.1	5.9
17/01/2013	00 19 53.7	+01 23 41.7	20.05672	20.403188	3.43	68.1	5.9
18/01/2013	00 20 00.0	+01 24 25.1	20.05666	20.419147	3.43	67.1	5.9
19/01/2013	00 20 06.5	+01 25 09.5	20.05660	20.434990	3.43	66.1	5.9
20/01/2013	00 20 13.2	+01 25 55.0	20.05654	20.450713	3.42	65.1	5.9
21/01/2013	00 20 20.0	+01 26 41.4	20.05648	20.466311	3.42	64.1	5.9
22/01/2013	00 20 27.0	+01 27 28.9	20.05642	20.481780	3.42	63.1	5.9
23/01/2013	00 20 34.1	+01 28 17.4	20.05637	20.497117	3.42	62.2	5.9
24/01/2013	00 20 41.4	+01 29 07.0	20.05631	20.512316	3.41	61.2	5.9
25/01/2013	00 20 48.9	+01 29 57.4	20.05625	20.527375	3.41	60.2	5.9
26/01/2013	00 20 56.5	+01 30 48.8	20.05619	20.542288	3.41	59.2	5.9
27/01/2013	00 21 04.3	+01 31 41.2	20.05613	20.557053	3.41	58.2	5.9
28/01/2013	00 21 12.2	+01 32 34.5	20.05607	20.571665	3.40	57.3	5.9
29/01/2013	00 21 20.2	+01 33 28.6	20.05601	20.586121	3.40	56.3	5.9
30/01/2013	00 21 28.4	+01 34 23.7	20.05596	20.600416	3.40	55.3	5.9
31/01/2013	00 21 36.7	+01 35 19.7	20.05590	20.614548	3.40	54.3	5.9
01/02/2013	00 21 45.2	+01 36 16.5	20.05584	20.628512	3.40	53.3	5.9
02/02/2013	00 21 53.8	+01 37 14.2	20.05578	20.642304	3.39	52.4	5.9
03/02/2013	00 22 02.6	+01 38 12.8	20.05572	20.655921	3.39	51.4	5.9
04/02/2013	00 22 11.5	+01 39 12.3	20.05566	20.669360	3.39	50.4	5.9
05/02/2013	00 22 20.5	+01 40 12.6	20.05560	20.682615	3.39	49.4	5.9
06/02/2013	00 22 29.6	+01 41 13.7	20.05554	20.695683	3.38	48.5	5.9
07/02/2013	00 22 38.9	+01 42 15.7	20.05548	20.708561	3.38	47.5	5.9
08/02/2013	00 22 48.4	+01 43 18.4	20.05542	20.721244	3.38	46.5	5.9
09/02/2013	00 22 57.9	+01 44 21.9	20.05537	20.733728	3.38	45.6	5.9
10/02/2013	00 23 07.6	+01 45 26.2	20.05531	20.746010	3.38	44.6	5.9
11/02/2013	00 23 17.3	+01 46 31.1	20.05525	20.758086	3.37	43.6	5.9
12/02/2013	00 23 27.2	+01 47 36.8	20.05519	20.769953	3.37	42.7	5.9
13/02/2013	00 23 37.2	+01 48 43.1	20.05513	20.781608	3.37	41.7	5.9
14/02/2013	00 23 47.3	+01 49 50.2	20.05507	20.793046	3.37	40.7	5.9
15/02/2013	00 23 57.6	+01 50 57.9	20.05501	20.804266	3.37	39.8	5.9
16/02/2013	00 24 07.9	+01 52 06.3	20.05495	20.815265	3.36	38.8	5.9
17/02/2013	00 24 18.4	+01 53 15.4	20.05489	20.826040	3.36	37.8	5.9
18/02/2013	00 24 28.9	+01 54 25.1	20.05483	20.836588	3.36	36.9	5.9
19/02/2013	00 24 39.6	+01 55 35.4	20.05477	20.846906	3.36	35.9	5.9
20/02/2013	00 24 50.3	+01 56 46.3	20.05471	20.856994	3.36	35.0	5.9
21/02/2013	00 25 01.2	+01 57 57.8	20.05465	20.866847	3.36	34.0	5.9
22/02/2013	00 25 12.1	+01 59 09.9	20.05459	20.876465	3.35	33.1	5.9
23/02/2013	00 25 23.1	+02 00 22.5	20.05453	20.885845	3.35	32.1	5.9
24/02/2013	00 25 34.3	+02 01 35.6	20.05447	20.894984	3.35	31.1	5.9
25/02/2013	00 25 45.5	+02 02 49.2	20.05441	20.903882	3.35	30.2	5.9

GG/MM/AAAA	A.R.	DECL.	Dist.	RV	Diam.	El.	Mag.
26/02/2013	00 25 56.7	+02 04 03.2	20.05435	20.912536	3.35	29.2	5.9
27/02/2013	00 26 08.1	+02 05 17.8	20.05429	20.920943	3.35	28.3	5.9
28/02/2013	00 26 19.5	+02 06 32.8	20.05423	20.929104	3.35	27.3	5.9
01/03/2013	00 26 31.0	+02 07 48.3	20.05417	20.937014	3.35	26.4	5.9
02/03/2013	00 26 42.6	+02 09 04.2	20.05411	20.944673	3.34	25.4	5.9
03/03/2013	00 26 54.3	+02 10 20.5	20.05405	20.952079	3.34	24.5	5.9
04/03/2013	00 27 06.0	+02 11 37.3	20.05399	20.959229	3.34	23.5	5.9
05/03/2013	00 27 17.8	+02 12 54.5	20.05393	20.966122	3.34	22.6	5.9
06/03/2013	00 27 29.7	+02 14 12.0	20.05387	20.972755	3.34	21.6	5.9
07/03/2013	00 27 41.6	+02 15 29.9	20.05381	20.979127	3.34	20.7	5.9
08/03/2013	00 27 53.6	+02 16 48.2	20.05375	20.985236	3.34	19.7	5.9
09/03/2013	00 28 05.7	+02 18 06.7	20.05369	20.991080	3.34	18.8	5.9
10/03/2013	00 28 17.8	+02 19 25.5	20.05363	20.996657	3.34	17.8	5.9
11/03/2013	00 28 29.9	+02 20 44.6	20.05357	21.001966	3.33	16.9	5.9
12/03/2013	00 28 42.1	+02 22 03.9	20.05351	21.007005	3.33	16.0	5.9
13/03/2013	00 28 54.3	+02 23 23.5	20.05345	21.011774	3.33	15.0	5.9
14/03/2013	00 29 06.6	+02 24 43.3	20.05339	21.016271	3.33	14.1	5.9
15/03/2013	00 29 18.9	+02 26 03.4	20.05333	21.020495	3.33	13.1	5.9
16/03/2013	00 29 31.3	+02 27 23.6	20.05327	21.024445	3.33	12.2	5.9
17/03/2013	00 29 43.7	+02 28 44.0	20.05321	21.028122	3.33	11.3	5.9
18/03/2013	00 29 56.1	+02 30 04.6	20.05315	21.031524	3.33	10.3	5.9
19/03/2013	00 30 08.6	+02 31 25.4	20.05309	21.034651	3.33	9.4	5.9
20/03/2013	00 30 21.1	+02 32 46.3	20.05303	21.037502	3.33	8.5	5.9
21/03/2013	00 30 33.6	+02 34 07.3	20.05297	21.040079	3.33	7.5	5.9
22/03/2013	00 30 46.1	+02 35 28.3	20.05291	21.042379	3.33	6.6	5.9
23/03/2013	00 30 58.7	+02 36 49.5	20.05285	21.044404	3.33	5.7	5.9
24/03/2013	00 31 11.2	+02 38 10.6	20.05279	21.046154	3.33	4.8	5.9
25/03/2013	00 31 23.8	+02 39 31.8	20.05273	21.047628	3.33	3.8	5.9
26/03/2013	00 31 36.4	+02 40 53.0	20.05267	21.048826	3.33	2.9	5.9
27/03/2013	00 31 49.0	+02 42 14.2	20.05261	21.049749	3.33	2.1	5.9
28/03/2013	00 32 01.6	+02 43 35.4	20.05254	21.050397	3.33	1.2	5.9
29/03/2013	00 32 14.2	+02 44 56.0	20.05248	21.050770	3.33	0.8	5.9
30/03/2013	00 32 26.8	+02 46 17.5	20.05242	21.050868	3.33	1.2	5.9
31/03/2013	00 32 39.4	+02 47 38.8	20.05236	21.050691	3.33	2.0	5.9
01/04/2013	00 32 52.0	+02 48 60.0	20.05230	21.050238	3.33	2.9	5.9
02/04/2013	00 33 04.6	+02 50 21.0	20.05224	21.049511	3.33	3.8	5.9
03/04/2013	00 33 17.2	+02 51 42.0	20.05218	21.048509	3.33	4.7	5.9
04/04/2013	00 33 29.8	+02 53 02.8	20.05212	21.047231	3.33	5.6	5.9
05/04/2013	00 33 42.4	+02 54 23.5	20.05206	21.045679	3.33	6.5	5.9
06/04/2013	00 33 54.9	+02 55 44.0	20.05200	21.043852	3.33	7.4	5.9
07/04/2013	00 34 07.5	+02 57 04.3	20.05193	21.041751	3.33	8.4	5.9
08/04/2013	00 34 20.0	+02 58 24.4	20.05187	21.039376	3.33	9.3	5.9
09/04/2013	00 34 32.5	+02 59 44.3	20.05181	21.036727	3.33	10.2	5.9
10/04/2013	00 34 44.9	+03 01 04.0	20.05175	21.033807	3.33	11.1	5.9
11/04/2013	00 34 57.4	+03 02 23.5	20.05169	21.030616	3.33	12.1	5.9
12/04/2013	00 35 09.8	+03 03 42.7	20.05163	21.027154	3.33	13.0	5.9
13/04/2013	00 35 22.1	+03 05 01.7	20.05157	21.023423	3.33	13.9	5.9
14/04/2013	00 35 34.5	+03 06 20.4	20.05150	21.019425	3.33	14.8	5.9
15/04/2013	00 35 46.8	+03 07 38.8	20.05144	21.015160	3.33	15.8	5.9
16/04/2013	00 35 59.0	+03 08 56.9	20.05138	21.010631	3.33	16.7	5.9
17/04/2013	00 36 11.2	+03 10 14.7	20.05132	21.005839	3.33	17.6	5.9
18/04/2013	00 36 23.4	+03 11 32.1	20.05126	21.000786	3.34	18.5	5.9
19/04/2013	00 36 35.5	+03 12 49.2	20.05120	20.995473	3.34	19.4	5.9
20/04/2013	00 36 47.6	+03 14 05.8	20.05114	20.989903	3.34	20.4	5.9
21/04/2013	00 36 59.6	+03 15 22.1	20.05107	20.984077	3.34	21.3	5.9
22/04/2013	00 37 11.5	+03 16 37.9	20.05101	20.977997	3.34	22.2	5.9
23/04/2013	00 37 23.4	+03 17 53.3	20.05095	20.971665	3.34	23.1	5.9
24/04/2013	00 37 35.2	+03 19 08.3	20.05089	20.965083	3.34	24.1	5.9
25/04/2013	00 37 47.0	+03 20 22.8	20.05083	20.958253	3.34	25.0	5.9
26/04/2013	00 37 58.7	+03 21 36.9	20.05076	20.951177	3.34	25.9	5.9
27/04/2013	00 38 10.3	+03 22 50.5	20.05070	20.943856	3.34	26.8	5.9
28/04/2013	00 38 21.9	+03 24 03.7	20.05064	20.936293	3.35	27.7	5.9
29/04/2013	00 38 33.4	+03 25 16.4	20.05058	20.928488	3.35	28.7	5.9
30/04/2013	00 38 44.9	+03 26 28.6	20.05052	20.920445	3.35	29.6	5.9
01/05/2013	00 38 56.2	+03 27 40.2	20.05045	20.912164	3.35	30.5	5.9
02/05/2013	00 39 07.5	+03 28 51.3	20.05039	20.903647	3.35	31.4	5.9
03/05/2013	00 39 18.7	+03 30 01.8	20.05033	20.894897	3.35	32.3	5.9
04/05/2013	00 39 29.8	+03 31 11.8	20.05027	20.885914	3.35	33.2	5.9
05/05/2013	00 39 40.8	+03 32 21.1	20.05021	20.876702	3.35	34.2	5.9
06/05/2013	00 39 51.7	+03 33 29.8	20.05014	20.867263	3.36	35.1	5.9
07/05/2013	00 40 02.6	+03 34 37.9	20.05008	20.857598	3.36	36.0	5.9
08/05/2013	00 40 13.3	+03 35 45.4	20.05002	20.847711	3.36	36.9	5.9
09/05/2013	00 40 24.0	+03 36 52.2	20.04996	20.837604	3.36	37.8	5.9

GG/MM/AAAA	A.R.	DECL.	Dist.	RV	Diam.	El.	Mag.
10/05/2013	00 40 34.5	+03 37 58.4	20.04989	20.827281	3.36	38.8	5.9
11/05/2013	00 40 45.0	+03 39 03.9	20.04983	20.816743	3.36	39.7	5.9
12/05/2013	00 40 55.3	+03 40 08.8	20.04977	20.805995	3.37	40.6	5.9
13/05/2013	00 41 05.6	+03 41 13.0	20.04971	20.795038	3.37	41.5	5.9
14/05/2013	00 41 15.8	+03 42 16.4	20.04964	20.783877	3.37	42.4	5.9
15/05/2013	00 41 25.8	+03 43 19.1	20.04958	20.772514	3.37	43.4	5.9
16/05/2013	00 41 35.7	+03 44 21.1	20.04952	20.760952	3.37	44.3	5.9
17/05/2013	00 41 45.6	+03 45 22.4	20.04946	20.749196	3.38	45.2	5.9
18/05/2013	00 41 55.3	+03 46 22.8	20.04939	20.737248	3.38	46.1	5.9
19/05/2013	00 42 04.9	+03 47 22.5	20.04933	20.725112	3.38	47.0	5.9
20/05/2013	00 42 14.3	+03 48 21.4	20.04927	20.712791	3.38	48.0	5.9
21/05/2013	00 42 23.7	+03 49 19.4	20.04921	20.700288	3.38	48.9	5.9
22/05/2013	00 42 32.9	+03 50 16.7	20.04914	20.687607	3.39	49.8	5.9
23/05/2013	00 42 42.0	+03 51 13.2	20.04908	20.674752	3.39	50.7	5.9
24/05/2013	00 42 51.0	+03 52 08.9	20.04902	20.661725	3.39	51.6	5.9
25/05/2013	00 42 59.9	+03 53 03.8	20.04895	20.648530	3.39	52.6	5.9
26/05/2013	00 43 08.6	+03 53 57.8	20.04889	20.635170	3.39	53.5	5.9
27/05/2013	00 43 17.2	+03 54 51.0	20.04883	20.621648	3.40	54.4	5.9
28/05/2013	00 43 25.7	+03 55 43.4	20.04877	20.607967	3.40	55.3	5.9
29/05/2013	00 43 34.0	+03 56 34.8	20.04870	20.594129	3.40	56.2	5.9
30/05/2013	00 43 42.3	+03 57 25.4	20.04864	20.580139	3.40	57.2	5.9
31/05/2013	00 43 50.3	+03 58 15.0	20.04858	20.566000	3.41	58.1	5.9
01/06/2013	00 43 58.3	+03 59 03.7	20.04851	20.551714	3.41	59.0	5.9
02/06/2013	00 44 06.0	+03 59 51.5	20.04845	20.537286	3.41	59.9	5.9
03/06/2013	00 44 13.7	+04 00 38.4	20.04839	20.522719	3.41	60.9	5.9
04/06/2013	00 44 21.2	+04 01 24.3	20.04832	20.508017	3.42	61.8	5.9
05/06/2013	00 44 28.5	+04 02 09.3	20.04826	20.493183	3.42	62.7	5.9
06/06/2013	00 44 35.8	+04 02 53.3	20.04820	20.478222	3.42	63.6	5.9
07/06/2013	00 44 42.8	+04 03 36.4	20.04813	20.463138	3.42	64.6	5.9
08/06/2013	00 44 49.8	+04 04 18.5	20.04807	20.447934	3.43	65.5	5.9
09/06/2013	00 44 56.5	+04 04 59.6	20.04801	20.432616	3.43	66.4	5.9
10/06/2013	00 45 03.1	+04 05 39.8	20.04794	20.417187	3.43	67.3	5.9
11/06/2013	00 45 09.6	+04 06 18.9	20.04788	20.401652	3.43	68.3	5.9
12/06/2013	00 45 15.9	+04 06 57.0	20.04782	20.386015	3.44	69.2	5.9
13/06/2013	00 45 22.0	+04 07 34.1	20.04775	20.370281	3.44	70.1	5.9
14/06/2013	00 45 28.0	+04 08 10.2	20.04769	20.354453	3.44	71.1	5.9
15/06/2013	00 45 33.8	+04 08 45.2	20.04763	20.338537	3.44	72.0	5.9
16/06/2013	00 45 39.5	+04 09 19.1	20.04756	20.322537	3.45	72.9	5.9
17/06/2013	00 45 45.0	+04 09 52.0	20.04750	20.306457	3.45	73.8	5.9
18/06/2013	00 45 50.3	+04 10 23.9	20.04744	20.290302	3.45	74.8	5.9
19/06/2013	00 45 55.5	+04 10 54.7	20.04737	20.274075	3.45	75.7	5.9
20/06/2013	00 46 00.5	+04 11 24.4	20.04731	20.257782	3.46	76.6	5.9
21/06/2013	00 46 05.3	+04 11 53.2	20.04724	20.241427	3.46	77.6	5.9
22/06/2013	00 46 10.0	+04 12 20.8	20.04718	20.225013	3.46	78.5	5.8
23/06/2013	00 46 14.5	+04 12 47.5	20.04712	20.208545	3.47	79.4	5.8
24/06/2013	00 46 18.9	+04 13 13.0	20.04705	20.192027	3.47	80.4	5.8
25/06/2013	00 46 23.0	+04 13 37.5	20.04699	20.175462	3.47	81.3	5.8
26/06/2013	00 46 27.0	+04 14 00.8	20.04693	20.158855	3.47	82.2	5.8
27/06/2013	00 46 30.9	+04 14 23.0	20.04686	20.142209	3.48	83.2	5.8
28/06/2013	00 46 34.5	+04 14 44.1	20.04680	20.125529	3.48	84.1	5.8
29/06/2013	00 46 38.0	+04 15 04.1	20.04673	20.108819	3.48	85.1	5.8
30/06/2013	00 46 41.3	+04 15 23.0	20.04667	20.092083	3.49	86.0	5.8
01/07/2013	00 46 44.4	+04 15 40.7	20.04661	20.075327	3.49	86.9	5.8
02/07/2013	00 46 47.4	+04 15 57.4	20.04654	20.058553	3.49	87.9	5.8
03/07/2013	00 46 50.1	+04 16 12.9	20.04648	20.041768	3.49	88.8	5.8
04/07/2013	00 46 52.7	+04 16 27.3	20.04641	20.024976	3.50	89.8	5.8
05/07/2013	00 46 55.2	+04 16 40.6	20.04635	20.008181	3.50	90.7	5.8
06/07/2013	00 46 57.4	+04 16 52.8	20.04628	19.991389	3.50	91.6	5.8
07/07/2013	00 46 59.5	+04 17 03.9	20.04622	19.974604	3.51	92.6	5.8
08/07/2013	00 47 01.4	+04 17 13.8	20.04616	19.957832	3.51	93.5	5.8
09/07/2013	00 47 03.1	+04 17 22.6	20.04609	19.941077	3.51	94.5	5.8
10/07/2013	00 47 04.6	+04 17 30.2	20.04603	19.924344	3.52	95.4	5.8
11/07/2013	00 47 06.0	+04 17 36.7	20.04596	19.907638	3.52	96.4	5.8
12/07/2013	00 47 07.1	+04 17 42.0	20.04590	19.890965	3.52	97.3	5.8
13/07/2013	00 47 08.1	+04 17 46.2	20.04583	19.874328	3.52	98.3	5.8
14/07/2013	00 47 08.9	+04 17 49.2	20.04577	19.857734	3.53	99.2	5.8
15/07/2013	00 47 09.5	+04 17 51.1	20.04570	19.841186	3.53	100.2	5.8
16/07/2013	00 47 10.0	+04 17 51.8	20.04564	19.824689	3.53	101.1	5.8
17/07/2013	00 47 10.2	+04 17 51.5	20.04557	19.808249	3.54	102.1	5.8
18/07/2013	00 47 10.3	+04 17 50.0	20.04551	19.791870	3.54	103.0	5.8
19/07/2013	00 47 10.2	+04 17 47.4	20.04545	19.775555	3.54	104.0	5.8
20/07/2013	00 47 10.0	+04 17 43.8	20.04538	19.759311	3.54	104.9	5.8
21/07/2013	00 47 09.5	+04 17 39.0	20.04532	19.743140	3.55	105.9	5.8

GG/MM/AAAA	A.R.	DECL.	Dist.	RV	Diam.	El.	Mag.
22/07/2013	00 47 08.9	+04 17 33.1	20.04525	19.727048	3.55	106.9	5.8
23/07/2013	00 47 08.1	+04 17 26.1	20.04519	19.711038	3.55	107.8	5.8
24/07/2013	00 47 07.1	+04 17 17.9	20.04512	19.695114	3.56	108.8	5.8
25/07/2013	00 47 06.0	+04 17 08.6	20.04506	19.679281	3.56	109.7	5.8
26/07/2013	00 47 04.6	+04 16 58.2	20.04499	19.663543	3.56	110.7	5.8
27/07/2013	00 47 03.1	+04 16 46.7	20.04493	19.647905	3.56	111.7	5.8
28/07/2013	00 47 01.4	+04 16 34.1	20.04486	19.632370	3.57	112.6	5.8
29/07/2013	00 46 59.6	+04 16 20.4	20.04480	19.616943	3.57	113.6	5.8
30/07/2013	00 46 57.5	+04 16 05.6	20.04473	19.601630	3.57	114.6	5.8
31/07/2013	00 46 55.3	+04 15 49.7	20.04467	19.586434	3.58	115.5	5.8
01/08/2013	00 46 53.0	+04 15 32.8	20.04460	19.571361	3.58	116.5	5.8
02/08/2013	00 46 50.4	+04 15 14.8	20.04454	19.556415	3.58	117.5	5.8
03/08/2013	00 46 47.7	+04 14 55.8	20.04447	19.541601	3.58	118.4	5.8
04/08/2013	00 46 44.8	+04 14 35.7	20.04441	19.526924	3.59	119.4	5.8
05/08/2013	00 46 41.8	+04 14 14.5	20.04434	19.512388	3.59	120.4	5.8
06/08/2013	00 46 38.5	+04 13 52.3	20.04428	19.497998	3.59	121.3	5.8
07/08/2013	00 46 35.1	+04 13 29.1	20.04421	19.483759	3.59	122.3	5.8
08/08/2013	00 46 31.6	+04 13 04.8	20.04414	19.469675	3.60	123.3	5.8
09/08/2013	00 46 27.8	+04 12 39.4	20.04408	19.455752	3.60	124.3	5.8
10/08/2013	00 46 24.0	+04 12 13.1	20.04401	19.441993	3.60	125.2	5.8
11/08/2013	00 46 19.9	+04 11 45.8	20.04395	19.428402	3.61	126.2	5.8
12/08/2013	00 46 15.7	+04 11 17.4	20.04388	19.414985	3.61	127.2	5.8
13/08/2013	00 46 11.3	+04 10 48.2	20.04382	19.401745	3.61	128.2	5.8
14/08/2013	00 46 06.8	+04 10 18.0	20.04375	19.388687	3.61	129.2	5.8
15/08/2013	00 46 02.1	+04 09 46.8	20.04369	19.375814	3.61	130.1	5.8
16/08/2013	00 45 57.3	+04 09 14.8	20.04362	19.363130	3.62	131.1	5.8
17/08/2013	00 45 52.4	+04 08 41.8	20.04356	19.350640	3.62	132.1	5.8
18/08/2013	00 45 47.3	+04 08 07.9	20.04349	19.338345	3.62	133.1	5.8
19/08/2013	00 45 42.0	+04 07 33.2	20.04342	19.326251	3.62	134.1	5.8
20/08/2013	00 45 36.6	+04 06 57.5	20.04336	19.314359	3.63	135.1	5.7
21/08/2013	00 45 31.1	+04 06 20.9	20.04329	19.302675	3.63	136.0	5.7
22/08/2013	00 45 25.4	+04 05 43.5	20.04323	19.291200	3.63	137.0	5.7
23/08/2013	00 45 19.6	+04 05 05.2	20.04316	19.279939	3.63	138.0	5.7
24/08/2013	00 45 13.6	+04 04 26.1	20.04309	19.268894	3.63	139.0	5.7
25/08/2013	00 45 07.5	+04 03 46.2	20.04303	19.258070	3.64	140.0	5.7
26/08/2013	00 45 01.3	+04 03 05.5	20.04296	19.247471	3.64	141.0	5.7
27/08/2013	00 44 54.9	+04 02 23.9	20.04290	19.237099	3.64	142.0	5.7
28/08/2013	00 44 48.5	+04 01 41.7	20.04283	19.226958	3.64	143.0	5.7
29/08/2013	00 44 41.9	+04 00 58.7	20.04276	19.217053	3.64	144.0	5.7
30/08/2013	00 44 35.2	+04 00 15.0	20.04270	19.207386	3.65	145.0	5.7
31/08/2013	00 44 28.3	+03 59 30.5	20.04263	19.197961	3.65	146.0	5.7
01/09/2013	00 44 21.4	+03 58 45.3	20.04257	19.188782	3.65	147.0	5.7
02/09/2013	00 44 14.3	+03 57 59.5	20.04250	19.179851	3.65	148.0	5.7
03/09/2013	00 44 07.1	+03 57 13.0	20.04243	19.171173	3.65	149.0	5.7
04/09/2013	00 43 59.9	+03 56 25.8	20.04237	19.162750	3.66	150.0	5.7
05/09/2013	00 43 52.5	+03 55 37.9	20.04230	19.154586	3.66	151.0	5.7
06/09/2013	00 43 45.0	+03 54 49.4	20.04224	19.146684	3.66	152.0	5.7
07/09/2013	00 43 37.4	+03 54 00.4	20.04217	19.139046	3.66	153.0	5.7
08/09/2013	00 43 29.7	+03 53 10.8	20.04210	19.131676	3.66	154.0	5.7
09/09/2013	00 43 21.9	+03 52 20.6	20.04204	19.124576	3.66	155.0	5.7
10/09/2013	00 43 14.1	+03 51 29.9	20.04197	19.117748	3.66	156.0	5.7
11/09/2013	00 43 06.1	+03 50 38.7	20.04190	19.111196	3.66	157.0	5.7
12/09/2013	00 42 58.1	+03 49 47.1	20.04184	19.104920	3.67	158.0	5.7
13/09/2013	00 42 50.0	+03 48 55.0	20.04177	19.098923	3.67	159.0	5.7
14/09/2013	00 42 41.8	+03 48 02.5	20.04170	19.093206	3.67	160.0	5.7
15/09/2013	00 42 33.6	+03 47 09.5	20.04164	19.087772	3.67	161.1	5.7
16/09/2013	00 42 25.3	+03 46 16.2	20.04157	19.082622	3.67	162.1	5.7
17/09/2013	00 42 16.9	+03 45 22.4	20.04150	19.077757	3.67	163.1	5.7
18/09/2013	00 42 08.4	+03 44 28.3	20.04144	19.073178	3.67	164.1	5.7
19/09/2013	00 41 59.9	+03 43 33.8	20.04137	19.068888	3.67	165.1	5.7
20/09/2013	00 41 51.4	+03 42 39.0	20.04130	19.064888	3.67	166.1	5.7
21/09/2013	00 41 42.7	+03 41 44.0	20.04124	19.061179	3.67	167.1	5.7
22/09/2013	00 41 34.1	+03 40 48.6	20.04117	19.057762	3.68	168.1	5.7
23/09/2013	00 41 25.4	+03 39 53.0	20.04110	19.054640	3.68	169.2	5.7
24/09/2013	00 41 16.6	+03 38 57.2	20.04104	19.051813	3.68	170.2	5.7
25/09/2013	00 41 07.9	+03 38 01.3	20.04097	19.049283	3.68	171.2	5.7
26/09/2013	00 40 59.1	+03 37 05.1	20.04090	19.047052	3.68	172.2	5.7
27/09/2013	00 40 50.2	+03 36 08.8	20.04083	19.045120	3.68	173.2	5.7
28/09/2013	00 40 41.4	+03 35 12.4	20.04077	19.043489	3.68	174.2	5.7
29/09/2013	00 40 32.5	+03 34 15.8	20.04070	19.042160	3.68	175.3	5.7
30/09/2013	00 40 23.6	+03 33 19.2	20.04063	19.041133	3.68	176.3	5.7
01/10/2013	00 40 14.6	+03 32 22.4	20.04057	19.040411	3.68	177.3	5.7
02/10/2013	00 40 05.7	+03 31 25.7	20.04050	19.039993	3.68	178.3	5.7

GG/MM/AAAA	A.R.	DECL.	Dist.	RV	Diam.	El.	Mag.
03/10/2013	00 39 56.7	+03 30 28.9	20.04043	19.039880	3.68	179.2	5.7
04/10/2013	00 39 47.8	+03 29 32.1	20.04036	19.040073	3.68	179.3	5.7
05/10/2013	00 39 38.8	+03 28 35.3	20.04030	19.040571	3.68	178.4	5.7
06/10/2013	00 39 29.9	+03 27 38.7	20.04023	19.041376	3.68	177.5	5.7
07/10/2013	00 39 20.9	+03 26 42.1	20.04016	19.042487	3.68	176.4	5.7
08/10/2013	00 39 12.0	+03 25 45.7	20.04010	19.043904	3.68	175.4	5.7
09/10/2013	00 39 03.1	+03 24 49.4	20.04003	19.045627	3.68	174.4	5.7
10/10/2013	00 38 54.2	+03 23 53.3	20.03996	19.047654	3.68	173.4	5.7
11/10/2013	00 38 45.4	+03 22 57.4	20.03989	19.049984	3.68	172.3	5.7
12/10/2013	00 38 36.6	+03 22 01.8	20.03983	19.052618	3.68	171.3	5.7
13/10/2013	00 38 27.8	+03 21 06.3	20.03976	19.055554	3.68	170.3	5.7
14/10/2013	00 38 19.0	+03 20 11.1	20.03969	19.058790	3.67	169.3	5.7
15/10/2013	00 38 10.3	+03 19 16.2	20.03962	19.062326	3.67	168.2	5.7
16/10/2013	00 38 01.6	+03 18 21.6	20.03955	19.066159	3.67	167.2	5.7
17/10/2013	00 37 52.9	+03 17 27.3	20.03949	19.070290	3.67	166.2	5.7
18/10/2013	00 37 44.3	+03 16 33.3	20.03942	19.074717	3.67	165.1	5.7
19/10/2013	00 37 35.8	+03 15 39.8	20.03935	19.079437	3.67	164.1	5.7
20/10/2013	00 37 27.3	+03 14 46.6	20.03928	19.084451	3.67	163.1	5.7
21/10/2013	00 37 18.9	+03 13 53.9	20.03922	19.089757	3.67	162.1	5.7
22/10/2013	00 37 10.6	+03 13 01.6	20.03915	19.095353	3.67	161.0	5.7
23/10/2013	00 37 02.3	+03 12 09.8	20.03908	19.101239	3.67	160.0	5.7
24/10/2013	00 36 54.1	+03 11 18.6	20.03901	19.107412	3.67	159.0	5.7
25/10/2013	00 36 46.0	+03 10 27.8	20.03894	19.113870	3.66	157.9	5.7
26/10/2013	00 36 37.9	+03 09 37.5	20.03888	19.120614	3.66	156.9	5.7
27/10/2013	00 36 29.9	+03 08 47.8	20.03881	19.127639	3.66	155.9	5.7
28/10/2013	00 36 22.0	+03 07 58.7	20.03874	19.134946	3.66	154.8	5.7
29/10/2013	00 36 14.2	+03 07 10.2	20.03867	19.142531	3.66	153.8	5.7
30/10/2013	00 36 06.5	+03 06 22.2	20.03860	19.150393	3.66	152.8	5.7
31/10/2013	00 35 58.9	+03 05 35.0	20.03854	19.158529	3.66	151.7	5.7
01/11/2013	00 35 51.4	+03 04 48.3	20.03847	19.166937	3.65	150.7	5.7
02/11/2013	00 35 44.0	+03 04 02.4	20.03840	19.175615	3.65	149.7	5.7
03/11/2013	00 35 36.6	+03 03 17.2	20.03833	19.184559	3.65	148.6	5.7
04/11/2013	00 35 29.4	+03 02 32.7	20.03826	19.193767	3.65	147.6	5.7
05/11/2013	00 35 22.4	+03 01 49.1	20.03819	19.203236	3.65	146.6	5.7
06/11/2013	00 35 15.4	+03 01 06.2	20.03813	19.212962	3.65	145.5	5.7
07/11/2013	00 35 08.6	+03 00 24.1	20.03806	19.222942	3.64	144.5	5.7
08/11/2013	00 35 01.8	+02 59 42.8	20.03799	19.233173	3.64	143.5	5.7
09/11/2013	00 34 55.2	+02 59 02.4	20.03792	19.243649	3.64	142.4	5.7
10/11/2013	00 34 48.8	+02 58 22.8	20.03785	19.254369	3.64	141.4	5.7
11/11/2013	00 34 42.4	+02 57 44.0	20.03778	19.265327	3.64	140.4	5.7
12/11/2013	00 34 36.2	+02 57 06.1	20.03771	19.276521	3.63	139.3	5.7
13/11/2013	00 34 30.1	+02 56 29.1	20.03765	19.287945	3.63	138.3	5.7
14/11/2013	00 34 24.2	+02 55 53.0	20.03758	19.299597	3.63	137.3	5.7
15/11/2013	00 34 18.4	+02 55 17.8	20.03751	19.311473	3.63	136.2	5.7
16/11/2013	00 34 12.7	+02 54 43.6	20.03744	19.323569	3.62	135.2	5.7
17/11/2013	00 34 07.2	+02 54 10.3	20.03737	19.335881	3.62	134.2	5.8
18/11/2013	00 34 01.9	+02 53 38.1	20.03730	19.348406	3.62	133.1	5.8
19/11/2013	00 33 56.7	+02 53 06.8	20.03723	19.361139	3.62	132.1	5.8
20/11/2013	00 33 51.6	+02 52 36.5	20.03716	19.374077	3.62	131.1	5.8
21/11/2013	00 33 46.7	+02 52 07.3	20.03710	19.387216	3.61	130.0	5.8
22/11/2013	00 33 42.0	+02 51 39.1	20.03703	19.400552	3.61	129.0	5.8
23/11/2013	00 33 37.4	+02 51 11.9	20.03696	19.414081	3.61	128.0	5.8
24/11/2013	00 33 33.0	+02 50 45.8	20.03689	19.427799	3.61	127.0	5.8
25/11/2013	00 33 28.7	+02 50 20.7	20.03682	19.441701	3.60	125.9	5.8
26/11/2013	00 33 24.6	+02 49 56.6	20.03675	19.455785	3.60	124.9	5.8
27/11/2013	00 33 20.7	+02 49 33.7	20.03668	19.470044	3.60	123.9	5.8
28/11/2013	00 33 16.9	+02 49 11.8	20.03661	19.484475	3.59	122.8	5.8
29/11/2013	00 33 13.3	+02 48 51.1	20.03654	19.499074	3.59	121.8	5.8
30/11/2013	00 33 09.9	+02 48 31.5	20.03647	19.513835	3.59	120.8	5.8
01/12/2013	00 33 06.6	+02 48 13.1	20.03640	19.528754	3.59	119.8	5.8
02/12/2013	00 33 03.6	+02 47 55.8	20.03633	19.543826	3.58	118.7	5.8
03/12/2013	00 33 00.7	+02 47 39.7	20.03627	19.559046	3.58	117.7	5.8
04/12/2013	00 32 58.0	+02 47 24.8	20.03620	19.574408	3.58	116.7	5.8
05/12/2013	00 32 55.4	+02 47 11.0	20.03613	19.589908	3.58	115.6	5.8
06/12/2013	00 32 53.1	+02 46 58.4	20.03606	19.605539	3.57	114.6	5.8
07/12/2013	00 32 50.9	+02 46 47.0	20.03599	19.621297	3.57	113.6	5.8
08/12/2013	00 32 48.9	+02 46 36.8	20.03592	19.637175	3.57	112.6	5.8
09/12/2013	00 32 47.1	+02 46 27.7	20.03585	19.653169	3.56	111.5	5.8
10/12/2013	00 32 45.5	+02 46 19.9	20.03578	19.669273	3.56	110.5	5.8
11/12/2013	00 32 44.1	+02 46 13.2	20.03571	19.685482	3.56	109.5	5.8
12/12/2013	00 32 42.8	+02 46 07.7	20.03564	19.701790	3.56	108.5	5.8
13/12/2013	00 32 41.8	+02 46 03.5	20.03557	19.718193	3.55	107.5	5.8
14/12/2013	00 32 40.9	+02 46 00.5	20.03550	19.734686	3.55	106.4	5.8

GG/MM/AAAA	A.R.	DECL.	Dist.	RV	Diam.	El.	Mag.
15/12/2013	00 32 40.2	+02 45 58.7	20.03543	19.751263	3.55	105.4	5.8
16/12/2013	00 32 39.8	+02 45 58.1	20.03536	19.767919	3.54	104.4	5.8
17/12/2013	00 32 39.5	+02 45 58.8	20.03529	19.784650	3.54	103.4	5.8
18/12/2013	00 32 39.4	+02 46 00.7	20.03522	19.801451	3.54	102.4	5.8
19/12/2013	00 32 39.4	+02 46 03.8	20.03515	19.818316	3.53	101.3	5.8
20/12/2013	00 32 39.7	+02 46 08.1	20.03508	19.835240	3.53	100.3	5.8
21/12/2013	00 32 40.2	+02 46 13.7	20.03501	19.852220	3.53	99.3	5.8
22/12/2013	00 32 40.8	+02 46 20.4	20.03494	19.869248	3.53	98.3	5.8
23/12/2013	00 32 41.6	+02 46 28.4	20.03487	19.886322	3.52	97.3	5.8
24/12/2013	00 32 42.7	+02 46 37.6	20.03480	19.903434	3.52	96.3	5.8
25/12/2013	00 32 43.9	+02 46 48.0	20.03473	19.920581	3.52	95.3	5.8
26/12/2013	00 32 45.3	+02 46 59.6	20.03466	19.937757	3.51	94.2	5.8
27/12/2013	00 32 46.9	+02 47 12.5	20.03459	19.954957	3.51	93.2	5.8
28/12/2013	00 32 48.7	+02 47 26.6	20.03452	19.972176	3.51	92.2	5.8
29/12/2013	00 32 50.7	+02 47 41.9	20.03445	19.989407	3.50	91.2	5.8
30/12/2013	00 32 52.8	+02 47 58.5	20.03438	20.006647	3.50	90.2	5.8
31/12/2013	00 32 55.2	+02 48 16.3	20.03431	20.023888	3.50	89.2	5.8
01/01/2014	00 32 57.8	+02 48 35.3	20.03424	20.041126	3.49	88.2	5.8
02/01/2014	00 33 00.5	+02 48 55.5	20.03417	20.058355	3.49	87.2	5.8
03/01/2014	00 33 03.5	+02 49 17.0	20.03410	20.075568	3.49	86.2	5.8
04/01/2014	00 33 06.6	+02 49 39.6	20.03403	20.092761	3.49	85.2	5.8
05/01/2014	00 33 09.9	+02 50 03.4	20.03396	20.109927	3.48	84.2	5.8
06/01/2014	00 33 13.4	+02 50 28.3	20.03389	20.127062	3.48	83.2	5.8
07/01/2014	00 33 17.1	+02 50 54.4	20.03382	20.144160	3.48	82.2	5.8
08/01/2014	00 33 20.9	+02 51 21.7	20.03375	20.161215	3.47	81.2	5.8
09/01/2014	00 33 25.0	+02 51 50.2	20.03368	20.178223	3.47	80.2	5.8
10/01/2014	00 33 29.2	+02 52 19.8	20.03361	20.195179	3.47	79.2	5.8
11/01/2014	00 33 33.6	+02 52 50.6	20.03354	20.212077	3.47	78.2	5.8
12/01/2014	00 33 38.2	+02 53 22.5	20.03347	20.228914	3.46	77.2	5.8
13/01/2014	00 33 43.0	+02 53 55.6	20.03339	20.245684	3.46	76.2	5.9
14/01/2014	00 33 48.0	+02 54 29.8	20.03332	20.262382	3.46	75.2	5.9
15/01/2014	00 33 53.1	+02 55 05.1	20.03325	20.279005	3.45	74.2	5.9
16/01/2014	00 33 58.4	+02 55 41.6	20.03318	20.295547	3.45	73.2	5.9
17/01/2014	00 34 03.9	+02 56 19.1	20.03311	20.312004	3.45	72.2	5.9
18/01/2014	00 34 09.5	+02 56 57.6	20.03304	20.328372	3.45	71.2	5.9
19/01/2014	00 34 15.3	+02 57 37.3	20.03297	20.344645	3.44	70.2	5.9
20/01/2014	00 34 21.3	+02 58 18.0	20.03290	20.360820	3.44	69.2	5.9
21/01/2014	00 34 27.4	+02 58 59.7	20.03283	20.376892	3.44	68.2	5.9
22/01/2014	00 34 33.7	+02 59 42.5	20.03276	20.392857	3.43	67.2	5.9
23/01/2014	00 34 40.2	+03 00 26.3	20.03269	20.408709	3.43	66.3	5.9
24/01/2014	00 34 46.9	+03 01 11.2	20.03262	20.424445	3.43	65.3	5.9
25/01/2014	00 34 53.7	+03 01 57.1	20.03254	20.440060	3.43	64.3	5.9
26/01/2014	00 35 00.7	+03 02 44.0	20.03247	20.455549	3.42	63.3	5.9
27/01/2014	00 35 07.8	+03 03 31.9	20.03240	20.470908	3.42	62.3	5.9
28/01/2014	00 35 15.1	+03 04 20.9	20.03233	20.486132	3.42	61.3	5.9
29/01/2014	00 35 22.5	+03 05 10.8	20.03226	20.501216	3.42	60.3	5.9
30/01/2014	00 35 30.1	+03 06 01.7	20.03219	20.516156	3.41	59.4	5.9
31/01/2014	00 35 37.9	+03 06 53.5	20.03212	20.530947	3.41	58.4	5.9
01/02/2014	00 35 45.8	+03 07 46.2	20.03205	20.545584	3.41	57.4	5.9
02/02/2014	00 35 53.9	+03 08 39.8	20.03197	20.560064	3.41	56.4	5.9
03/02/2014	00 36 02.0	+03 09 34.3	20.03190	20.574381	3.40	55.5	5.9
04/02/2014	00 36 10.4	+03 10 29.7	20.03183	20.588531	3.40	54.5	5.9
05/02/2014	00 36 18.9	+03 11 26.0	20.03176	20.602512	3.40	53.5	5.9
06/02/2014	00 36 27.5	+03 12 23.2	20.03169	20.616319	3.40	52.5	5.9
07/02/2014	00 36 36.3	+03 13 21.2	20.03162	20.629948	3.40	51.6	5.9
08/02/2014	00 36 45.2	+03 14 20.0	20.03155	20.643396	3.39	50.6	5.9
09/02/2014	00 36 54.2	+03 15 19.7	20.03147	20.656660	3.39	49.6	5.9
10/02/2014	00 37 03.3	+03 16 20.2	20.03140	20.669737	3.39	48.6	5.9
11/02/2014	00 37 12.6	+03 17 21.4	20.03133	20.682622	3.39	47.7	5.9
12/02/2014	00 37 22.1	+03 18 23.5	20.03126	20.695314	3.38	46.7	5.9
13/02/2014	00 37 31.6	+03 19 26.3	20.03119	20.707808	3.38	45.7	5.9
14/02/2014	00 37 41.3	+03 20 29.8	20.03112	20.720103	3.38	44.8	5.9
15/02/2014	00 37 51.0	+03 21 34.0	20.03105	20.732194	3.38	43.8	5.9
16/02/2014	00 38 00.9	+03 22 39.0	20.03097	20.744080	3.38	42.8	5.9
17/02/2014	00 38 10.9	+03 23 44.6	20.03090	20.755756	3.37	41.9	5.9
18/02/2014	00 38 21.1	+03 24 50.9	20.03083	20.767221	3.37	40.9	5.9
19/02/2014	00 38 31.3	+03 25 57.9	20.03076	20.778471	3.37	40.0	5.9
20/02/2014	00 38 41.6	+03 27 05.6	20.03069	20.789504	3.37	39.0	5.9
21/02/2014	00 38 52.1	+03 28 13.9	20.03061	20.800317	3.37	38.0	5.9
22/02/2014	00 39 02.6	+03 29 22.8	20.03054	20.810906	3.37	37.1	5.9
23/02/2014	00 39 13.3	+03 30 32.4	20.03047	20.821269	3.36	36.1	5.9
24/02/2014	00 39 24.1	+03 31 42.5	20.03040	20.831403	3.36	35.2	5.9
25/02/2014	00 39 34.9	+03 32 53.3	20.03033	20.841305	3.36	34.2	5.9

GG/MM/AAAA	A.R.	DECL.	Dist.	RV	Diam.	El.	Mag.
26/02/2014	00 39 45.9	+03 34 04.7	20.03026	20.850972	3.36	33.2	5.9
27/02/2014	00 39 56.9	+03 35 16.5	20.03018	20.860401	3.36	32.3	5.9
28/02/2014	00 40 08.1	+03 36 28.9	20.03011	20.869590	3.36	31.3	5.9
01/03/2014	00 40 19.3	+03 37 41.8	20.03004	20.878536	3.35	30.4	5.9
02/03/2014	00 40 30.6	+03 38 55.1	20.02997	20.887236	3.35	29.4	5.9
03/03/2014	00 40 42.0	+03 40 08.9	20.02989	20.895687	3.35	28.5	5.9
04/03/2014	00 40 53.5	+03 41 23.2	20.02982	20.903889	3.35	27.5	5.9
05/03/2014	00 41 05.0	+03 42 38.0	20.02975	20.911839	3.35	26.6	5.9
06/03/2014	00 41 16.6	+03 43 53.1	20.02968	20.919535	3.35	25.6	5.9
07/03/2014	00 41 28.3	+03 45 08.7	20.02961	20.926975	3.35	24.7	5.9
08/03/2014	00 41 40.1	+03 46 24.7	20.02953	20.934159	3.35	23.7	5.9
09/03/2014	00 41 51.9	+03 47 41.1	20.02946	20.941084	3.34	22.8	5.9
10/03/2014	00 42 03.8	+03 48 57.9	20.02939	20.947750	3.34	21.8	5.9
11/03/2014	00 42 15.8	+03 50 14.9	20.02932	20.954155	3.34	20.9	5.9
12/03/2014	00 42 27.8	+03 51 32.3	20.02924	20.960298	3.34	20.0	5.9
13/03/2014	00 42 39.9	+03 52 50.0	20.02917	20.966177	3.34	19.0	5.9
14/03/2014	00 42 52.0	+03 54 08.0	20.02910	20.971793	3.34	18.1	5.9
15/03/2014	00 43 04.1	+03 55 26.2	20.02903	20.977143	3.34	17.1	5.9
16/03/2014	00 43 16.4	+03 56 44.7	20.02895	20.982228	3.34	16.2	5.9
17/03/2014	00 43 28.6	+03 58 03.4	20.02888	20.987045	3.34	15.3	5.9
18/03/2014	00 43 40.9	+03 59 22.4	20.02881	20.991594	3.34	14.3	5.9
19/03/2014	00 43 53.3	+04 00 41.5	20.02874	20.995875	3.34	13.4	5.9
20/03/2014	00 44 05.7	+04 02 00.9	20.02866	20.999886	3.34	12.4	5.9
21/03/2014	00 44 18.1	+04 03 20.4	20.02859	21.003626	3.33	11.5	5.9
22/03/2014	00 44 30.5	+04 04 40.2	20.02852	21.007095	3.33	10.6	5.9
23/03/2014	00 44 43.0	+04 06 00.1	20.02845	21.010291	3.33	9.6	5.9
24/03/2014	00 44 55.6	+04 07 20.1	20.02837	21.013214	3.33	8.7	5.9
25/03/2014	00 45 08.1	+04 08 40.3	20.02830	21.015863	3.33	7.8	5.9
26/03/2014	00 45 20.7	+04 10 00.6	20.02823	21.018237	3.33	6.8	5.9
27/03/2014	00 45 33.3	+04 11 20.9	20.02816	21.020334	3.33	5.9	5.9
28/03/2014	00 45 45.9	+04 12 41.2	20.02808	21.022155	3.33	5.0	5.9
29/03/2014	00 45 58.5	+04 14 01.6	20.02801	21.023699	3.33	4.0	5.9
30/03/2014	00 46 11.2	+04 15 22.0	20.02794	21.024965	3.33	3.1	5.9
31/03/2014	00 46 23.8	+04 16 42.5	20.02786	21.025953	3.33	2.2	5.9
01/04/2014	00 46 36.5	+04 18 02.8	20.02779	21.026664	3.33	1.3	5.9
02/04/2014	00 46 49.2	+04 19 22.8	20.02772	21.027096	3.33	0.6	5.9
03/04/2014	00 47 01.8	+04 20 43.2	20.02764	21.027251	3.33	0.8	5.9
04/04/2014	00 47 14.5	+04 22 03.8	20.02757	21.027129	3.33	1.7	5.9
05/04/2014	00 47 27.1	+04 23 24.2	20.02750	21.026730	3.33	2.6	5.9
06/04/2014	00 47 39.8	+04 24 44.4	20.02743	21.026056	3.33	3.5	5.9
07/04/2014	00 47 52.4	+04 26 04.5	20.02735	21.025106	3.33	4.4	5.9
08/04/2014	00 48 05.1	+04 27 24.4	20.02728	21.023882	3.33	5.3	5.9
09/04/2014	00 48 17.7	+04 28 44.3	20.02721	21.022384	3.33	6.3	5.9
10/04/2014	00 48 30.3	+04 30 03.9	20.02713	21.020613	3.33	7.2	5.9
11/04/2014	00 48 42.9	+04 31 23.4	20.02706	21.018571	3.33	8.1	5.9
12/04/2014	00 48 55.5	+04 32 42.6	20.02699	21.016258	3.33	9.0	5.9
13/04/2014	00 49 08.0	+04 34 01.7	20.02691	21.013675	3.33	9.9	5.9
14/04/2014	00 49 20.5	+04 35 20.5	20.02684	21.010823	3.33	10.9	5.9
15/04/2014	00 49 33.0	+04 36 39.1	20.02677	21.007703	3.33	11.8	5.9
16/04/2014	00 49 45.5	+04 37 57.5	20.02669	21.004316	3.33	12.7	5.9
17/04/2014	00 49 57.9	+04 39 15.6	20.02662	21.000664	3.34	13.6	5.9
18/04/2014	00 50 10.3	+04 40 33.5	20.02655	20.996747	3.34	14.5	5.9
19/04/2014	00 50 22.6	+04 41 51.1	20.02647	20.992566	3.34	15.5	5.9
20/04/2014	00 50 35.0	+04 43 08.4	20.02640	20.988121	3.34	16.4	5.9
21/04/2014	00 50 47.2	+04 44 25.4	20.02633	20.983415	3.34	17.3	5.9
22/04/2014	00 50 59.5	+04 45 42.1	20.02625	20.978447	3.34	18.2	5.9
23/04/2014	00 51 11.7	+04 46 58.4	20.02618	20.973220	3.34	19.1	5.9
24/04/2014	00 51 23.8	+04 48 14.3	20.02610	20.967733	3.34	20.1	5.9
25/04/2014	00 51 35.9	+04 49 29.8	20.02603	20.961989	3.34	21.0	5.9
26/04/2014	00 51 47.9	+04 50 44.9	20.02596	20.955988	3.34	21.9	5.9
27/04/2014	00 51 59.9	+04 51 59.6	20.02588	20.949732	3.34	22.8	5.9
28/04/2014	00 52 11.8	+04 53 13.9	20.02581	20.943222	3.34	23.7	5.9
29/04/2014	00 52 23.6	+04 54 27.8	20.02574	20.936462	3.35	24.7	5.9
30/04/2014	00 52 35.4	+04 55 41.2	20.02566	20.929451	3.35	25.6	5.9
01/05/2014	00 52 47.1	+04 56 54.1	20.02559	20.922193	3.35	26.5	5.9
02/05/2014	00 52 58.8	+04 58 06.6	20.02551	20.914690	3.35	27.4	5.9
03/05/2014	00 53 10.4	+04 59 18.6	20.02544	20.906944	3.35	28.3	5.9
04/05/2014	00 53 21.9	+05 00 30.1	20.02537	20.898958	3.35	29.3	5.9
05/05/2014	00 53 33.3	+05 01 41.0	20.02529	20.890734	3.35	30.2	5.9
06/05/2014	00 53 44.6	+05 02 51.4	20.02522	20.882274	3.35	31.1	5.9
07/05/2014	00 53 55.9	+05 04 01.2	20.02514	20.873581	3.36	32.0	5.9
08/05/2014	00 54 07.1	+05 05 10.4	20.02507	20.864658	3.36	32.9	5.9
09/05/2014	00 54 18.2	+05 06 19.1	20.02500	20.855507	3.36	33.8	5.9

GG/MM/AAAA	A.R.	DECL.	Dist.	RV	Diam.	El.	Mag.
10/05/2014	00 54 29.2	+05 07 27.1	20.02492	20.846131	3.36	34.8	5.9
11/05/2014	00 54 40.1	+05 08 34.5	20.02485	20.836532	3.36	35.7	5.9
12/05/2014	00 54 50.9	+05 09 41.4	20.02477	20.826714	3.36	36.6	5.9
13/05/2014	00 55 01.6	+05 10 47.5	20.02470	20.816678	3.36	37.5	5.9
14/05/2014	00 55 12.3	+05 11 53.1	20.02463	20.806428	3.37	38.4	5.9
15/05/2014	00 55 22.8	+05 12 58.0	20.02455	20.795966	3.37	39.3	5.9
16/05/2014	00 55 33.3	+05 14 02.3	20.02448	20.785294	3.37	40.3	5.9
17/05/2014	00 55 43.6	+05 15 05.9	20.02440	20.774416	3.37	41.2	5.9
18/05/2014	00 55 53.8	+05 16 08.8	20.02433	20.763333	3.37	42.1	5.9
19/05/2014	00 56 04.0	+05 17 11.0	20.02425	20.752047	3.38	43.0	5.9
20/05/2014	00 56 14.0	+05 18 12.5	20.02418	20.740563	3.38	43.9	5.9
21/05/2014	00 56 23.9	+05 19 13.3	20.02411	20.728881	3.38	44.8	5.9
22/05/2014	00 56 33.7	+05 20 13.3	20.02403	20.717005	3.38	45.8	5.9
23/05/2014	00 56 43.4	+05 21 12.5	20.02396	20.704937	3.38	46.7	5.9
24/05/2014	00 56 53.0	+05 22 10.9	20.02388	20.692680	3.38	47.6	5.9
25/05/2014	00 57 02.4	+05 23 08.6	20.02381	20.680238	3.39	48.5	5.9
26/05/2014	00 57 11.7	+05 24 05.5	20.02373	20.667613	3.39	49.4	5.9
27/05/2014	00 57 20.9	+05 25 01.6	20.02366	20.654810	3.39	50.4	5.9
28/05/2014	00 57 30.0	+05 25 56.9	20.02358	20.641831	3.39	51.3	5.9
29/05/2014	00 57 39.0	+05 26 51.4	20.02351	20.628680	3.40	52.2	5.9
30/05/2014	00 57 47.8	+05 27 45.1	20.02343	20.615360	3.40	53.1	5.9
31/05/2014	00 57 56.5	+05 28 37.9	20.02336	20.601876	3.40	54.0	5.9
01/06/2014	00 58 05.1	+05 29 29.8	20.02328	20.588231	3.40	55.0	5.9
02/06/2014	00 58 13.5	+05 30 20.9	20.02321	20.574430	3.40	55.9	5.9
03/06/2014	00 58 21.8	+05 31 11.1	20.02314	20.560475	3.41	56.8	5.9
04/06/2014	00 58 30.0	+05 32 00.4	20.02306	20.546371	3.41	57.7	5.9
05/06/2014	00 58 38.0	+05 32 48.8	20.02299	20.532122	3.41	58.6	5.9
06/06/2014	00 58 45.9	+05 33 36.3	20.02291	20.517731	3.41	59.6	5.9
07/06/2014	00 58 53.6	+05 34 22.8	20.02284	20.503203	3.42	60.5	5.9
08/06/2014	00 59 01.2	+05 35 08.5	20.02276	20.488542	3.42	61.4	5.9
09/06/2014	00 59 08.6	+05 35 53.2	20.02269	20.473751	3.42	62.3	5.9
10/06/2014	00 59 15.9	+05 36 36.9	20.02261	20.458834	3.42	63.3	5.9
11/06/2014	00 59 23.1	+05 37 19.8	20.02254	20.443796	3.43	64.2	5.9
12/06/2014	00 59 30.1	+05 38 01.7	20.02246	20.428639	3.43	65.1	5.9
13/06/2014	00 59 36.9	+05 38 42.6	20.02239	20.413367	3.43	66.0	5.9
14/06/2014	00 59 43.6	+05 39 22.6	20.02231	20.397985	3.43	67.0	5.9
15/06/2014	00 59 50.2	+05 40 01.7	20.02223	20.382496	3.44	67.9	5.9
16/06/2014	00 59 56.6	+05 40 39.7	20.02216	20.366902	3.44	68.8	5.9
17/06/2014	01 00 02.8	+05 41 16.7	20.02208	20.351209	3.44	69.7	5.9
18/06/2014	01 00 08.9	+05 41 52.7	20.02201	20.335420	3.44	70.7	5.9
19/06/2014	01 00 14.8	+05 42 27.7	20.02193	20.319537	3.45	71.6	5.9
20/06/2014	01 00 20.5	+05 43 01.6	20.02186	20.303566	3.45	72.5	5.9
21/06/2014	01 00 26.1	+05 43 34.6	20.02178	20.287511	3.45	73.5	5.9
22/06/2014	01 00 31.6	+05 44 06.4	20.02171	20.271375	3.46	74.4	5.9
23/06/2014	01 00 36.8	+05 44 37.3	20.02163	20.255163	3.46	75.3	5.9
24/06/2014	01 00 41.9	+05 45 07.1	20.02156	20.238880	3.46	76.2	5.8
25/06/2014	01 00 46.9	+05 45 35.9	20.02148	20.222529	3.46	77.2	5.8
26/06/2014	01 00 51.6	+05 46 03.7	20.02141	20.206117	3.47	78.1	5.8
27/06/2014	01 00 56.2	+05 46 30.3	20.02133	20.189646	3.47	79.0	5.8
28/06/2014	01 01 00.7	+05 46 56.0	20.02125	20.173122	3.47	80.0	5.8
29/06/2014	01 01 04.9	+05 47 20.5	20.02118	20.156550	3.47	80.9	5.8
30/06/2014	01 01 09.0	+05 47 43.9	20.02110	20.139934	3.48	81.8	5.8
01/07/2014	01 01 12.9	+05 48 06.3	20.02103	20.123279	3.48	82.8	5.8
02/07/2014	01 01 16.6	+05 48 27.5	20.02095	20.106590	3.48	83.7	5.8
03/07/2014	01 01 20.2	+05 48 47.6	20.02088	20.089872	3.49	84.7	5.8
04/07/2014	01 01 23.5	+05 49 06.6	20.02080	20.073129	3.49	85.6	5.8
05/07/2014	01 01 26.7	+05 49 24.6	20.02072	20.056366	3.49	86.5	5.8
06/07/2014	01 01 29.8	+05 49 41.4	20.02065	20.039587	3.50	87.5	5.8
07/07/2014	01 01 32.6	+05 49 57.1	20.02057	20.022798	3.50	88.4	5.8
08/07/2014	01 01 35.3	+05 50 11.7	20.02050	20.006003	3.50	89.4	5.8
09/07/2014	01 01 37.8	+05 50 25.3	20.02042	19.989206	3.50	90.3	5.8
10/07/2014	01 01 40.1	+05 50 37.7	20.02034	19.972412	3.51	91.2	5.8
11/07/2014	01 01 42.2	+05 50 49.1	20.02027	19.955624	3.51	92.2	5.8
12/07/2014	01 01 44.2	+05 50 59.4	20.02019	19.938848	3.51	93.1	5.8
13/07/2014	01 01 46.0	+05 51 08.5	20.02012	19.922088	3.52	94.1	5.8
14/07/2014	01 01 47.6	+05 51 16.5	20.02004	19.905347	3.52	95.0	5.8
15/07/2014	01 01 49.0	+05 51 23.4	20.01996	19.888630	3.52	96.0	5.8
16/07/2014	01 01 50.2	+05 51 29.2	20.01989	19.871941	3.52	96.9	5.8
17/07/2014	01 01 51.3	+05 51 33.8	20.01981	19.855284	3.53	97.9	5.8
18/07/2014	01 01 52.2	+05 51 37.3	20.01974	19.838664	3.53	98.8	5.8
19/07/2014	01 01 52.9	+05 51 39.6	20.01966	19.822086	3.53	99.8	5.8
20/07/2014	01 01 53.4	+05 51 40.9	20.01958	19.805554	3.54	100.7	5.8
21/07/2014	01 01 53.7	+05 51 41.1	20.01951	19.789073	3.54	101.7	5.8

GG/MM/AAAA	A.R.	DECL.	Dist.	RV	Diam.	El.	Mag.
22/07/2014	01 01 53.9	+05 51 40.1	20.01943	19.772648	3.54	102.6	5.8
23/07/2014	01 01 53.9	+05 51 38.1	20.01935	19.756284	3.55	103.6	5.8
24/07/2014	01 01 53.6	+05 51 34.9	20.01928	19.739986	3.55	104.5	5.8
25/07/2014	01 01 53.3	+05 51 30.6	20.01920	19.723758	3.55	105.5	5.8
26/07/2014	01 01 52.7	+05 51 25.2	20.01912	19.707607	3.55	106.5	5.8
27/07/2014	01 01 51.9	+05 51 18.7	20.01905	19.691536	3.56	107.4	5.8
28/07/2014	01 01 51.0	+05 51 11.1	20.01897	19.675551	3.56	108.4	5.8
29/07/2014	01 01 49.9	+05 51 02.4	20.01890	19.659656	3.56	109.3	5.8
30/07/2014	01 01 48.6	+05 50 52.5	20.01882	19.643857	3.57	110.3	5.8
31/07/2014	01 01 47.1	+05 50 41.6	20.01874	19.628159	3.57	111.3	5.8
01/08/2014	01 01 45.5	+05 50 29.5	20.01867	19.612565	3.57	112.2	5.8
02/08/2014	01 01 43.6	+05 50 16.4	20.01859	19.597081	3.57	113.2	5.8
03/08/2014	01 01 41.6	+05 50 02.2	20.01851	19.581712	3.58	114.2	5.8
04/08/2014	01 01 39.5	+05 49 46.9	20.01844	19.566462	3.58	115.1	5.8
05/08/2014	01 01 37.1	+05 49 30.6	20.01836	19.551335	3.58	116.1	5.8
06/08/2014	01 01 34.6	+05 49 13.3	20.01828	19.536336	3.59	117.1	5.8
07/08/2014	01 01 31.9	+05 48 54.9	20.01820	19.521469	3.59	118.0	5.8
08/08/2014	01 01 29.1	+05 48 35.5	20.01813	19.506738	3.59	119.0	5.8
09/08/2014	01 01 26.0	+05 48 15.1	20.01805	19.492148	3.59	120.0	5.8
10/08/2014	01 01 22.9	+05 47 53.6	20.01797	19.477701	3.60	121.0	5.8
11/08/2014	01 01 19.5	+05 47 31.1	20.01790	19.463403	3.60	121.9	5.8
12/08/2014	01 01 16.0	+05 47 07.6	20.01782	19.449257	3.60	122.9	5.8
13/08/2014	01 01 12.3	+05 46 43.1	20.01774	19.435267	3.60	123.9	5.8
14/08/2014	01 01 08.4	+05 46 17.5	20.01767	19.421436	3.61	124.9	5.8
15/08/2014	01 01 04.4	+05 45 51.0	20.01759	19.407770	3.61	125.8	5.8
16/08/2014	01 01 00.2	+05 45 23.5	20.01751	19.394272	3.61	126.8	5.8
17/08/2014	01 00 55.9	+05 44 55.0	20.01743	19.380948	3.61	127.8	5.8
18/08/2014	01 00 51.4	+05 44 25.6	20.01736	19.367800	3.62	128.8	5.8
19/08/2014	01 00 46.7	+05 43 55.3	20.01728	19.354833	3.62	129.8	5.8
20/08/2014	01 00 41.9	+05 43 24.1	20.01720	19.342053	3.62	130.7	5.7
21/08/2014	01 00 37.0	+05 42 51.9	20.01713	19.329463	3.62	131.7	5.7
22/08/2014	01 00 31.9	+05 42 18.8	20.01705	19.317067	3.63	132.7	5.7
23/08/2014	01 00 26.6	+05 41 44.8	20.01697	19.304870	3.63	133.7	5.7
24/08/2014	01 00 21.2	+05 41 09.9	20.01689	19.292877	3.63	134.7	5.7
25/08/2014	01 00 15.7	+05 40 34.1	20.01682	19.281090	3.63	135.7	5.7
26/08/2014	01 00 10.0	+05 39 57.5	20.01674	19.269514	3.63	136.7	5.7
27/08/2014	01 00 04.2	+05 39 19.9	20.01666	19.258154	3.64	137.7	5.7
28/08/2014	00 59 58.2	+05 38 41.6	20.01658	19.247012	3.64	138.7	5.7
29/08/2014	00 59 52.1	+05 38 02.5	20.01651	19.236093	3.64	139.7	5.7
30/08/2014	00 59 45.9	+05 37 22.5	20.01643	19.225401	3.64	140.6	5.7
31/08/2014	00 59 39.5	+05 36 41.8	20.01635	19.214939	3.65	141.6	5.7
01/09/2014	00 59 33.0	+05 36 00.3	20.01627	19.204710	3.65	142.6	5.7
02/09/2014	00 59 26.4	+05 35 18.1	20.01620	19.194717	3.65	143.6	5.7
03/09/2014	00 59 19.7	+05 34 35.1	20.01612	19.184964	3.65	144.6	5.7
04/09/2014	00 59 12.8	+05 33 51.5	20.01604	19.175454	3.65	145.6	5.7
05/09/2014	00 59 05.8	+05 33 07.2	20.01596	19.166190	3.65	146.6	5.7
06/09/2014	00 58 58.8	+05 32 22.2	20.01589	19.157173	3.66	147.6	5.7
07/09/2014	00 58 51.6	+05 31 36.6	20.01581	19.148408	3.66	148.6	5.7
08/09/2014	00 58 44.3	+05 30 50.2	20.01573	19.139896	3.66	149.6	5.7
09/09/2014	00 58 36.9	+05 30 03.2	20.01565	19.131639	3.66	150.6	5.7
10/09/2014	00 58 29.4	+05 29 15.6	20.01557	19.123641	3.66	151.6	5.7
11/09/2014	00 58 21.7	+05 28 27.4	20.01550	19.115905	3.66	152.6	5.7
12/09/2014	00 58 14.0	+05 27 38.7	20.01542	19.108431	3.67	153.7	5.7
13/09/2014	00 58 06.2	+05 26 49.4	20.01534	19.101225	3.67	154.7	5.7
14/09/2014	00 57 58.4	+05 25 59.6	20.01526	19.094287	3.67	155.7	5.7
15/09/2014	00 57 50.4	+05 25 09.2	20.01519	19.087621	3.67	156.7	5.7
16/09/2014	00 57 42.3	+05 24 18.4	20.01511	19.081230	3.67	157.7	5.7
17/09/2014	00 57 34.2	+05 23 27.1	20.01503	19.075116	3.67	158.7	5.7
18/09/2014	00 57 26.0	+05 22 35.4	20.01495	19.069281	3.67	159.7	5.7
19/09/2014	00 57 17.7	+05 21 43.2	20.01487	19.063729	3.67	160.7	5.7
20/09/2014	00 57 09.3	+05 20 50.6	20.01479	19.058461	3.68	161.7	5.7
21/09/2014	00 57 00.9	+05 19 57.6	20.01472	19.053481	3.68	162.8	5.7
22/09/2014	00 56 52.4	+05 19 04.2	20.01464	19.048788	3.68	163.8	5.7
23/09/2014	00 56 43.8	+05 18 10.5	20.01456	19.044387	3.68	164.8	5.7
24/09/2014	00 56 35.2	+05 17 16.4	20.01448	19.040279	3.68	165.8	5.7
25/09/2014	00 56 26.5	+05 16 22.0	20.01440	19.036465	3.68	166.8	5.7
26/09/2014	00 56 17.8	+05 15 27.3	20.01433	19.032947	3.68	167.8	5.7
27/09/2014	00 56 09.1	+05 14 32.4	20.01425	19.029726	3.68	168.9	5.7
28/09/2014	00 56 00.3	+05 13 37.3	20.01417	19.026804	3.68	169.9	5.7
29/09/2014	00 55 51.4	+05 12 42.0	20.01409	19.024182	3.68	170.9	5.7
30/09/2014	00 55 42.6	+05 11 46.5	20.01401	19.021861	3.68	171.9	5.7
01/10/2014	00 55 33.7	+05 10 50.9	20.01393	19.019841	3.68	172.9	5.7
02/10/2014	00 55 24.7	+05 09 55.2	20.01386	19.018123	3.68	173.9	5.7

GG/MM/AAAA	A.R.	DECL.	Dist.	RV	Diam.	El.	Mag.
03/10/2014	00 55 15.8	+05 08 59.4	20.01378	19.016707	3.68	175.0	5.7
04/10/2014	00 55 06.8	+05 08 03.4	20.01370	19.015594	3.68	176.0	5.7
05/10/2014	00 54 57.8	+05 07 07.4	20.01362	19.014784	3.68	177.0	5.7
06/10/2014	00 54 48.8	+05 06 11.3	20.01354	19.014277	3.68	177.9	5.7
07/10/2014	00 54 39.8	+05 05 15.2	20.01346	19.014073	3.68	178.8	5.7
08/10/2014	00 54 30.8	+05 04 19.1	20.01338	19.014172	3.68	179.2	5.7
09/10/2014	00 54 21.8	+05 03 23.0	20.01330	19.014575	3.68	178.6	5.7
10/10/2014	00 54 12.8	+05 02 27.0	20.01323	19.015281	3.68	177.7	5.7
11/10/2014	00 54 03.8	+05 01 31.1	20.01315	19.016290	3.68	176.7	5.7
12/10/2014	00 53 54.8	+05 00 35.3	20.01307	19.017603	3.68	175.7	5.7
13/10/2014	00 53 45.9	+04 59 39.6	20.01299	19.019220	3.68	174.7	5.7
14/10/2014	00 53 36.9	+04 58 44.1	20.01291	19.021141	3.68	173.6	5.7
15/10/2014	00 53 28.0	+04 57 48.8	20.01283	19.023365	3.68	172.6	5.7
16/10/2014	00 53 19.1	+04 56 53.6	20.01275	19.025893	3.68	171.6	5.7
17/10/2014	00 53 10.2	+04 55 58.7	20.01267	19.028724	3.68	170.6	5.7
18/10/2014	00 53 01.4	+04 55 04.0	20.01260	19.031859	3.68	169.5	5.7
19/10/2014	00 52 52.6	+04 54 09.5	20.01252	19.035295	3.68	168.5	5.7
20/10/2014	00 52 43.8	+04 53 15.4	20.01244	19.039033	3.68	167.5	5.7
21/10/2014	00 52 35.1	+04 52 21.5	20.01236	19.043072	3.68	166.5	5.7
22/10/2014	00 52 26.4	+04 51 28.0	20.01228	19.047410	3.68	165.4	5.7
23/10/2014	00 52 17.8	+04 50 34.8	20.01220	19.052047	3.68	164.4	5.7
24/10/2014	00 52 09.2	+04 49 42.1	20.01212	19.056981	3.68	163.4	5.7
25/10/2014	00 52 00.7	+04 48 49.7	20.01204	19.062211	3.67	162.3	5.7
26/10/2014	00 51 52.3	+04 47 57.8	20.01196	19.067735	3.67	161.3	5.7
27/10/2014	00 51 44.0	+04 47 06.4	20.01188	19.073551	3.67	160.3	5.7
28/10/2014	00 51 35.7	+04 46 15.5	20.01180	19.079658	3.67	159.2	5.7
29/10/2014	00 51 27.5	+04 45 25.1	20.01173	19.086052	3.67	158.2	5.7
30/10/2014	00 51 19.3	+04 44 35.3	20.01165	19.092732	3.67	157.1	5.7
31/10/2014	00 51 11.3	+04 43 46.0	20.01157	19.099695	3.67	156.1	5.7
01/11/2014	00 51 03.3	+04 42 57.2	20.01149	19.106938	3.67	155.1	5.7
02/11/2014	00 50 55.5	+04 42 09.1	20.01141	19.114460	3.66	154.0	5.7
03/11/2014	00 50 47.7	+04 41 21.5	20.01133	19.122256	3.66	153.0	5.7
04/11/2014	00 50 40.0	+04 40 34.6	20.01125	19.130325	3.66	152.0	5.7
05/11/2014	00 50 32.4	+04 39 48.3	20.01117	19.138664	3.66	150.9	5.7
06/11/2014	00 50 24.9	+04 39 02.7	20.01109	19.147270	3.66	149.9	5.7
07/11/2014	00 50 17.5	+04 38 17.8	20.01101	19.156141	3.66	148.9	5.7
08/11/2014	00 50 10.3	+04 37 33.6	20.01093	19.165273	3.65	147.8	5.7
09/11/2014	00 50 03.1	+04 36 50.2	20.01085	19.174665	3.65	146.8	5.7
10/11/2014	00 49 56.1	+04 36 07.6	20.01077	19.184313	3.65	145.8	5.7
11/11/2014	00 49 49.2	+04 35 25.7	20.01069	19.194215	3.65	144.7	5.7
12/11/2014	00 49 42.4	+04 34 44.6	20.01061	19.204369	3.65	143.7	5.7
13/11/2014	00 49 35.7	+04 34 04.3	20.01053	19.214770	3.65	142.6	5.7
14/11/2014	00 49 29.2	+04 33 24.8	20.01045	19.225416	3.64	141.6	5.7
15/11/2014	00 49 22.7	+04 32 46.2	20.01037	19.236304	3.64	140.6	5.7
16/11/2014	00 49 16.5	+04 32 08.4	20.01029	19.247431	3.64	139.5	5.7
17/11/2014	00 49 10.3	+04 31 31.5	20.01021	19.258793	3.64	138.5	5.7
18/11/2014	00 49 04.3	+04 30 55.4	20.01014	19.270387	3.63	137.5	5.7
19/11/2014	00 48 58.4	+04 30 20.3	20.01006	19.282208	3.63	136.4	5.7
20/11/2014	00 48 52.7	+04 29 46.1	20.00998	19.294254	3.63	135.4	5.7
21/11/2014	00 48 47.1	+04 29 12.9	20.00990	19.306521	3.63	134.4	5.7
22/11/2014	00 48 41.7	+04 28 40.7	20.00982	19.319003	3.63	133.3	5.7
23/11/2014	00 48 36.4	+04 28 09.4	20.00974	19.331698	3.62	132.3	5.7
24/11/2014	00 48 31.3	+04 27 39.2	20.00966	19.344600	3.62	131.3	5.7
25/11/2014	00 48 26.3	+04 27 10.0	20.00958	19.357705	3.62	130.2	5.8
26/11/2014	00 48 21.5	+04 26 41.8	20.00950	19.371008	3.62	129.2	5.8
27/11/2014	00 48 16.8	+04 26 14.7	20.00942	19.384506	3.61	128.2	5.8
28/11/2014	00 48 12.4	+04 25 48.6	20.00934	19.398192	3.61	127.1	5.8
29/11/2014	00 48 08.0	+04 25 23.5	20.00926	19.412062	3.61	126.1	5.8
30/11/2014	00 48 03.9	+04 24 59.5	20.00918	19.426111	3.61	125.1	5.8
01/12/2014	00 47 59.9	+04 24 36.5	20.00910	19.440335	3.60	124.0	5.8
02/12/2014	00 47 56.1	+04 24 14.7	20.00902	19.454728	3.60	123.0	5.8
03/12/2014	00 47 52.4	+04 23 53.9	20.00893	19.469287	3.60	122.0	5.8
04/12/2014	00 47 49.0	+04 23 34.3	20.00885	19.484006	3.59	121.0	5.8
05/12/2014	00 47 45.7	+04 23 15.8	20.00877	19.498880	3.59	119.9	5.8
06/12/2014	00 47 42.6	+04 22 58.5	20.00869	19.513906	3.59	118.9	5.8
07/12/2014	00 47 39.6	+04 22 42.3	20.00861	19.529078	3.59	117.9	5.8
08/12/2014	00 47 36.9	+04 22 27.2	20.00853	19.544393	3.58	116.8	5.8
09/12/2014	00 47 34.3	+04 22 13.3	20.00845	19.559845	3.58	115.8	5.8
10/12/2014	00 47 31.9	+04 22 00.5	20.00837	19.575430	3.58	114.8	5.8
11/12/2014	00 47 29.6	+04 21 48.9	20.00829	19.591143	3.58	113.8	5.8
12/12/2014	00 47 27.6	+04 21 38.5	20.00821	19.606979	3.57	112.7	5.8
13/12/2014	00 47 25.7	+04 21 29.2	20.00813	19.622935	3.57	111.7	5.8
14/12/2014	00 47 24.1	+04 21 21.1	20.00805	19.639004	3.57	110.7	5.8

GG/MM/AAAA	A.R.	DECL.	Dist.	RV	Diam.	El.	Mag.
15/12/2014	00 47 22.6	+04 21 14.2	20.00797	19.655181	3.56	109.7	5.8
16/12/2014	00 47 21.3	+04 21 08.4	20.00789	19.671463	3.56	108.6	5.8
17/12/2014	00 47 20.2	+04 21 03.9	20.00781	19.687843	3.56	107.6	5.8
18/12/2014	00 47 19.3	+04 21 00.6	20.00773	19.704317	3.55	106.6	5.8
19/12/2014	00 47 18.5	+04 20 58.5	20.00765	19.720878	3.55	105.6	5.8
20/12/2014	00 47 18.0	+04 20 57.6	20.00757	19.737523	3.55	104.6	5.8
21/12/2014	00 47 17.6	+04 20 58.0	20.00749	19.754244	3.55	103.5	5.8
22/12/2014	00 47 17.5	+04 20 59.6	20.00741	19.771038	3.54	102.5	5.8
23/12/2014	00 47 17.5	+04 21 02.4	20.00732	19.787897	3.54	101.5	5.8
24/12/2014	00 47 17.8	+04 21 06.4	20.00724	19.804817	3.54	100.5	5.8
25/12/2014	00 47 18.2	+04 21 11.7	20.00716	19.821791	3.53	99.5	5.8
26/12/2014	00 47 18.8	+04 21 18.1	20.00708	19.838813	3.53	98.5	5.8
27/12/2014	00 47 19.6	+04 21 25.8	20.00700	19.855879	3.53	97.4	5.8
28/12/2014	00 47 20.6	+04 21 34.6	20.00692	19.872983	3.52	96.4	5.8
29/12/2014	00 47 21.8	+04 21 44.7	20.00684	19.890118	3.52	95.4	5.8
30/12/2014	00 47 23.2	+04 21 56.0	20.00676	19.907280	3.52	94.4	5.8
31/12/2014	00 47 24.8	+04 22 08.5	20.00668	19.924463	3.52	93.4	5.8
01/01/2015	00 47 26.6	+04 22 22.2	20.00660	19.941662	3.51	92.4	5.8
02/01/2015	00 47 28.5	+04 22 37.2	20.00652	19.958873	3.51	91.4	5.8
03/01/2015	00 47 30.7	+04 22 53.3	20.00643	19.976090	3.51	90.4	5.8
04/01/2015	00 47 33.0	+04 23 10.7	20.00635	19.993307	3.50	89.4	5.8
05/01/2015	00 47 35.6	+04 23 29.3	20.00627	20.010521	3.50	88.3	5.8
06/01/2015	00 47 38.3	+04 23 49.0	20.00619	20.027727	3.50	87.3	5.8
07/01/2015	00 47 41.2	+04 24 09.9	20.00611	20.044919	3.49	86.3	5.8
08/01/2015	00 47 44.3	+04 24 32.0	20.00603	20.062092	3.49	85.3	5.8
09/01/2015	00 47 47.6	+04 24 55.3	20.00595	20.079242	3.49	84.3	5.8
10/01/2015	00 47 51.1	+04 25 19.7	20.00587	20.096363	3.49	83.3	5.8
11/01/2015	00 47 54.7	+04 25 45.2	20.00578	20.113451	3.48	82.3	5.8
12/01/2015	00 47 58.5	+04 26 11.9	20.00570	20.130501	3.48	81.3	5.8
13/01/2015	00 48 02.6	+04 26 39.8	20.00562	20.147507	3.48	80.3	5.8
14/01/2015	00 48 06.8	+04 27 08.8	20.00554	20.164465	3.47	79.3	5.8
15/01/2015	00 48 11.2	+04 27 39.0	20.00546	20.181369	3.47	78.3	5.8
16/01/2015	00 48 15.7	+04 28 10.3	20.00538	20.198215	3.47	77.3	5.8
17/01/2015	00 48 20.5	+04 28 42.7	20.00530	20.214996	3.46	76.3	5.8
18/01/2015	00 48 25.4	+04 29 16.3	20.00521	20.231709	3.46	75.3	5.8
19/01/2015	00 48 30.5	+04 29 51.0	20.00513	20.248348	3.46	74.3	5.8
20/01/2015	00 48 35.8	+04 30 26.9	20.00505	20.264906	3.46	73.3	5.8
21/01/2015	00 48 41.3	+04 31 03.8	20.00497	20.281380	3.45	72.3	5.9
22/01/2015	00 48 47.0	+04 31 41.7	20.00489	20.297764	3.45	71.4	5.9
23/01/2015	00 48 52.8	+04 32 20.8	20.00481	20.314053	3.45	70.4	5.9
24/01/2015	00 48 58.8	+04 33 00.8	20.00472	20.330241	3.45	69.4	5.9
25/01/2015	00 49 04.9	+04 33 41.9	20.00464	20.346323	3.44	68.4	5.9
26/01/2015	00 49 11.2	+04 34 24.1	20.00456	20.362296	3.44	67.4	5.9
27/01/2015	00 49 17.7	+04 35 07.2	20.00448	20.378154	3.44	66.4	5.9
28/01/2015	00 49 24.4	+04 35 51.5	20.00440	20.393894	3.43	65.4	5.9
29/01/2015	00 49 31.2	+04 36 36.7	20.00432	20.409510	3.43	64.4	5.9
30/01/2015	00 49 38.2	+04 37 22.9	20.00423	20.424999	3.43	63.5	5.9
31/01/2015	00 49 45.3	+04 38 10.1	20.00415	20.440356	3.43	62.5	5.9
01/02/2015	00 49 52.6	+04 38 58.3	20.00407	20.455578	3.42	61.5	5.9
02/02/2015	00 50 00.1	+04 39 47.4	20.00399	20.470661	3.42	60.5	5.9
03/02/2015	00 50 07.7	+04 40 37.5	20.00391	20.485600	3.42	59.5	5.9
04/02/2015	00 50 15.4	+04 41 28.4	20.00382	20.500393	3.42	58.6	5.9
05/02/2015	00 50 23.3	+04 42 20.3	20.00374	20.515034	3.41	57.6	5.9
06/02/2015	00 50 31.4	+04 43 13.1	20.00366	20.529521	3.41	56.6	5.9
07/02/2015	00 50 39.6	+04 44 06.8	20.00358	20.543849	3.41	55.6	5.9
08/02/2015	00 50 47.9	+04 45 01.3	20.00350	20.558014	3.41	54.6	5.9
09/02/2015	00 50 56.4	+04 45 56.7	20.00341	20.572014	3.40	53.7	5.9
10/02/2015	00 51 05.0	+04 46 52.9	20.00333	20.585844	3.40	52.7	5.9
11/02/2015	00 51 13.8	+04 47 50.0	20.00325	20.599500	3.40	51.7	5.9
12/02/2015	00 51 22.7	+04 48 48.0	20.00317	20.612978	3.40	50.8	5.9
13/02/2015	00 51 31.8	+04 49 46.7	20.00308	20.626275	3.40	49.8	5.9
14/02/2015	00 51 40.9	+04 50 46.3	20.00300	20.639388	3.39	48.8	5.9
15/02/2015	00 51 50.2	+04 51 46.7	20.00292	20.652311	3.39	47.8	5.9
16/02/2015	00 51 59.7	+04 52 47.8	20.00284	20.665042	3.39	46.9	5.9
17/02/2015	00 52 09.2	+04 53 49.8	20.00275	20.677577	3.39	45.9	5.9
18/02/2015	00 52 18.9	+04 54 52.4	20.00267	20.689911	3.39	44.9	5.9
19/02/2015	00 52 28.7	+04 55 55.8	20.00259	20.702041	3.38	44.0	5.9
20/02/2015	00 52 38.7	+04 56 59.8	20.00251	20.713964	3.38	43.0	5.9
21/02/2015	00 52 48.7	+04 58 04.5	20.00242	20.725676	3.38	42.1	5.9
22/02/2015	00 52 58.9	+04 59 09.9	20.00234	20.737175	3.38	41.1	5.9
23/02/2015	00 53 09.1	+05 00 16.0	20.00226	20.748456	3.38	40.1	5.9
24/02/2015	00 53 19.5	+05 01 22.7	20.00218	20.759517	3.37	39.2	5.9
25/02/2015	00 53 30.0	+05 02 30.1	20.00209	20.770356	3.37	38.2	5.9

GG/MM/AAAA	A.R.	DECL.	Dist.	RV	Diam.	El.	Mag.
26/02/2015	00 53 40.6	+05 03 38.0	20.00201	20.780970	3.37	37.3	5.9
27/02/2015	00 53 51.3	+05 04 46.6	20.00193	20.791356	3.37	36.3	5.9
28/02/2015	00 54 02.1	+05 05 55.8	20.00185	20.801513	3.37	35.3	5.9
01/03/2015	00 54 13.0	+05 07 05.5	20.00176	20.811438	3.37	34.4	5.9
02/03/2015	00 54 24.0	+05 08 15.8	20.00168	20.821129	3.36	33.4	5.9
03/03/2015	00 54 35.1	+05 09 26.6	20.00160	20.830584	3.36	32.5	5.9
04/03/2015	00 54 46.2	+05 10 37.9	20.00152	20.839801	3.36	31.5	5.9
05/03/2015	00 54 57.5	+05 11 49.7	20.00143	20.848778	3.36	30.6	5.9
06/03/2015	00 55 08.8	+05 13 02.0	20.00135	20.857513	3.36	29.6	5.9
07/03/2015	00 55 20.2	+05 14 14.7	20.00127	20.866003	3.36	28.7	5.9
08/03/2015	00 55 31.7	+05 15 27.9	20.00118	20.874248	3.36	27.7	5.9
09/03/2015	00 55 43.3	+05 16 41.5	20.00110	20.882245	3.35	26.8	5.9
10/03/2015	00 55 55.0	+05 17 55.5	20.00102	20.889991	3.35	25.8	5.9
11/03/2015	00 56 06.7	+05 19 10.0	20.00093	20.897486	3.35	24.9	5.9
12/03/2015	00 56 18.5	+05 20 24.9	20.00085	20.904728	3.35	23.9	5.9
13/03/2015	00 56 30.4	+05 21 40.1	20.00077	20.911714	3.35	23.0	5.9
14/03/2015	00 56 42.3	+05 22 55.7	20.00069	20.918442	3.35	22.1	5.9
15/03/2015	00 56 54.3	+05 24 11.7	20.00060	20.924912	3.35	21.1	5.9
16/03/2015	00 57 06.4	+05 25 28.0	20.00052	20.931120	3.35	20.2	5.9
17/03/2015	00 57 18.5	+05 26 44.6	20.00044	20.937065	3.35	19.2	5.9
18/03/2015	00 57 30.7	+05 28 01.5	20.00035	20.942746	3.34	18.3	5.9
19/03/2015	00 57 42.9	+05 29 18.7	20.00027	20.948160	3.34	17.3	5.9
20/03/2015	00 57 55.2	+05 30 36.1	20.00019	20.953307	3.34	16.4	5.9
21/03/2015	00 58 07.5	+05 31 53.7	20.00010	20.958184	3.34	15.5	5.9
22/03/2015	00 58 19.9	+05 33 11.6	20.00002	20.962791	3.34	14.5	5.9
23/03/2015	00 58 32.3	+05 34 29.6	19.99994	20.967127	3.34	13.6	5.9
24/03/2015	00 58 44.7	+05 35 47.9	19.99985	20.971191	3.34	12.7	5.9
25/03/2015	00 58 57.2	+05 37 06.4	19.99977	20.974982	3.34	11.7	5.9
26/03/2015	00 59 09.8	+05 38 25.0	19.99969	20.978500	3.34	10.8	5.9
27/03/2015	00 59 22.3	+05 39 43.8	19.99960	20.981744	3.34	9.9	5.9
28/03/2015	00 59 34.9	+05 41 02.6	19.99952	20.984715	3.34	8.9	5.9
29/03/2015	00 59 47.5	+05 42 21.6	19.99944	20.987413	3.34	8.0	5.9
30/03/2015	01 00 00.2	+05 43 40.7	19.99935	20.989836	3.34	7.1	5.9
31/03/2015	01 00 12.8	+05 44 59.8	19.99927	20.991985	3.34	6.2	5.9
01/04/2015	01 00 25.5	+05 46 19.0	19.99919	20.993861	3.34	5.2	5.9
02/04/2015	01 00 38.2	+05 47 38.2	19.99910	20.995462	3.34	4.3	5.9
03/04/2015	01 00 50.9	+05 48 57.4	19.99902	20.996788	3.34	3.4	5.9
04/04/2015	01 01 03.6	+05 50 16.6	19.99893	20.997841	3.34	2.5	5.9
05/04/2015	01 01 16.3	+05 51 35.8	19.99885	20.998620	3.34	1.7	5.9
06/04/2015	01 01 29.0	+05 52 54.8	19.99877	20.999124	3.34	0.9	5.9
07/04/2015	01 01 41.7	+05 54 13.6	19.99868	20.999355	3.34	0.8	5.9
08/04/2015	01 01 54.5	+05 55 33.1	19.99860	20.999312	3.34	1.5	5.9
09/04/2015	01 02 07.2	+05 56 52.3	19.99852	20.998995	3.34	2.3	5.9
10/04/2015	01 02 19.9	+05 58 11.4	19.99843	20.998404	3.34	3.2	5.9
11/04/2015	01 02 32.6	+05 59 30.3	19.99835	20.997539	3.34	4.1	5.9
12/04/2015	01 02 45.4	+06 00 49.2	19.99826	20.996401	3.34	5.0	5.9
13/04/2015	01 02 58.1	+06 02 07.9	19.99818	20.994989	3.34	6.0	5.9
14/04/2015	01 03 10.8	+06 03 26.4	19.99810	20.993304	3.34	6.9	5.9
15/04/2015	01 03 23.4	+06 04 44.8	19.99801	20.991345	3.34	7.8	5.9
16/04/2015	01 03 36.1	+06 06 02.9	19.99793	20.989114	3.34	8.7	5.9
17/04/2015	01 03 48.7	+06 07 20.9	19.99785	20.986611	3.34	9.6	5.9
18/04/2015	01 04 01.3	+06 08 38.7	19.99776	20.983836	3.34	10.6	5.9
19/04/2015	01 04 13.9	+06 09 56.2	19.99768	20.980790	3.34	11.5	5.9
20/04/2015	01 04 26.4	+06 11 13.5	19.99759	20.977474	3.34	12.4	5.9
21/04/2015	01 04 39.0	+06 12 30.6	19.99751	20.973889	3.34	13.3	5.9
22/04/2015	01 04 51.5	+06 13 47.4	19.99742	20.970038	3.34	14.2	5.9
23/04/2015	01 05 03.9	+06 15 03.9	19.99734	20.965920	3.34	15.2	5.9
24/04/2015	01 05 16.3	+06 16 20.1	19.99726	20.961539	3.34	16.1	5.9
25/04/2015	01 05 28.7	+06 17 36.0	19.99717	20.956894	3.34	17.0	5.9
26/04/2015	01 05 41.0	+06 18 51.6	19.99709	20.951990	3.34	17.9	5.9
27/04/2015	01 05 53.3	+06 20 06.8	19.99700	20.946825	3.34	18.8	5.9
28/04/2015	01 06 05.5	+06 21 21.6	19.99692	20.941404	3.34	19.8	5.9
29/04/2015	01 06 17.7	+06 22 36.0	19.99684	20.935727	3.35	20.7	5.9
30/04/2015	01 06 29.8	+06 23 50.1	19.99675	20.929796	3.35	21.6	5.9
01/05/2015	01 06 41.8	+06 25 03.7	19.99667	20.923613	3.35	22.5	5.9
02/05/2015	01 06 53.8	+06 26 16.9	19.99658	20.917180	3.35	23.4	5.9
03/05/2015	01 07 05.7	+06 27 29.7	19.99650	20.910498	3.35	24.3	5.9
04/05/2015	01 07 17.6	+06 28 42.0	19.99641	20.903570	3.35	25.3	5.9
05/05/2015	01 07 29.4	+06 29 53.9	19.99633	20.896396	3.35	26.2	5.9
06/05/2015	01 07 41.1	+06 31 05.4	19.99624	20.888980	3.35	27.1	5.9
07/05/2015	01 07 52.8	+06 32 16.3	19.99616	20.881322	3.35	28.0	5.9
08/05/2015	01 08 04.4	+06 33 26.8	19.99608	20.873425	3.36	28.9	5.9
09/05/2015	01 08 15.9	+06 34 36.8	19.99599	20.865291	3.36	29.8	5.9

GG/MM/AAAA	A.R.	DECL.	Dist.	RV	Diam.	El.	Mag.
10/05/2015	01 08 27.4	+06 35 46.3	19.99591	20.856920	3.36	30.7	5.9
11/05/2015	01 08 38.8	+06 36 55.2	19.99582	20.848315	3.36	31.7	5.9
12/05/2015	01 08 50.1	+06 38 03.5	19.99574	20.839478	3.36	32.6	5.9
13/05/2015	01 09 01.2	+06 39 11.3	19.99565	20.830410	3.36	33.5	5.9
14/05/2015	01 09 12.4	+06 40 18.5	19.99557	20.821114	3.36	34.4	5.9
15/05/2015	01 09 23.4	+06 41 25.0	19.99548	20.811593	3.37	35.3	5.9
16/05/2015	01 09 34.3	+06 42 31.0	19.99540	20.801847	3.37	36.2	5.9
17/05/2015	01 09 45.2	+06 43 36.4	19.99531	20.791880	3.37	37.2	5.9
18/05/2015	01 09 55.9	+06 44 41.1	19.99523	20.781695	3.37	38.1	5.9
19/05/2015	01 10 06.6	+06 45 45.3	19.99514	20.771295	3.37	39.0	5.9
20/05/2015	01 10 17.1	+06 46 48.7	19.99506	20.760682	3.37	39.9	5.9
21/05/2015	01 10 27.6	+06 47 51.6	19.99497	20.749859	3.38	40.8	5.9
22/05/2015	01 10 37.9	+06 48 53.7	19.99489	20.738831	3.38	41.7	5.9
23/05/2015	01 10 48.1	+06 49 55.1	19.99480	20.727599	3.38	42.7	5.9
24/05/2015	01 10 58.3	+06 50 55.8	19.99472	20.716167	3.38	43.6	5.9
25/05/2015	01 11 08.3	+06 51 55.8	19.99464	20.704539	3.38	44.5	5.9
26/05/2015	01 11 18.2	+06 52 55.0	19.99455	20.692718	3.38	45.4	5.9
27/05/2015	01 11 28.0	+06 53 53.5	19.99447	20.680707	3.39	46.3	5.9
28/05/2015	01 11 37.6	+06 54 51.2	19.99438	20.668509	3.39	47.2	5.9
29/05/2015	01 11 47.2	+06 55 48.1	19.99430	20.656127	3.39	48.2	5.9
30/05/2015	01 11 56.6	+06 56 44.3	19.99421	20.643565	3.39	49.1	5.9
31/05/2015	01 12 05.9	+06 57 39.7	19.99413	20.630826	3.39	50.0	5.9
01/06/2015	01 12 15.1	+06 58 34.3	19.99404	20.617913	3.40	50.9	5.9
02/06/2015	01 12 24.1	+06 59 28.2	19.99395	20.604830	3.40	51.8	5.9
03/06/2015	01 12 33.1	+07 00 21.2	19.99387	20.591579	3.40	52.7	5.9
04/06/2015	01 12 41.9	+07 01 13.5	19.99378	20.578164	3.40	53.7	5.9
05/06/2015	01 12 50.6	+07 02 04.9	19.99370	20.564588	3.41	54.6	5.9
06/06/2015	01 12 59.1	+07 02 55.4	19.99361	20.550854	3.41	55.5	5.9
07/06/2015	01 13 07.5	+07 03 45.1	19.99353	20.536964	3.41	56.4	5.9
08/06/2015	01 13 15.8	+07 04 34.0	19.99344	20.522923	3.41	57.3	5.9
09/06/2015	01 13 23.9	+07 05 21.9	19.99336	20.508734	3.42	58.3	5.9
10/06/2015	01 13 31.9	+07 06 08.9	19.99327	20.494399	3.42	59.2	5.9
11/06/2015	01 13 39.7	+07 06 55.1	19.99319	20.479923	3.42	60.1	5.9
12/06/2015	01 13 47.4	+07 07 40.3	19.99310	20.465308	3.42	61.0	5.9
13/06/2015	01 13 55.0	+07 08 24.7	19.99302	20.450559	3.42	61.9	5.9
14/06/2015	01 14 02.4	+07 09 08.1	19.99293	20.435679	3.43	62.9	5.9
15/06/2015	01 14 09.7	+07 09 50.6	19.99285	20.420673	3.43	63.8	5.9
16/06/2015	01 14 16.8	+07 10 32.2	19.99276	20.405545	3.43	64.7	5.9
17/06/2015	01 14 23.7	+07 11 12.9	19.99267	20.390298	3.43	65.6	5.9
18/06/2015	01 14 30.5	+07 11 52.6	19.99259	20.374938	3.44	66.6	5.9
19/06/2015	01 14 37.2	+07 12 31.3	19.99250	20.359468	3.44	67.5	5.9
20/06/2015	01 14 43.7	+07 13 09.0	19.99242	20.343893	3.44	68.4	5.9
21/06/2015	01 14 50.0	+07 13 45.8	19.99233	20.328217	3.45	69.3	5.9
22/06/2015	01 14 56.2	+07 14 21.5	19.99225	20.312446	3.45	70.3	5.9
23/06/2015	01 15 02.2	+07 14 56.3	19.99216	20.296582	3.45	71.2	5.9
24/06/2015	01 15 08.0	+07 15 30.0	19.99208	20.280630	3.45	72.1	5.8
25/06/2015	01 15 13.7	+07 16 02.7	19.99199	20.264596	3.46	73.1	5.8
26/06/2015	01 15 19.2	+07 16 34.4	19.99190	20.248482	3.46	74.0	5.8
27/06/2015	01 15 24.6	+07 17 05.1	19.99182	20.232294	3.46	74.9	5.8
28/06/2015	01 15 29.8	+07 17 34.8	19.99173	20.216035	3.46	75.8	5.8
29/06/2015	01 15 34.8	+07 18 03.5	19.99165	20.199710	3.47	76.8	5.8
30/06/2015	01 15 39.7	+07 18 31.1	19.99156	20.183322	3.47	77.7	5.8
01/07/2015	01 15 44.4	+07 18 57.8	19.99148	20.166877	3.47	78.6	5.8
02/07/2015	01 15 48.9	+07 19 23.4	19.99139	20.150378	3.48	79.6	5.8
03/07/2015	01 15 53.2	+07 19 47.9	19.99130	20.133830	3.48	80.5	5.8
04/07/2015	01 15 57.4	+07 20 11.4	19.99122	20.117235	3.48	81.4	5.8
05/07/2015	01 16 01.4	+07 20 33.8	19.99113	20.100598	3.48	82.4	5.8
06/07/2015	01 16 05.2	+07 20 55.2	19.99105	20.083924	3.49	83.3	5.8
07/07/2015	01 16 08.9	+07 21 15.5	19.99096	20.067215	3.49	84.2	5.8
08/07/2015	01 16 12.3	+07 21 34.6	19.99087	20.050478	3.49	85.2	5.8
09/07/2015	01 16 15.6	+07 21 52.7	19.99079	20.033715	3.50	86.1	5.8
10/07/2015	01 16 18.8	+07 22 09.8	19.99070	20.016931	3.50	87.1	5.8
11/07/2015	01 16 21.7	+07 22 25.7	19.99062	20.000132	3.50	88.0	5.8
12/07/2015	01 16 24.5	+07 22 40.6	19.99053	19.983321	3.50	88.9	5.8
13/07/2015	01 16 27.1	+07 22 54.4	19.99044	19.966504	3.51	89.9	5.8
14/07/2015	01 16 29.5	+07 23 07.2	19.99036	19.949685	3.51	90.8	5.8
15/07/2015	01 16 31.7	+07 23 18.8	19.99027	19.932870	3.51	91.8	5.8
16/07/2015	01 16 33.7	+07 23 29.4	19.99018	19.916063	3.52	92.7	5.8
17/07/2015	01 16 35.6	+07 23 38.8	19.99010	19.899269	3.52	93.7	5.8
18/07/2015	01 16 37.3	+07 23 47.1	19.99001	19.882494	3.52	94.6	5.8
19/07/2015	01 16 38.7	+07 23 54.3	19.98993	19.865742	3.53	95.6	5.8
20/07/2015	01 16 40.1	+07 24 00.4	19.98984	19.849018	3.53	96.5	5.8
21/07/2015	01 16 41.2	+07 24 05.4	19.98975	19.832327	3.53	97.5	5.8

GG/MM/AAAA	A.R.	DECL.	Dist.	RV	Diam.	El.	Mag.
22/07/2015	01 16 42.1	+07 24 09.2	19.98967	19.815674	3.53	98.4	5.8
23/07/2015	01 16 42.9	+07 24 12.0	19.98958	19.799064	3.54	99.4	5.8
24/07/2015	01 16 43.4	+07 24 13.7	19.98949	19.782501	3.54	100.3	5.8
25/07/2015	01 16 43.8	+07 24 14.2	19.98941	19.765991	3.54	101.3	5.8
26/07/2015	01 16 44.0	+07 24 13.7	19.98932	19.749537	3.55	102.2	5.8
27/07/2015	01 16 44.1	+07 24 12.1	19.98923	19.733145	3.55	103.2	5.8
28/07/2015	01 16 43.9	+07 24 09.5	19.98915	19.716819	3.55	104.1	5.8
29/07/2015	01 16 43.6	+07 24 05.7	19.98906	19.700562	3.56	105.1	5.8
30/07/2015	01 16 43.1	+07 24 00.9	19.98897	19.684381	3.56	106.1	5.8
31/07/2015	01 16 42.4	+07 23 55.0	19.98889	19.668278	3.56	107.0	5.8
01/08/2015	01 16 41.5	+07 23 48.0	19.98880	19.652258	3.56	108.0	5.8
02/08/2015	01 16 40.5	+07 23 40.0	19.98871	19.636325	3.57	108.9	5.8
03/08/2015	01 16 39.2	+07 23 30.8	19.98863	19.620484	3.57	109.9	5.8
04/08/2015	01 16 37.8	+07 23 20.5	19.98854	19.604739	3.57	110.9	5.8
05/08/2015	01 16 36.2	+07 23 09.2	19.98845	19.589094	3.58	111.8	5.8
06/08/2015	01 16 34.4	+07 22 56.8	19.98837	19.573553	3.58	112.8	5.8
07/08/2015	01 16 32.5	+07 22 43.4	19.98828	19.558122	3.58	113.8	5.8
08/08/2015	01 16 30.4	+07 22 28.9	19.98819	19.542805	3.58	114.7	5.8
09/08/2015	01 16 28.1	+07 22 13.4	19.98811	19.527607	3.59	115.7	5.8
10/08/2015	01 16 25.6	+07 21 56.8	19.98802	19.512532	3.59	116.7	5.8
11/08/2015	01 16 23.0	+07 21 39.2	19.98793	19.497587	3.59	117.6	5.8
12/08/2015	01 16 20.1	+07 21 20.6	19.98785	19.482774	3.59	118.6	5.8
13/08/2015	01 16 17.1	+07 21 00.9	19.98776	19.468100	3.60	119.6	5.8
14/08/2015	01 16 14.0	+07 20 40.2	19.98767	19.453568	3.60	120.6	5.8
15/08/2015	01 16 10.6	+07 20 18.5	19.98759	19.439185	3.60	121.5	5.8
16/08/2015	01 16 07.1	+07 19 55.8	19.98750	19.424954	3.61	122.5	5.8
17/08/2015	01 16 03.4	+07 19 32.1	19.98741	19.410879	3.61	123.5	5.8
18/08/2015	01 15 59.6	+07 19 07.3	19.98732	19.396967	3.61	124.5	5.8
19/08/2015	01 15 55.6	+07 18 41.6	19.98724	19.383220	3.61	125.4	5.8
20/08/2015	01 15 51.4	+07 18 15.0	19.98715	19.369643	3.62	126.4	5.7
21/08/2015	01 15 47.1	+07 17 47.4	19.98706	19.356241	3.62	127.4	5.7
22/08/2015	01 15 42.6	+07 17 18.8	19.98698	19.343018	3.62	128.4	5.7
23/08/2015	01 15 37.9	+07 16 49.3	19.98689	19.329977	3.62	129.4	5.7
24/08/2015	01 15 33.1	+07 16 19.0	19.98680	19.317123	3.63	130.4	5.7
25/08/2015	01 15 28.2	+07 15 47.7	19.98671	19.304460	3.63	131.3	5.7
26/08/2015	01 15 23.1	+07 15 15.6	19.98663	19.291991	3.63	132.3	5.7
27/08/2015	01 15 17.8	+07 14 42.5	19.98654	19.279719	3.63	133.3	5.7
28/08/2015	01 15 12.4	+07 14 08.6	19.98645	19.267649	3.64	134.3	5.7
29/08/2015	01 15 06.9	+07 13 33.9	19.98636	19.255783	3.64	135.3	5.7
30/08/2015	01 15 01.2	+07 12 58.2	19.98628	19.244126	3.64	136.3	5.7
31/08/2015	01 14 55.4	+07 12 21.7	19.98619	19.232680	3.64	137.3	5.7
01/09/2015	01 14 49.4	+07 11 44.4	19.98610	19.221450	3.64	138.3	5.7
02/09/2015	01 14 43.3	+07 11 06.3	19.98601	19.210437	3.65	139.3	5.7
03/09/2015	01 14 37.0	+07 10 27.4	19.98593	19.199647	3.65	140.3	5.7
04/09/2015	01 14 30.7	+07 09 47.7	19.98584	19.189083	3.65	141.3	5.7
05/09/2015	01 14 24.2	+07 09 07.3	19.98575	19.178748	3.65	142.3	5.7
06/09/2015	01 14 17.6	+07 08 26.1	19.98566	19.168647	3.65	143.3	5.7
07/09/2015	01 14 10.8	+07 07 44.3	19.98558	19.158783	3.66	144.3	5.7
08/09/2015	01 14 03.9	+07 07 01.7	19.98549	19.149159	3.66	145.3	5.7
09/09/2015	01 13 56.9	+07 06 18.3	19.98540	19.139780	3.66	146.3	5.7
10/09/2015	01 13 49.8	+07 05 34.3	19.98531	19.130648	3.66	147.3	5.7
11/09/2015	01 13 42.6	+07 04 49.6	19.98522	19.121768	3.66	148.3	5.7
12/09/2015	01 13 35.3	+07 04 04.3	19.98514	19.113142	3.66	149.3	5.7
13/09/2015	01 13 27.8	+07 03 18.3	19.98505	19.104774	3.67	150.3	5.7
14/09/2015	01 13 20.3	+07 02 31.7	19.98496	19.096667	3.67	151.3	5.7
15/09/2015	01 13 12.6	+07 01 44.5	19.98487	19.088824	3.67	152.3	5.7
16/09/2015	01 13 04.8	+07 00 56.7	19.98479	19.081247	3.67	153.3	5.7
17/09/2015	01 12 57.0	+07 00 08.4	19.98470	19.073939	3.67	154.3	5.7
18/09/2015	01 12 49.1	+06 59 19.5	19.98461	19.066904	3.67	155.3	5.7
19/09/2015	01 12 41.0	+06 58 30.1	19.98452	19.060143	3.67	156.3	5.7
20/09/2015	01 12 32.9	+06 57 40.3	19.98443	19.053658	3.68	157.4	5.7
21/09/2015	01 12 24.7	+06 56 50.0	19.98435	19.047452	3.68	158.4	5.7
22/09/2015	01 12 16.5	+06 55 59.3	19.98426	19.041526	3.68	159.4	5.7
23/09/2015	01 12 08.1	+06 55 08.1	19.98417	19.035883	3.68	160.4	5.7
24/09/2015	01 11 59.7	+06 54 16.5	19.98408	19.030524	3.68	161.4	5.7
25/09/2015	01 11 51.2	+06 53 24.6	19.98399	19.025451	3.68	162.4	5.7
26/09/2015	01 11 42.7	+06 52 32.2	19.98390	19.020665	3.68	163.4	5.7
27/09/2015	01 11 34.1	+06 51 39.5	19.98382	19.016168	3.68	164.5	5.7
28/09/2015	01 11 25.4	+06 50 46.5	19.98373	19.011960	3.68	165.5	5.7
29/09/2015	01 11 16.7	+06 49 53.1	19.98364	19.008045	3.68	166.5	5.7
30/09/2015	01 11 07.9	+06 48 59.5	19.98355	19.004421	3.69	167.5	5.7
01/10/2015	01 10 59.1	+06 48 05.6	19.98346	19.001093	3.69	168.5	5.7
02/10/2015	01 10 50.2	+06 47 11.1	19.98338	18.998060	3.69	169.6	5.7

GG/MM/AAAA	A.R.	DECL.	Dist.	RV	Diam.	El.	Mag.
03/10/2015	01 10 41.3	+06 46 17.2	19.98329	18.995325	3.69	170.6	5.7
04/10/2015	01 10 32.4	+06 45 22.7	19.98320	18.992889	3.69	171.6	5.7
05/10/2015	01 10 23.4	+06 44 28.0	19.98311	18.990753	3.69	172.6	5.7
06/10/2015	01 10 14.4	+06 43 33.2	19.98302	18.988919	3.69	173.6	5.7
07/10/2015	01 10 05.4	+06 42 38.3	19.98293	18.987388	3.69	174.7	5.7
08/10/2015	01 09 56.4	+06 41 43.2	19.98284	18.986161	3.69	175.7	5.7
09/10/2015	01 09 47.3	+06 40 48.0	19.98276	18.985239	3.69	176.7	5.7
10/10/2015	01 09 38.2	+06 39 52.8	19.98267	18.984623	3.69	177.7	5.7
11/10/2015	01 09 29.1	+06 38 57.6	19.98258	18.984313	3.69	178.7	5.7
12/10/2015	01 09 20.0	+06 38 02.3	19.98249	18.984310	3.69	179.5	5.7
13/10/2015	01 09 10.9	+06 37 07.0	19.98240	18.984614	3.69	179.0	5.7
14/10/2015	01 09 01.8	+06 36 11.8	19.98231	18.985226	3.69	178.0	5.7
15/10/2015	01 08 52.7	+06 35 16.7	19.98222	18.986145	3.69	177.0	5.7
16/10/2015	01 08 43.7	+06 34 21.6	19.98214	18.987371	3.69	176.0	5.7
17/10/2015	01 08 34.6	+06 33 26.7	19.98205	18.988904	3.69	175.0	5.7
18/10/2015	01 08 25.6	+06 32 32.0	19.98196	18.990744	3.69	173.9	5.7
19/10/2015	01 08 16.6	+06 31 37.4	19.98187	18.992889	3.69	172.9	5.7
20/10/2015	01 08 07.6	+06 30 43.1	19.98178	18.995339	3.69	171.9	5.7
21/10/2015	01 07 58.6	+06 29 48.9	19.98169	18.998093	3.69	170.8	5.7
22/10/2015	01 07 49.7	+06 28 55.0	19.98160	19.001150	3.69	169.8	5.7
23/10/2015	01 07 40.8	+06 28 01.3	19.98151	19.004508	3.69	168.8	5.7
24/10/2015	01 07 32.0	+06 27 07.9	19.98142	19.008167	3.68	167.7	5.7
25/10/2015	01 07 23.2	+06 26 14.8	19.98134	19.012125	3.68	166.7	5.7
26/10/2015	01 07 14.4	+06 25 22.0	19.98125	19.016380	3.68	165.7	5.7
27/10/2015	01 07 05.7	+06 24 29.6	19.98116	19.020932	3.68	164.6	5.7
28/10/2015	01 06 57.1	+06 23 37.5	19.98107	19.025779	3.68	163.6	5.7
29/10/2015	01 06 48.5	+06 22 45.9	19.98098	19.030919	3.68	162.6	5.7
30/10/2015	01 06 40.0	+06 21 54.7	19.98089	19.036351	3.68	161.5	5.7
31/10/2015	01 06 31.6	+06 21 04.0	19.98080	19.042074	3.68	160.5	5.7
01/11/2015	01 06 23.2	+06 20 13.7	19.98071	19.048087	3.68	159.5	5.7
02/11/2015	01 06 14.9	+06 19 23.9	19.98062	19.054389	3.68	158.4	5.7
03/11/2015	01 06 06.7	+06 18 34.6	19.98053	19.060977	3.67	157.4	5.7
04/11/2015	01 05 58.6	+06 17 45.9	19.98044	19.067850	3.67	156.4	5.7
05/11/2015	01 05 50.5	+06 16 57.6	19.98035	19.075006	3.67	155.3	5.7
06/11/2015	01 05 42.5	+06 16 09.9	19.98027	19.082443	3.67	154.3	5.7
07/11/2015	01 05 34.6	+06 15 22.9	19.98018	19.090159	3.67	153.2	5.7
08/11/2015	01 05 26.9	+06 14 36.4	19.98009	19.098151	3.67	152.2	5.7
09/11/2015	01 05 19.2	+06 13 50.5	19.98000	19.106418	3.67	151.2	5.7
10/11/2015	01 05 11.6	+06 13 05.4	19.97991	19.114956	3.66	150.1	5.7
11/11/2015	01 05 04.1	+06 12 20.9	19.97982	19.123764	3.66	149.1	5.7
12/11/2015	01 04 56.8	+06 11 37.1	19.97973	19.132837	3.66	148.1	5.7
13/11/2015	01 04 49.5	+06 10 54.0	19.97964	19.142173	3.66	147.0	5.7
14/11/2015	01 04 42.4	+06 10 11.8	19.97955	19.151768	3.66	146.0	5.7
15/11/2015	01 04 35.4	+06 09 30.3	19.97946	19.161620	3.66	144.9	5.7
16/11/2015	01 04 28.5	+06 08 49.5	19.97937	19.171725	3.65	143.9	5.7
17/11/2015	01 04 21.8	+06 08 09.6	19.97928	19.182079	3.65	142.9	5.7
18/11/2015	01 04 15.1	+06 07 30.5	19.97919	19.192678	3.65	141.8	5.7
19/11/2015	01 04 08.6	+06 06 52.2	19.97910	19.203519	3.65	140.8	5.7
20/11/2015	01 04 02.3	+06 06 14.8	19.97901	19.214597	3.65	139.7	5.7
21/11/2015	01 03 56.1	+06 05 38.2	19.97892	19.225910	3.64	138.7	5.7
22/11/2015	01 03 50.0	+06 05 02.5	19.97883	19.237452	3.64	137.7	5.7
23/11/2015	01 03 44.0	+06 04 27.7	19.97874	19.249220	3.64	136.6	5.7
24/11/2015	01 03 38.2	+06 03 53.8	19.97865	19.261210	3.64	135.6	5.7
25/11/2015	01 03 32.6	+06 03 20.9	19.97856	19.273418	3.63	134.6	5.7
26/11/2015	01 03 27.1	+06 02 48.9	19.97847	19.285840	3.63	133.5	5.7
27/11/2015	01 03 21.7	+06 02 17.9	19.97838	19.298473	3.63	132.5	5.7
28/11/2015	01 03 16.5	+06 01 47.9	19.97829	19.311313	3.63	131.5	5.7
29/11/2015	01 03 11.5	+06 01 18.8	19.97820	19.324357	3.62	130.4	5.7
30/11/2015	01 03 06.6	+06 00 50.8	19.97811	19.337599	3.62	129.4	5.7
01/12/2015	01 03 01.9	+06 00 23.7	19.97802	19.351037	3.62	128.4	5.7
02/12/2015	01 02 57.4	+05 59 57.7	19.97793	19.364666	3.62	127.3	5.7
03/12/2015	01 02 53.0	+05 59 32.6	19.97784	19.378482	3.61	126.3	5.7
04/12/2015	01 02 48.7	+05 59 08.7	19.97775	19.392481	3.61	125.3	5.8
05/12/2015	01 02 44.7	+05 58 45.7	19.97766	19.406659	3.61	124.2	5.8
06/12/2015	01 02 40.8	+05 58 23.9	19.97757	19.421010	3.61	123.2	5.8
07/12/2015	01 02 37.0	+05 58 03.1	19.97748	19.435530	3.60	122.2	5.8
08/12/2015	01 02 33.5	+05 57 43.4	19.97739	19.450215	3.60	121.1	5.8
09/12/2015	01 02 30.1	+05 57 24.9	19.97730	19.465060	3.60	120.1	5.8
10/12/2015	01 02 26.9	+05 57 07.4	19.97721	19.480059	3.60	119.1	5.8
11/12/2015	01 02 23.9	+05 56 51.1	19.97712	19.495209	3.59	118.0	5.8
12/12/2015	01 02 21.1	+05 56 36.0	19.97703	19.510502	3.59	117.0	5.8
13/12/2015	01 02 18.5	+05 56 22.0	19.97694	19.525935	3.59	116.0	5.8
14/12/2015	01 02 16.0	+05 56 09.2	19.97685	19.541502	3.58	115.0	5.8

GG/MM/AAAA	A.R.	DECL.	Dist.	RV	Diam.	El.	Mag.
15/12/2015	01 02 13.8	+05 55 57.5	19.97676	19.557198	3.58	113.9	5.8
16/12/2015	01 02 11.7	+05 55 46.9	19.97667	19.573017	3.58	112.9	5.8
17/12/2015	01 02 09.8	+05 55 37.6	19.97658	19.588953	3.58	111.9	5.8
18/12/2015	01 02 08.0	+05 55 29.3	19.97649	19.605002	3.57	110.9	5.8
19/12/2015	01 02 06.5	+05 55 22.3	19.97640	19.621157	3.57	109.8	5.8
20/12/2015	01 02 05.2	+05 55 16.4	19.97631	19.637414	3.57	108.8	5.8
21/12/2015	01 02 04.0	+05 55 11.7	19.97622	19.653767	3.56	107.8	5.8
22/12/2015	01 02 03.1	+05 55 08.2	19.97613	19.670211	3.56	106.8	5.8
23/12/2015	01 02 02.3	+05 55 05.9	19.97604	19.686741	3.56	105.7	5.8
24/12/2015	01 02 01.7	+05 55 04.8	19.97595	19.703352	3.55	104.7	5.8
25/12/2015	01 02 01.4	+05 55 04.9	19.97586	19.720039	3.55	103.7	5.8
26/12/2015	01 02 01.2	+05 55 06.2	19.97577	19.736797	3.55	102.7	5.8
27/12/2015	01 02 01.2	+05 55 08.7	19.97568	19.753622	3.55	101.7	5.8
28/12/2015	01 02 01.4	+05 55 12.4	19.97559	19.770507	3.54	100.6	5.8
29/12/2015	01 02 01.8	+05 55 17.3	19.97550	19.787450	3.54	99.6	5.8
30/12/2015	01 02 02.3	+05 55 23.4	19.97540	19.804443	3.54	98.6	5.8
31/12/2015	01 02 03.1	+05 55 30.6	19.97531	19.821483	3.53	97.6	5.8

NETTUNO

GG/MM/AAAA	A.R.	DECL.	Dist.	RV	Diam.	El.	Mag.
01/01/2013	22 13 19.5	-11 39 43.4	29.99068	30.608659	2.19	50.3	7.9
02/01/2013	22 13 25.7	-11 39 08.6	29.99065	30.621910	2.19	49.4	7.9
03/01/2013	22 13 31.9	-11 38 33.3	29.99062	30.634969	2.19	48.4	7.9
04/01/2013	22 13 38.3	-11 37 57.4	29.99058	30.647834	2.19	47.4	7.9
05/01/2013	22 13 44.7	-11 37 21.1	29.99055	30.660500	2.19	46.4	7.9
06/01/2013	22 13 51.2	-11 36 44.2	29.99052	30.672963	2.18	45.4	7.9
07/01/2013	22 13 57.9	-11 36 06.8	29.99049	30.685219	2.18	44.4	7.9
08/01/2013	22 14 04.6	-11 35 29.0	29.99046	30.697266	2.18	43.4	8.0
09/01/2013	22 14 11.4	-11 34 50.6	29.99042	30.709098	2.18	42.4	8.0
10/01/2013	22 14 18.3	-11 34 11.8	29.99039	30.720711	2.18	41.4	8.0
11/01/2013	22 14 25.2	-11 33 32.5	29.99036	30.732103	2.18	40.4	8.0
12/01/2013	22 14 32.3	-11 32 52.8	29.99033	30.743270	2.18	39.4	8.0
13/01/2013	22 14 39.4	-11 32 12.7	29.99030	30.754207	2.18	38.5	8.0
14/01/2013	22 14 46.6	-11 31 32.1	29.99027	30.764912	2.18	37.5	8.0
15/01/2013	22 14 53.9	-11 30 51.2	29.99023	30.775382	2.18	36.5	8.0
16/01/2013	22 15 01.2	-11 30 09.9	29.99020	30.785614	2.18	35.5	8.0
17/01/2013	22 15 08.6	-11 29 28.2	29.99017	30.795604	2.18	34.5	8.0
18/01/2013	22 15 16.1	-11 28 46.1	29.99014	30.805351	2.17	33.5	8.0
19/01/2013	22 15 23.7	-11 28 03.6	29.99011	30.814851	2.17	32.5	8.0
20/01/2013	22 15 31.3	-11 27 20.8	29.99007	30.824104	2.17	31.6	8.0
21/01/2013	22 15 39.0	-11 26 37.5	29.99004	30.833105	2.17	30.6	8.0
22/01/2013	22 15 46.7	-11 25 54.0	29.99001	30.841854	2.17	29.6	8.0
23/01/2013	22 15 54.5	-11 25 10.1	29.98998	30.850347	2.17	28.6	8.0
24/01/2013	22 16 02.4	-11 24 25.9	29.98995	30.858583	2.17	27.6	8.0
25/01/2013	22 16 10.3	-11 23 41.3	29.98992	30.866561	2.17	26.7	8.0
26/01/2013	22 16 18.2	-11 22 56.5	29.98988	30.874277	2.17	25.7	8.0
27/01/2013	22 16 26.3	-11 22 11.5	29.98985	30.881731	2.17	24.7	8.0
28/01/2013	22 16 34.3	-11 21 26.1	29.98982	30.888920	2.17	23.7	8.0
29/01/2013	22 16 42.4	-11 20 40.5	29.98979	30.895843	2.17	22.7	8.0
30/01/2013	22 16 50.6	-11 19 54.6	29.98976	30.902497	2.17	21.8	8.0
31/01/2013	22 16 58.8	-11 19 08.5	29.98972	30.908882	2.17	20.8	8.0
01/02/2013	22 17 07.0	-11 18 22.2	29.98969	30.914995	2.17	19.8	8.0
02/02/2013	22 17 15.3	-11 17 35.6	29.98966	30.920834	2.17	18.8	8.0
03/02/2013	22 17 23.7	-11 16 48.8	29.98963	30.926398	2.17	17.8	8.0
04/02/2013	22 17 32.0	-11 16 01.7	29.98960	30.931685	2.17	16.9	8.0
05/02/2013	22 17 40.4	-11 15 14.4	29.98957	30.936694	2.17	15.9	8.0
06/02/2013	22 17 48.9	-11 14 26.9	29.98953	30.941422	2.17	14.9	8.0
07/02/2013	22 17 57.3	-11 13 39.3	29.98950	30.945868	2.17	13.9	8.0
08/02/2013	22 18 05.9	-11 12 51.5	29.98947	30.950031	2.16	12.9	8.0
09/02/2013	22 18 14.4	-11 12 03.6	29.98944	30.953909	2.16	12.0	8.0
10/02/2013	22 18 22.9	-11 11 15.6	29.98941	30.957500	2.16	11.0	8.0
11/02/2013	22 18 31.5	-11 10 27.5	29.98938	30.960805	2.16	10.0	8.0
12/02/2013	22 18 40.1	-11 09 39.2	29.98934	30.963821	2.16	9.1	8.0
13/02/2013	22 18 48.7	-11 08 50.9	29.98931	30.966550	2.16	8.1	8.0
14/02/2013	22 18 57.3	-11 08 02.4	29.98928	30.968989	2.16	7.1	8.0
15/02/2013	22 19 05.9	-11 07 13.9	29.98925	30.971139	2.16	6.1	8.0
16/02/2013	22 19 14.6	-11 06 25.3	29.98922	30.973000	2.16	5.2	8.0
17/02/2013	22 19 23.3	-11 05 36.6	29.98918	30.974571	2.16	4.2	8.0
18/02/2013	22 19 31.9	-11 04 47.9	29.98915	30.975853	2.16	3.3	8.0
19/02/2013	22 19 40.6	-11 03 59.1	29.98912	30.976846	2.16	2.3	8.0
20/02/2013	22 19 49.3	-11 03 10.4	29.98909	30.977549	2.16	1.4	8.0

GG/MM/AAAA	A.R.	DECL.	Dist.	RV	Diam.	El.	Mag.
21/02/2013	22 19 58.0	-11 02 22.1	29.98906	30.977964	2.16	0.8	8.0
22/02/2013	22 20 06.6	-11 01 33.3	29.98903	30.978091	2.16	1.0	8.0
23/02/2013	22 20 15.3	-11 00 44.3	29.98899	30.977930	2.16	1.8	8.0
24/02/2013	22 20 24.0	-10 59 55.5	29.98896	30.977481	2.16	2.7	8.0
25/02/2013	22 20 32.7	-10 59 06.8	29.98893	30.976745	2.16	3.7	8.0
26/02/2013	22 20 41.3	-10 58 18.1	29.98890	30.975722	2.16	4.6	8.0
27/02/2013	22 20 50.0	-10 57 29.6	29.98887	30.974413	2.16	5.6	8.0
28/02/2013	22 20 58.6	-10 56 41.1	29.98884	30.972819	2.16	6.5	8.0
01/03/2013	22 21 07.2	-10 55 52.6	29.98880	30.970940	2.16	7.5	8.0
02/03/2013	22 21 15.8	-10 55 04.3	29.98877	30.968776	2.16	8.4	8.0
03/03/2013	22 21 24.4	-10 54 16.0	29.98874	30.966328	2.16	9.4	8.0
04/03/2013	22 21 33.0	-10 53 27.8	29.98871	30.963596	2.16	10.4	8.0
05/03/2013	22 21 41.6	-10 52 39.7	29.98868	30.960581	2.16	11.3	8.0
06/03/2013	22 21 50.1	-10 51 51.8	29.98865	30.957284	2.16	12.3	8.0
07/03/2013	22 21 58.7	-10 51 04.0	29.98861	30.953705	2.16	13.2	8.0
08/03/2013	22 22 07.1	-10 50 16.4	29.98858	30.949845	2.16	14.2	8.0
09/03/2013	22 22 15.6	-10 49 28.9	29.98855	30.945705	2.17	15.2	8.0
10/03/2013	22 22 24.0	-10 48 41.7	29.98852	30.941287	2.17	16.1	8.0
11/03/2013	22 22 32.4	-10 47 54.7	29.98849	30.936590	2.17	17.1	8.0
12/03/2013	22 22 40.8	-10 47 07.9	29.98846	30.931618	2.17	18.1	8.0
13/03/2013	22 22 49.1	-10 46 21.2	29.98842	30.926372	2.17	19.0	8.0
14/03/2013	22 22 57.4	-10 45 34.8	29.98839	30.920853	2.17	20.0	8.0
15/03/2013	22 23 05.6	-10 44 48.6	29.98836	30.915064	2.17	20.9	8.0
16/03/2013	22 23 13.8	-10 44 02.7	29.98833	30.909006	2.17	21.9	8.0
17/03/2013	22 23 22.0	-10 43 17.0	29.98830	30.902682	2.17	22.9	8.0
18/03/2013	22 23 30.1	-10 42 31.6	29.98827	30.896094	2.17	23.8	8.0
19/03/2013	22 23 38.1	-10 41 46.4	29.98824	30.889244	2.17	24.8	8.0
20/03/2013	22 23 46.2	-10 41 01.5	29.98820	30.882135	2.17	25.7	8.0
21/03/2013	22 23 54.1	-10 40 16.9	29.98817	30.874769	2.17	26.7	8.0
22/03/2013	22 24 02.0	-10 39 32.7	29.98814	30.867149	2.17	27.7	8.0
23/03/2013	22 24 09.9	-10 38 48.8	29.98811	30.859277	2.17	28.6	8.0
24/03/2013	22 24 17.7	-10 38 05.2	29.98808	30.851155	2.17	29.6	8.0
25/03/2013	22 24 25.4	-10 37 22.0	29.98805	30.842786	2.17	30.5	8.0
26/03/2013	22 24 33.1	-10 36 39.1	29.98801	30.834173	2.17	31.5	8.0
27/03/2013	22 24 40.7	-10 35 56.6	29.98798	30.825318	2.17	32.4	8.0
28/03/2013	22 24 48.3	-10 35 14.5	29.98795	30.816224	2.17	33.4	8.0
29/03/2013	22 24 55.8	-10 34 32.6	29.98792	30.806893	2.17	34.4	8.0
30/03/2013	22 25 03.2	-10 33 51.2	29.98789	30.797327	2.18	35.3	8.0
31/03/2013	22 25 10.6	-10 33 10.1	29.98786	30.787530	2.18	36.3	8.0
01/04/2013	22 25 17.9	-10 32 29.4	29.98782	30.777503	2.18	37.2	8.0
02/04/2013	22 25 25.1	-10 31 49.2	29.98779	30.767248	2.18	38.2	8.0
03/04/2013	22 25 32.2	-10 31 09.3	29.98776	30.756769	2.18	39.1	8.0
04/04/2013	22 25 39.3	-10 30 29.9	29.98773	30.746068	2.18	40.1	8.0
05/04/2013	22 25 46.3	-10 29 51.0	29.98770	30.735148	2.18	41.0	8.0
06/04/2013	22 25 53.3	-10 29 12.5	29.98767	30.724011	2.18	42.0	8.0
07/04/2013	22 26 00.1	-10 28 34.5	29.98764	30.712662	2.18	42.9	8.0
08/04/2013	22 26 06.9	-10 27 57.0	29.98760	30.701102	2.18	43.9	8.0
09/04/2013	22 26 13.5	-10 27 20.0	29.98757	30.689336	2.18	44.8	7.9
10/04/2013	22 26 20.1	-10 26 43.4	29.98754	30.677367	2.18	45.8	7.9
11/04/2013	22 26 26.6	-10 26 07.3	29.98751	30.665198	2.18	46.8	7.9
12/04/2013	22 26 33.1	-10 25 31.7	29.98748	30.652834	2.19	47.7	7.9
13/04/2013	22 26 39.4	-10 24 56.6	29.98745	30.640278	2.19	48.7	7.9
14/04/2013	22 26 45.7	-10 24 22.1	29.98741	30.627534	2.19	49.6	7.9
15/04/2013	22 26 51.8	-10 23 48.0	29.98738	30.614606	2.19	50.6	7.9
16/04/2013	22 26 57.9	-10 23 14.5	29.98735	30.601497	2.19	51.5	7.9
17/04/2013	22 27 03.9	-10 22 41.5	29.98732	30.588213	2.19	52.5	7.9
18/04/2013	22 27 09.8	-10 22 09.1	29.98729	30.574756	2.19	53.4	7.9
19/04/2013	22 27 15.6	-10 21 37.3	29.98726	30.561132	2.19	54.4	7.9
20/04/2013	22 27 21.3	-10 21 06.1	29.98723	30.547343	2.19	55.3	7.9
21/04/2013	22 27 26.9	-10 20 35.4	29.98719	30.533395	2.19	56.3	7.9
22/04/2013	22 27 32.4	-10 20 05.3	29.98716	30.519290	2.20	57.2	7.9
23/04/2013	22 27 37.8	-10 19 35.8	29.98713	30.505033	2.20	58.2	7.9
24/04/2013	22 27 43.1	-10 19 06.9	29.98710	30.490628	2.20	59.1	7.9
25/04/2013	22 27 48.2	-10 18 38.6	29.98707	30.476080	2.20	60.1	7.9
26/04/2013	22 27 53.3	-10 18 10.8	29.98704	30.461390	2.20	61.0	7.9
27/04/2013	22 27 58.3	-10 17 43.6	29.98701	30.446565	2.20	62.0	7.9
28/04/2013	22 28 03.2	-10 17 17.1	29.98697	30.431606	2.20	62.9	7.9
29/04/2013	22 28 08.0	-10 16 51.1	29.98694	30.416518	2.20	63.9	7.9
30/04/2013	22 28 12.7	-10 16 25.8	29.98691	30.401305	2.20	64.8	7.9
01/05/2013	22 28 17.3	-10 16 01.1	29.98688	30.385970	2.20	65.8	7.9
02/05/2013	22 28 21.7	-10 15 37.1	29.98685	30.370518	2.21	66.7	7.9
03/05/2013	22 28 26.1	-10 15 13.7	29.98682	30.354952	2.21	67.7	7.9
04/05/2013	22 28 30.3	-10 14 51.0	29.98679	30.339276	2.21	68.6	7.9

GG/MM/AAAA	A.R.	DECL.	Dist.	RV	Diam.	El.	Mag.
05/05/2013	22 28 34.4	-10 14 29.0	29.98675	30.323496	2.21	69.6	7.9
06/05/2013	22 28 38.4	-10 14 07.6	29.98672	30.307616	2.21	70.5	7.9
07/05/2013	22 28 42.3	-10 13 46.9	29.98669	30.291639	2.21	71.5	7.9
08/05/2013	22 28 46.1	-10 13 26.9	29.98666	30.275571	2.21	72.4	7.9
09/05/2013	22 28 49.8	-10 13 07.5	29.98663	30.259417	2.21	73.4	7.9
10/05/2013	22 28 53.3	-10 12 48.7	29.98660	30.243180	2.22	74.4	7.9
11/05/2013	22 28 56.8	-10 12 30.7	29.98657	30.226867	2.22	75.3	7.9
12/05/2013	22 29 00.1	-10 12 13.3	29.98653	30.210482	2.22	76.3	7.9
13/05/2013	22 29 03.3	-10 11 56.7	29.98650	30.194030	2.22	77.2	7.9
14/05/2013	22 29 06.4	-10 11 40.7	29.98647	30.177515	2.22	78.2	7.9
15/05/2013	22 29 09.4	-10 11 25.4	29.98644	30.160943	2.22	79.1	7.9
16/05/2013	22 29 12.2	-10 11 10.9	29.98641	30.144318	2.22	80.1	7.9
17/05/2013	22 29 14.9	-10 10 57.1	29.98638	30.127646	2.22	81.0	7.9
18/05/2013	22 29 17.5	-10 10 43.9	29.98635	30.110931	2.23	82.0	7.9
19/05/2013	22 29 20.0	-10 10 31.5	29.98631	30.094177	2.23	82.9	7.9
20/05/2013	22 29 22.4	-10 10 19.9	29.98628	30.077390	2.23	83.9	7.9
21/05/2013	22 29 24.6	-10 10 08.9	29.98625	30.060575	2.23	84.8	7.9
22/05/2013	22 29 26.7	-10 09 58.6	29.98622	30.043735	2.23	85.8	7.9
23/05/2013	22 29 28.7	-10 09 49.0	29.98619	30.026876	2.23	86.7	7.9
24/05/2013	22 29 30.6	-10 09 40.1	29.98616	30.010002	2.23	87.7	7.9
25/05/2013	22 29 32.4	-10 09 31.9	29.98613	29.993116	2.23	88.6	7.9
26/05/2013	22 29 34.0	-10 09 24.4	29.98610	29.976225	2.24	89.6	7.9
27/05/2013	22 29 35.5	-10 09 17.6	29.98606	29.959330	2.24	90.5	7.9
28/05/2013	22 29 36.9	-10 09 11.6	29.98603	29.942438	2.24	91.5	7.9
29/05/2013	22 29 38.2	-10 09 06.2	29.98600	29.925552	2.24	92.5	7.9
30/05/2013	22 29 39.3	-10 09 01.7	29.98597	29.908677	2.24	93.4	7.9
31/05/2013	22 29 40.3	-10 08 57.8	29.98594	29.891817	2.24	94.4	7.9
01/06/2013	22 29 41.2	-10 08 54.7	29.98591	29.874977	2.24	95.3	7.9
02/06/2013	22 29 42.0	-10 08 52.4	29.98588	29.858162	2.24	96.3	7.9
03/06/2013	22 29 42.6	-10 08 50.7	29.98584	29.841376	2.25	97.2	7.9
04/06/2013	22 29 43.2	-10 08 49.8	29.98581	29.824625	2.25	98.2	7.9
05/06/2013	22 29 43.5	-10 08 49.5	29.98578	29.807914	2.25	99.1	7.9
06/06/2013	22 29 43.8	-10 08 50.0	29.98575	29.791247	2.25	100.1	7.9
07/06/2013	22 29 44.0	-10 08 51.2	29.98572	29.774629	2.25	101.1	7.9
08/06/2013	22 29 44.0	-10 08 53.1	29.98569	29.758067	2.25	102.0	7.9
09/06/2013	22 29 43.9	-10 08 55.7	29.98566	29.741563	2.25	103.0	7.9
10/06/2013	22 29 43.7	-10 08 59.0	29.98563	29.725125	2.25	103.9	7.9
11/06/2013	22 29 43.4	-10 09 03.1	29.98560	29.708756	2.26	104.9	7.9
12/06/2013	22 29 42.9	-10 09 07.8	29.98556	29.692461	2.26	105.8	7.9
13/06/2013	22 29 42.3	-10 09 13.3	29.98553	29.676245	2.26	106.8	7.9
14/06/2013	22 29 41.6	-10 09 19.5	29.98550	29.660114	2.26	107.8	7.9
15/06/2013	22 29 40.8	-10 09 26.5	29.98547	29.644071	2.26	108.7	7.9
16/06/2013	22 29 39.8	-10 09 34.1	29.98544	29.628122	2.26	109.7	7.9
17/06/2013	22 29 38.7	-10 09 42.4	29.98541	29.612270	2.26	110.6	7.9
18/06/2013	22 29 37.5	-10 09 51.4	29.98538	29.596521	2.26	111.6	7.9
19/06/2013	22 29 36.2	-10 10 01.0	29.98535	29.580879	2.26	112.6	7.9
20/06/2013	22 29 34.8	-10 10 11.3	29.98531	29.565348	2.27	113.5	7.9
21/06/2013	22 29 33.3	-10 10 22.3	29.98528	29.549933	2.27	114.5	7.9
22/06/2013	22 29 31.6	-10 10 33.9	29.98525	29.534636	2.27	115.4	7.9
23/06/2013	22 29 29.8	-10 10 46.1	29.98522	29.519463	2.27	116.4	7.9
24/06/2013	22 29 28.0	-10 10 59.1	29.98519	29.504417	2.27	117.4	7.9
25/06/2013	22 29 26.0	-10 11 12.7	29.98516	29.489502	2.27	118.3	7.9
26/06/2013	22 29 23.9	-10 11 27.0	29.98513	29.474721	2.27	119.3	7.9
27/06/2013	22 29 21.6	-10 11 41.9	29.98510	29.460080	2.27	120.3	7.9
28/06/2013	22 29 19.3	-10 11 57.5	29.98507	29.445582	2.28	121.2	7.9
29/06/2013	22 29 16.8	-10 12 13.8	29.98503	29.431231	2.28	122.2	7.9
30/06/2013	22 29 14.3	-10 12 30.6	29.98500	29.417032	2.28	123.1	7.9
01/07/2013	22 29 11.6	-10 12 48.1	29.98497	29.402989	2.28	124.1	7.9
02/07/2013	22 29 08.8	-10 13 06.2	29.98494	29.389107	2.28	125.1	7.9
03/07/2013	22 29 05.9	-10 13 24.9	29.98491	29.375389	2.28	126.0	7.9
04/07/2013	22 29 02.9	-10 13 44.1	29.98488	29.361841	2.28	127.0	7.9
05/07/2013	22 28 59.8	-10 14 04.0	29.98485	29.348466	2.28	128.0	7.9
06/07/2013	22 28 56.6	-10 14 24.5	29.98482	29.335269	2.28	128.9	7.9
07/07/2013	22 28 53.3	-10 14 45.5	29.98479	29.322253	2.28	129.9	7.9
08/07/2013	22 28 49.9	-10 15 07.1	29.98475	29.309424	2.29	130.9	7.8
09/07/2013	22 28 46.4	-10 15 29.3	29.98472	29.296784	2.29	131.9	7.8
10/07/2013	22 28 42.8	-10 15 52.1	29.98469	29.284339	2.29	132.8	7.8
11/07/2013	22 28 39.1	-10 16 15.4	29.98466	29.272092	2.29	133.8	7.8
12/07/2013	22 28 35.3	-10 16 39.3	29.98463	29.260047	2.29	134.8	7.8
13/07/2013	22 28 31.4	-10 17 03.7	29.98460	29.248207	2.29	135.7	7.8
14/07/2013	22 28 27.4	-10 17 28.6	29.98457	29.236576	2.29	136.7	7.8
15/07/2013	22 28 23.4	-10 17 54.0	29.98454	29.225158	2.29	137.7	7.8
16/07/2013	22 28 19.2	-10 18 20.0	29.98451	29.213955	2.29	138.7	7.8

GG/MM/AAAA	A.R.	DECL.	Dist.	RV	Diam.	El.	Mag.
17/07/2013	22 28 14.9	-10 18 46.3	29.98448	29.202972	2.29	139.6	7.8
18/07/2013	22 28 10.6	-10 19 13.2	29.98444	29.192210	2.30	140.6	7.8
19/07/2013	22 28 06.2	-10 19 40.5	29.98441	29.181674	2.30	141.6	7.8
20/07/2013	22 28 01.7	-10 20 08.2	29.98438	29.171365	2.30	142.5	7.8
21/07/2013	22 27 57.1	-10 20 36.4	29.98435	29.161287	2.30	143.5	7.8
22/07/2013	22 27 52.4	-10 21 05.0	29.98432	29.151441	2.30	144.5	7.8
23/07/2013	22 27 47.7	-10 21 34.1	29.98429	29.141832	2.30	145.5	7.8
24/07/2013	22 27 42.9	-10 22 03.6	29.98426	29.132460	2.30	146.4	7.8
25/07/2013	22 27 38.0	-10 22 33.6	29.98423	29.123330	2.30	147.4	7.8
26/07/2013	22 27 33.0	-10 23 04.0	29.98420	29.114444	2.30	148.4	7.8
27/07/2013	22 27 27.9	-10 23 34.7	29.98417	29.105804	2.30	149.4	7.8
28/07/2013	22 27 22.8	-10 24 05.8	29.98414	29.097414	2.30	150.4	7.8
29/07/2013	22 27 17.6	-10 24 37.3	29.98410	29.089276	2.30	151.3	7.8
30/07/2013	22 27 12.4	-10 25 09.1	29.98407	29.081394	2.30	152.3	7.8
31/07/2013	22 27 07.1	-10 25 41.2	29.98404	29.073770	2.30	153.3	7.8
01/08/2013	22 27 01.7	-10 26 13.7	29.98401	29.066407	2.31	154.3	7.8
02/08/2013	22 26 56.3	-10 26 46.5	29.98398	29.059307	2.31	155.3	7.8
03/08/2013	22 26 50.8	-10 27 19.6	29.98395	29.052474	2.31	156.2	7.8
04/08/2013	22 26 45.2	-10 27 53.0	29.98392	29.045909	2.31	157.2	7.8
05/08/2013	22 26 39.6	-10 28 26.7	29.98389	29.039615	2.31	158.2	7.8
06/08/2013	22 26 34.0	-10 29 00.6	29.98386	29.033594	2.31	159.2	7.8
07/08/2013	22 26 28.3	-10 29 34.9	29.98383	29.027848	2.31	160.2	7.8
08/08/2013	22 26 22.5	-10 30 09.3	29.98380	29.022381	2.31	161.2	7.8
09/08/2013	22 26 16.7	-10 30 44.1	29.98376	29.017192	2.31	162.1	7.8
10/08/2013	22 26 10.9	-10 31 19.0	29.98373	29.012284	2.31	163.1	7.8
11/08/2013	22 26 05.0	-10 31 54.1	29.98370	29.007659	2.31	164.1	7.8
12/08/2013	22 25 59.1	-10 32 29.4	29.98367	29.003319	2.31	165.1	7.8
13/08/2013	22 25 53.1	-10 33 04.9	29.98364	28.999263	2.31	166.1	7.8
14/08/2013	22 25 47.1	-10 33 40.5	29.98361	28.995495	2.31	167.1	7.8
15/08/2013	22 25 41.1	-10 34 16.2	29.98358	28.992013	2.31	168.0	7.8
16/08/2013	22 25 35.1	-10 34 52.1	29.98355	28.988820	2.31	169.0	7.8
17/08/2013	22 25 29.0	-10 35 28.1	29.98352	28.985916	2.31	170.0	7.8
18/08/2013	22 25 22.9	-10 36 04.2	29.98349	28.983302	2.31	171.0	7.8
19/08/2013	22 25 16.8	-10 36 40.3	29.98346	28.980978	2.31	172.0	7.8
20/08/2013	22 25 10.6	-10 37 16.6	29.98343	28.978945	2.31	173.0	7.8
21/08/2013	22 25 04.5	-10 37 53.0	29.98339	28.977203	2.31	173.9	7.8
22/08/2013	22 24 58.3	-10 38 29.5	29.98336	28.975753	2.31	174.9	7.8
23/08/2013	22 24 52.1	-10 39 06.0	29.98333	28.974596	2.31	175.9	7.8
24/08/2013	22 24 45.9	-10 39 42.5	29.98330	28.973732	2.31	176.9	7.8
25/08/2013	22 24 39.7	-10 40 19.0	29.98327	28.973162	2.31	177.8	7.8
26/08/2013	22 24 33.5	-10 40 55.5	29.98324	28.972886	2.31	178.7	7.8
27/08/2013	22 24 27.2	-10 41 32.0	29.98321	28.972906	2.31	179.3	7.8
28/08/2013	22 24 21.0	-10 42 08.5	29.98318	28.973221	2.31	178.8	7.8
29/08/2013	22 24 14.8	-10 42 44.9	29.98315	28.973833	2.31	178.0	7.8
30/08/2013	22 24 08.6	-10 43 21.2	29.98312	28.974741	2.31	177.0	7.8
31/08/2013	22 24 02.4	-10 43 57.5	29.98309	28.975946	2.31	176.0	7.8
01/09/2013	22 23 56.2	-10 44 33.8	29.98306	28.977448	2.31	175.1	7.8
02/09/2013	22 23 50.0	-10 45 09.9	29.98303	28.979246	2.31	174.1	7.8
03/09/2013	22 23 43.8	-10 45 45.9	29.98299	28.981341	2.31	173.1	7.8
04/09/2013	22 23 37.6	-10 46 21.9	29.98296	28.983732	2.31	172.1	7.8
05/09/2013	22 23 31.5	-10 46 57.7	29.98293	28.986419	2.31	171.1	7.8
06/09/2013	22 23 25.3	-10 47 33.3	29.98290	28.989401	2.31	170.1	7.8
07/09/2013	22 23 19.2	-10 48 08.8	29.98287	28.992678	2.31	169.1	7.8
08/09/2013	22 23 13.1	-10 48 44.1	29.98284	28.996248	2.31	168.1	7.8
09/09/2013	22 23 07.1	-10 49 19.2	29.98281	29.000110	2.31	167.1	7.8
10/09/2013	22 23 01.0	-10 49 54.1	29.98278	29.004264	2.31	166.1	7.8
11/09/2013	22 22 55.0	-10 50 28.7	29.98275	29.008708	2.31	165.1	7.8
12/09/2013	22 22 49.1	-10 51 03.1	29.98272	29.013439	2.31	164.1	7.8
13/09/2013	22 22 43.2	-10 51 37.2	29.98269	29.018457	2.31	163.1	7.8
14/09/2013	22 22 37.3	-10 52 11.0	29.98266	29.023760	2.31	162.1	7.8
15/09/2013	22 22 31.4	-10 52 44.6	29.98263	29.029345	2.31	161.1	7.8
16/09/2013	22 22 25.7	-10 53 18.0	29.98260	29.035212	2.31	160.1	7.8
17/09/2013	22 22 19.9	-10 53 51.0	29.98256	29.041357	2.31	159.1	7.8
18/09/2013	22 22 14.2	-10 54 23.8	29.98253	29.047780	2.31	158.1	7.8
19/09/2013	22 22 08.5	-10 54 56.3	29.98250	29.054478	2.31	157.1	7.8
20/09/2013	22 22 02.9	-10 55 28.4	29.98247	29.061449	2.31	156.1	7.8
21/09/2013	22 21 57.4	-10 56 00.1	29.98244	29.068692	2.30	155.1	7.8
22/09/2013	22 21 51.9	-10 56 31.5	29.98241	29.076206	2.30	154.1	7.8
23/09/2013	22 21 46.5	-10 57 02.5	29.98238	29.083987	2.30	153.1	7.8
24/09/2013	22 21 41.1	-10 57 33.1	29.98235	29.092034	2.30	152.1	7.8
25/09/2013	22 21 35.8	-10 58 03.4	29.98232	29.100346	2.30	151.1	7.8
26/09/2013	22 21 30.5	-10 58 33.2	29.98229	29.108920	2.30	150.1	7.8
27/09/2013	22 21 25.4	-10 59 02.6	29.98226	29.117753	2.30	149.1	7.8

GG/MM/AAAA	A.R.	DECL.	Dist.	RV	Diam.	El.	Mag.
28/09/2013	22 21 20.3	-10 59 31.6	29.98223	29.126845	2.30	148.1	7.8
29/09/2013	22 21 15.2	-11 00 00.1	29.98220	29.136191	2.30	147.1	7.8
30/09/2013	22 21 10.3	-11 00 28.3	29.98217	29.145790	2.30	146.1	7.8
01/10/2013	22 21 05.4	-11 00 55.9	29.98214	29.155639	2.30	145.1	7.8
02/10/2013	22 21 00.6	-11 01 23.1	29.98211	29.165736	2.30	144.1	7.8
03/10/2013	22 20 55.9	-11 01 49.9	29.98207	29.176076	2.30	143.1	7.8
04/10/2013	22 20 51.2	-11 02 16.1	29.98204	29.186658	2.30	142.1	7.8
05/10/2013	22 20 46.6	-11 02 41.8	29.98201	29.197478	2.29	141.1	7.8
06/10/2013	22 20 42.2	-11 03 07.0	29.98198	29.208532	2.29	140.1	7.8
07/10/2013	22 20 37.8	-11 03 31.6	29.98195	29.219817	2.29	139.1	7.8
08/10/2013	22 20 33.5	-11 03 55.7	29.98192	29.231330	2.29	138.1	7.8
09/10/2013	22 20 29.3	-11 04 19.3	29.98189	29.243066	2.29	137.0	7.8
10/10/2013	22 20 25.2	-11 04 42.2	29.98186	29.255022	2.29	136.0	7.8
11/10/2013	22 20 21.1	-11 05 04.6	29.98183	29.267193	2.29	135.0	7.8
12/10/2013	22 20 17.2	-11 05 26.4	29.98180	29.279575	2.29	134.0	7.8
13/10/2013	22 20 13.4	-11 05 47.7	29.98177	29.292165	2.29	133.0	7.8
14/10/2013	22 20 09.7	-11 06 08.4	29.98174	29.304959	2.29	132.0	7.8
15/10/2013	22 20 06.1	-11 06 28.6	29.98171	29.317951	2.29	131.0	7.8
16/10/2013	22 20 02.5	-11 06 48.1	29.98168	29.331139	2.28	130.0	7.9
17/10/2013	22 19 59.1	-11 07 07.0	29.98165	29.344519	2.28	129.0	7.9
18/10/2013	22 19 55.8	-11 07 25.3	29.98162	29.358085	2.28	128.0	7.9
19/10/2013	22 19 52.6	-11 07 43.0	29.98159	29.371836	2.28	127.0	7.9
20/10/2013	22 19 49.5	-11 07 60.0	29.98156	29.385766	2.28	126.0	7.9
21/10/2013	22 19 46.5	-11 08 16.3	29.98152	29.399873	2.28	125.0	7.9
22/10/2013	22 19 43.6	-11 08 32.0	29.98149	29.414151	2.28	124.0	7.9
23/10/2013	22 19 40.9	-11 08 47.1	29.98146	29.428597	2.28	123.0	7.9
24/10/2013	22 19 38.2	-11 09 01.5	29.98143	29.443207	2.28	121.9	7.9
25/10/2013	22 19 35.7	-11 09 15.2	29.98140	29.457977	2.27	120.9	7.9
26/10/2013	22 19 33.3	-11 09 28.3	29.98137	29.472902	2.27	119.9	7.9
27/10/2013	22 19 31.0	-11 09 40.7	29.98134	29.487978	2.27	118.9	7.9
28/10/2013	22 19 28.8	-11 09 52.5	29.98131	29.503201	2.27	117.9	7.9
29/10/2013	22 19 26.7	-11 10 03.5	29.98128	29.518567	2.27	116.9	7.9
30/10/2013	22 19 24.8	-11 10 13.9	29.98125	29.534070	2.27	115.9	7.9
31/10/2013	22 19 22.9	-11 10 23.6	29.98122	29.549705	2.27	114.9	7.9
01/11/2013	22 19 21.2	-11 10 32.5	29.98119	29.565469	2.27	113.9	7.9
02/11/2013	22 19 19.6	-11 10 40.8	29.98116	29.581356	2.26	112.9	7.9
03/11/2013	22 19 18.2	-11 10 48.3	29.98113	29.597362	2.26	111.9	7.9
04/11/2013	22 19 16.8	-11 10 55.0	29.98110	29.613480	2.26	110.9	7.9
05/11/2013	22 19 15.6	-11 11 01.0	29.98107	29.629705	2.26	109.9	7.9
06/11/2013	22 19 14.6	-11 11 06.3	29.98104	29.646033	2.26	108.9	7.9
07/11/2013	22 19 13.6	-11 11 10.9	29.98101	29.662457	2.26	107.8	7.9
08/11/2013	22 19 12.8	-11 11 14.7	29.98098	29.678973	2.26	106.8	7.9
09/11/2013	22 19 12.1	-11 11 17.8	29.98095	29.695574	2.26	105.8	7.9
10/11/2013	22 19 11.5	-11 11 20.2	29.98092	29.712256	2.25	104.8	7.9
11/11/2013	22 19 11.1	-11 11 21.9	29.98088	29.729013	2.25	103.8	7.9
12/11/2013	22 19 10.8	-11 11 22.9	29.98085	29.745841	2.25	102.8	7.9
13/11/2013	22 19 10.6	-11 11 23.1	29.98082	29.762733	2.25	101.8	7.9
14/11/2013	22 19 10.6	-11 11 22.6	29.98079	29.779685	2.25	100.8	7.9
15/11/2013	22 19 10.6	-11 11 21.3	29.98076	29.796692	2.25	99.8	7.9
16/11/2013	22 19 10.8	-11 11 19.2	29.98073	29.813749	2.25	98.8	7.9
17/11/2013	22 19 11.2	-11 11 16.4	29.98070	29.830852	2.25	97.8	7.9
18/11/2013	22 19 11.6	-11 11 12.9	29.98067	29.847994	2.24	96.8	7.9
19/11/2013	22 19 12.3	-11 11 08.6	29.98064	29.865173	2.24	95.8	7.9
20/11/2013	22 19 13.0	-11 11 03.6	29.98061	29.882381	2.24	94.8	7.9
21/11/2013	22 19 13.9	-11 10 57.8	29.98058	29.899615	2.24	93.8	7.9
22/11/2013	22 19 14.9	-11 10 51.3	29.98055	29.916870	2.24	92.8	7.9
23/11/2013	22 19 16.0	-11 10 44.0	29.98052	29.934140	2.24	91.7	7.9
24/11/2013	22 19 17.2	-11 10 36.1	29.98049	29.951420	2.24	90.7	7.9
25/11/2013	22 19 18.6	-11 10 27.4	29.98046	29.968706	2.24	89.7	7.9
26/11/2013	22 19 20.1	-11 10 17.9	29.98043	29.985992	2.23	88.7	7.9
27/11/2013	22 19 21.8	-11 10 07.8	29.98040	30.003273	2.23	87.7	7.9
28/11/2013	22 19 23.5	-11 09 56.8	29.98037	30.020544	2.23	86.7	7.9
29/11/2013	22 19 25.4	-11 09 45.2	29.98034	30.037799	2.23	85.7	7.9
30/11/2013	22 19 27.5	-11 09 32.7	29.98031	30.055033	2.23	84.7	7.9
01/12/2013	22 19 29.6	-11 09 19.6	29.98028	30.072240	2.23	83.7	7.9
02/12/2013	22 19 31.9	-11 09 05.6	29.98025	30.089416	2.23	82.7	7.9
03/12/2013	22 19 34.4	-11 08 50.9	29.98022	30.106553	2.23	81.7	7.9
04/12/2013	22 19 36.9	-11 08 35.5	29.98019	30.123648	2.22	80.7	7.9
05/12/2013	22 19 39.6	-11 08 19.4	29.98016	30.140693	2.22	79.7	7.9
06/12/2013	22 19 42.4	-11 08 02.6	29.98013	30.157683	2.22	78.7	7.9
07/12/2013	22 19 45.4	-11 07 45.0	29.98010	30.174614	2.22	77.7	7.9
08/12/2013	22 19 48.5	-11 07 26.8	29.98007	30.191479	2.22	76.7	7.9
09/12/2013	22 19 51.6	-11 07 07.9	29.98004	30.208274	2.22	75.7	7.9

GG/MM/AAAA	A.R.	DECL.	Dist.	RV	Diam.	El.	Mag.
10/12/2013	22 19 55.0	-11 06 48.3	29.98001	30.224993	2.22	74.7	7.9
11/12/2013	22 19 58.4	-11 06 28.0	29.97997	30.241632	2.22	73.7	7.9
12/12/2013	22 20 01.9	-11 06 07.0	29.97994	30.258186	2.21	72.7	7.9
13/12/2013	22 20 05.6	-11 05 45.3	29.97991	30.274649	2.21	71.7	7.9
14/12/2013	22 20 09.4	-11 05 22.8	29.97988	30.291019	2.21	70.7	7.9
15/12/2013	22 20 13.3	-11 04 59.8	29.97985	30.307288	2.21	69.7	7.9
16/12/2013	22 20 17.4	-11 04 36.0	29.97982	30.323455	2.21	68.7	7.9
17/12/2013	22 20 21.6	-11 04 11.5	29.97979	30.339513	2.21	67.7	7.9
18/12/2013	22 20 25.8	-11 03 46.4	29.97976	30.355459	2.21	66.7	7.9
19/12/2013	22 20 30.2	-11 03 20.7	29.97973	30.371287	2.21	65.7	7.9
20/12/2013	22 20 34.7	-11 02 54.3	29.97970	30.386994	2.20	64.7	7.9
21/12/2013	22 20 39.4	-11 02 27.3	29.97967	30.402574	2.20	63.7	7.9
22/12/2013	22 20 44.1	-11 01 59.7	29.97964	30.418025	2.20	62.7	7.9
23/12/2013	22 20 48.9	-11 01 31.4	29.97961	30.433340	2.20	61.7	7.9
24/12/2013	22 20 53.9	-11 01 02.5	29.97958	30.448516	2.20	60.7	7.9
25/12/2013	22 20 59.0	-11 00 33.0	29.97955	30.463548	2.20	59.7	7.9
26/12/2013	22 21 04.1	-11 00 02.9	29.97952	30.478431	2.20	58.7	7.9
27/12/2013	22 21 09.4	-10 59 32.2	29.97949	30.493161	2.20	57.7	7.9
28/12/2013	22 21 14.8	-10 59 00.8	29.97946	30.507734	2.20	56.7	7.9
29/12/2013	22 21 20.3	-10 58 28.8	29.97943	30.522145	2.20	55.7	7.9
30/12/2013	22 21 25.9	-10 57 56.3	29.97940	30.536390	2.19	54.7	7.9
31/12/2013	22 21 31.6	-10 57 23.1	29.97937	30.550463	2.19	53.7	7.9
01/01/2014	22 21 37.4	-10 56 49.4	29.97934	30.564360	2.19	52.7	7.9
02/01/2014	22 21 43.3	-10 56 15.1	29.97931	30.578077	2.19	51.8	7.9
03/01/2014	22 21 49.3	-10 55 40.3	29.97928	30.591609	2.19	50.8	7.9
04/01/2014	22 21 55.4	-10 55 05.0	29.97925	30.604952	2.19	49.8	7.9
05/01/2014	22 22 01.6	-10 54 29.1	29.97922	30.618102	2.19	48.8	7.9
06/01/2014	22 22 07.9	-10 53 52.8	29.97919	30.631056	2.19	47.8	7.9
07/01/2014	22 22 14.3	-10 53 15.9	29.97916	30.643809	2.19	46.8	7.9
08/01/2014	22 22 20.7	-10 52 38.5	29.97913	30.656358	2.19	45.8	7.9
09/01/2014	22 22 27.3	-10 52 00.6	29.97910	30.668700	2.18	44.8	7.9
10/01/2014	22 22 33.9	-10 51 22.2	29.97907	30.680831	2.18	43.8	7.9
11/01/2014	22 22 40.6	-10 50 43.3	29.97904	30.692749	2.18	42.8	7.9
12/01/2014	22 22 47.4	-10 50 04.0	29.97901	30.704451	2.18	41.8	8.0
13/01/2014	22 22 54.3	-10 49 24.1	29.97898	30.715932	2.18	40.9	8.0
14/01/2014	22 23 01.3	-10 48 43.9	29.97895	30.727191	2.18	39.9	8.0
15/01/2014	22 23 08.3	-10 48 03.2	29.97892	30.738225	2.18	38.9	8.0
16/01/2014	22 23 15.5	-10 47 22.1	29.97889	30.749030	2.18	37.9	8.0
17/01/2014	22 23 22.7	-10 46 40.5	29.97886	30.759603	2.18	36.9	8.0
18/01/2014	22 23 29.9	-10 45 58.6	29.97883	30.769943	2.18	35.9	8.0
19/01/2014	22 23 37.3	-10 45 16.3	29.97880	30.780046	2.18	34.9	8.0
20/01/2014	22 23 44.7	-10 44 33.6	29.97877	30.789909	2.18	34.0	8.0
21/01/2014	22 23 52.1	-10 43 50.5	29.97874	30.799530	2.18	33.0	8.0
22/01/2014	22 23 59.7	-10 43 07.0	29.97871	30.808906	2.17	32.0	8.0
23/01/2014	22 24 07.3	-10 42 23.2	29.97868	30.818034	2.17	31.0	8.0
24/01/2014	22 24 14.9	-10 41 39.0	29.97865	30.826912	2.17	30.0	8.0
25/01/2014	22 24 22.7	-10 40 54.4	29.97862	30.835537	2.17	29.0	8.0
26/01/2014	22 24 30.5	-10 40 09.5	29.97859	30.843906	2.17	28.1	8.0
27/01/2014	22 24 38.3	-10 39 24.3	29.97856	30.852017	2.17	27.1	8.0
28/01/2014	22 24 46.2	-10 38 38.7	29.97853	30.859866	2.17	26.1	8.0
29/01/2014	22 24 54.2	-10 37 52.8	29.97850	30.867452	2.17	25.1	8.0
30/01/2014	22 25 02.2	-10 37 06.7	29.97847	30.874772	2.17	24.1	8.0
31/01/2014	22 25 10.3	-10 36 20.3	29.97844	30.881824	2.17	23.1	8.0
01/02/2014	22 25 18.4	-10 35 33.7	29.97841	30.888605	2.17	22.2	8.0
02/02/2014	22 25 26.5	-10 34 46.8	29.97838	30.895113	2.17	21.2	8.0
03/02/2014	22 25 34.7	-10 33 59.7	29.97835	30.901348	2.17	20.2	8.0
04/02/2014	22 25 42.9	-10 33 12.3	29.97832	30.907307	2.17	19.2	8.0
05/02/2014	22 25 51.2	-10 32 24.8	29.97829	30.912989	2.17	18.3	8.0
06/02/2014	22 25 59.5	-10 31 37.0	29.97826	30.918393	2.17	17.3	8.0
07/02/2014	22 26 07.8	-10 30 48.9	29.97824	30.923518	2.17	16.3	8.0
08/02/2014	22 26 16.2	-10 30 00.7	29.97821	30.928363	2.17	15.3	8.0
09/02/2014	22 26 24.6	-10 29 12.4	29.97818	30.932928	2.17	14.4	8.0
10/02/2014	22 26 33.1	-10 28 23.8	29.97815	30.937210	2.17	13.4	8.0
11/02/2014	22 26 41.5	-10 27 35.1	29.97812	30.941211	2.17	12.4	8.0
12/02/2014	22 26 50.0	-10 26 46.3	29.97809	30.944928	2.17	11.4	8.0
13/02/2014	22 26 58.5	-10 25 57.4	29.97806	30.948361	2.16	10.5	8.0
14/02/2014	22 27 07.1	-10 25 08.4	29.97803	30.951510	2.16	9.5	8.0
15/02/2014	22 27 15.6	-10 24 19.3	29.97800	30.954374	2.16	8.5	8.0
16/02/2014	22 27 24.2	-10 23 30.1	29.97797	30.956952	2.16	7.6	8.0
17/02/2014	22 27 32.8	-10 22 40.8	29.97794	30.959245	2.16	6.6	8.0
18/02/2014	22 27 41.4	-10 21 51.4	29.97791	30.961251	2.16	5.6	8.0
19/02/2014	22 27 50.0	-10 21 02.0	29.97788	30.962970	2.16	4.7	8.0
20/02/2014	22 27 58.6	-10 20 12.5	29.97785	30.964401	2.16	3.7	8.0

GG/MM/AAAA	A.R.	DECL.	Dist.	RV	Diam.	El.	Mag.
21/02/2014	22 28 07.2	-10 19 22.9	29.97782	30.965545	2.16	2.8	8.0
22/02/2014	22 28 15.8	-10 18 33.3	29.97779	30.966400	2.16	1.8	8.0
23/02/2014	22 28 24.5	-10 17 43.9	29.97776	30.966967	2.16	1.0	8.0
24/02/2014	22 28 33.1	-10 16 54.7	29.97773	30.967244	2.16	0.7	8.0
25/02/2014	22 28 41.7	-10 16 04.7	29.97770	30.967232	2.16	1.3	8.0
26/02/2014	22 28 50.4	-10 15 14.9	29.97767	30.966931	2.16	2.2	8.0
27/02/2014	22 28 59.0	-10 14 25.3	29.97764	30.966340	2.16	3.2	8.0
28/02/2014	22 29 07.7	-10 13 35.8	29.97761	30.965459	2.16	4.1	8.0
01/03/2014	22 29 16.3	-10 12 46.4	29.97758	30.964289	2.16	5.1	8.0
02/03/2014	22 29 24.9	-10 11 57.0	29.97755	30.962830	2.16	6.1	8.0
03/03/2014	22 29 33.5	-10 11 07.7	29.97752	30.961083	2.16	7.0	8.0
04/03/2014	22 29 42.1	-10 10 18.6	29.97749	30.959048	2.16	8.0	8.0
05/03/2014	22 29 50.6	-10 09 29.4	29.97747	30.956728	2.16	9.0	8.0
06/03/2014	22 29 59.2	-10 08 40.4	29.97744	30.954122	2.16	9.9	8.0
07/03/2014	22 30 07.7	-10 07 51.5	29.97741	30.951232	2.16	10.9	8.0
08/03/2014	22 30 16.2	-10 07 02.8	29.97738	30.948060	2.16	11.8	8.0
09/03/2014	22 30 24.7	-10 06 14.2	29.97735	30.944607	2.17	12.8	8.0
10/03/2014	22 30 33.1	-10 05 25.7	29.97732	30.940874	2.17	13.8	8.0
11/03/2014	22 30 41.6	-10 04 37.5	29.97729	30.936863	2.17	14.7	8.0
12/03/2014	22 30 50.0	-10 03 49.4	29.97726	30.932576	2.17	15.7	8.0
13/03/2014	22 30 58.3	-10 03 01.6	29.97723	30.928014	2.17	16.7	8.0
14/03/2014	22 31 06.6	-10 02 13.9	29.97720	30.923178	2.17	17.6	8.0
15/03/2014	22 31 14.9	-10 01 26.5	29.97717	30.918071	2.17	18.6	8.0
16/03/2014	22 31 23.2	-10 00 39.3	29.97714	30.912693	2.17	19.5	8.0
17/03/2014	22 31 31.4	-09 59 52.3	29.97711	30.907047	2.17	20.5	8.0
18/03/2014	22 31 39.6	-09 59 05.6	29.97708	30.901135	2.17	21.4	8.0
19/03/2014	22 31 47.7	-09 58 19.1	29.97705	30.894957	2.17	22.4	8.0
20/03/2014	22 31 55.8	-09 57 32.9	29.97702	30.888516	2.17	23.4	8.0
21/03/2014	22 32 03.8	-09 56 46.9	29.97699	30.881813	2.17	24.3	8.0
22/03/2014	22 32 11.8	-09 56 01.2	29.97697	30.874850	2.17	25.3	8.0
23/03/2014	22 32 19.8	-09 55 15.7	29.97694	30.867629	2.17	26.2	8.0
24/03/2014	22 32 27.7	-09 54 30.6	29.97691	30.860152	2.17	27.2	8.0
25/03/2014	22 32 35.6	-09 53 45.8	29.97688	30.852419	2.17	28.1	8.0
26/03/2014	22 32 43.4	-09 53 01.4	29.97685	30.844434	2.17	29.1	8.0
27/03/2014	22 32 51.1	-09 52 17.3	29.97682	30.836198	2.17	30.1	8.0
28/03/2014	22 32 58.8	-09 51 33.6	29.97679	30.827713	2.17	31.0	8.0
29/03/2014	22 33 06.4	-09 50 50.2	29.97676	30.818983	2.17	32.0	8.0
30/03/2014	22 33 13.9	-09 50 07.2	29.97673	30.810009	2.17	32.9	8.0
31/03/2014	22 33 21.4	-09 49 24.6	29.97670	30.800794	2.18	33.9	8.0
01/04/2014	22 33 28.9	-09 48 42.4	29.97667	30.791341	2.18	34.8	8.0
02/04/2014	22 33 36.2	-09 48 00.5	29.97664	30.781653	2.18	35.8	8.0
03/04/2014	22 33 43.5	-09 47 19.1	29.97661	30.771734	2.18	36.7	8.0
04/04/2014	22 33 50.7	-09 46 38.1	29.97659	30.761586	2.18	37.7	8.0
05/04/2014	22 33 57.9	-09 45 57.5	29.97656	30.751213	2.18	38.7	8.0
06/04/2014	22 34 05.0	-09 45 17.3	29.97653	30.740618	2.18	39.6	8.0
07/04/2014	22 34 12.0	-09 44 37.6	29.97650	30.729805	2.18	40.6	8.0
08/04/2014	22 34 18.9	-09 43 58.4	29.97647	30.718777	2.18	41.5	8.0
09/04/2014	22 34 25.8	-09 43 19.6	29.97644	30.707537	2.18	42.5	8.0
10/04/2014	22 34 32.5	-09 42 41.3	29.97641	30.696088	2.18	43.4	7.9
11/04/2014	22 34 39.2	-09 42 03.6	29.97638	30.684435	2.18	44.4	7.9
12/04/2014	22 34 45.8	-09 41 26.3	29.97635	30.672580	2.18	45.3	7.9
13/04/2014	22 34 52.3	-09 40 49.5	29.97632	30.660527	2.19	46.3	7.9
14/04/2014	22 34 58.8	-09 40 13.2	29.97629	30.648279	2.19	47.2	7.9
15/04/2014	22 35 05.1	-09 39 37.4	29.97626	30.635840	2.19	48.2	7.9
16/04/2014	22 35 11.4	-09 39 02.1	29.97624	30.623212	2.19	49.1	7.9
17/04/2014	22 35 17.6	-09 38 27.4	29.97621	30.610400	2.19	50.1	7.9
18/04/2014	22 35 23.7	-09 37 53.1	29.97618	30.597406	2.19	51.0	7.9
19/04/2014	22 35 29.7	-09 37 19.4	29.97615	30.584234	2.19	52.0	7.9
20/04/2014	22 35 35.6	-09 36 46.3	29.97612	30.570887	2.19	52.9	7.9
21/04/2014	22 35 41.4	-09 36 13.7	29.97609	30.557368	2.19	53.9	7.9
22/04/2014	22 35 47.1	-09 35 41.6	29.97606	30.543681	2.19	54.8	7.9
23/04/2014	22 35 52.8	-09 35 10.2	29.97603	30.529830	2.19	55.8	7.9
24/04/2014	22 35 58.3	-09 34 39.4	29.97600	30.515817	2.20	56.7	7.9
25/04/2014	22 36 03.7	-09 34 09.2	29.97597	30.501647	2.20	57.7	7.9
26/04/2014	22 36 09.0	-09 33 39.6	29.97594	30.487324	2.20	58.6	7.9
27/04/2014	22 36 14.3	-09 33 10.6	29.97592	30.472852	2.20	59.6	7.9
28/04/2014	22 36 19.4	-09 32 42.2	29.97589	30.458235	2.20	60.5	7.9
29/04/2014	22 36 24.4	-09 32 14.4	29.97586	30.443477	2.20	61.5	7.9
30/04/2014	22 36 29.3	-09 31 47.2	29.97583	30.428583	2.20	62.4	7.9
01/05/2014	22 36 34.2	-09 31 20.6	29.97580	30.413557	2.20	63.4	7.9
02/05/2014	22 36 38.9	-09 30 54.7	29.97577	30.398404	2.20	64.3	7.9
03/05/2014	22 36 43.5	-09 30 29.4	29.97574	30.383129	2.21	65.3	7.9
04/05/2014	22 36 48.0	-09 30 04.8	29.97571	30.367736	2.21	66.2	7.9

GG/MM/AAAA	A.R.	DECL.	Dist.	RV	Diam.	El.	Mag.
05/05/2014	22 36 52.4	-09 29 40.8	29.97568	30.352230	2.21	67.2	7.9
06/05/2014	22 36 56.6	-09 29 17.5	29.97565	30.336614	2.21	68.1	7.9
07/05/2014	22 37 00.8	-09 28 54.9	29.97563	30.320895	2.21	69.1	7.9
08/05/2014	22 37 04.8	-09 28 32.9	29.97560	30.305075	2.21	70.0	7.9
09/05/2014	22 37 08.8	-09 28 11.7	29.97557	30.289161	2.21	71.0	7.9
10/05/2014	22 37 12.6	-09 27 51.1	29.97554	30.273155	2.21	71.9	7.9
11/05/2014	22 37 16.3	-09 27 31.2	29.97551	30.257064	2.21	72.9	7.9
12/05/2014	22 37 19.9	-09 27 12.0	29.97548	30.240890	2.22	73.8	7.9
13/05/2014	22 37 23.4	-09 26 53.4	29.97545	30.224639	2.22	74.8	7.9
14/05/2014	22 37 26.7	-09 26 35.5	29.97542	30.208314	2.22	75.7	7.9
15/05/2014	22 37 30.0	-09 26 18.3	29.97539	30.191920	2.22	76.7	7.9
16/05/2014	22 37 33.1	-09 26 01.8	29.97537	30.175462	2.22	77.6	7.9
17/05/2014	22 37 36.2	-09 25 46.0	29.97534	30.158942	2.22	78.6	7.9
18/05/2014	22 37 39.1	-09 25 30.9	29.97531	30.142366	2.22	79.5	7.9
19/05/2014	22 37 41.9	-09 25 16.5	29.97528	30.125738	2.22	80.5	7.9
20/05/2014	22 37 44.5	-09 25 02.8	29.97525	30.109061	2.23	81.4	7.9
21/05/2014	22 37 47.1	-09 24 49.9	29.97522	30.092341	2.23	82.4	7.9
22/05/2014	22 37 49.5	-09 24 37.7	29.97519	30.075582	2.23	83.3	7.9
23/05/2014	22 37 51.8	-09 24 26.2	29.97516	30.058787	2.23	84.3	7.9
24/05/2014	22 37 54.0	-09 24 15.5	29.97513	30.041963	2.23	85.3	7.9
25/05/2014	22 37 56.0	-09 24 05.5	29.97511	30.025115	2.23	86.2	7.9
26/05/2014	22 37 58.0	-09 23 56.1	29.97508	30.008246	2.23	87.2	7.9
27/05/2014	22 37 59.8	-09 23 47.5	29.97505	29.991362	2.23	88.1	7.9
28/05/2014	22 38 01.5	-09 23 39.7	29.97502	29.974468	2.24	89.1	7.9
29/05/2014	22 38 03.0	-09 23 32.5	29.97499	29.957569	2.24	90.0	7.9
30/05/2014	22 38 04.5	-09 23 26.1	29.97496	29.940670	2.24	91.0	7.9
31/05/2014	22 38 05.8	-09 23 20.4	29.97493	29.923777	2.24	91.9	7.9
01/06/2014	22 38 07.0	-09 23 15.5	29.97490	29.906893	2.24	92.9	7.9
02/06/2014	22 38 08.1	-09 23 11.3	29.97488	29.890026	2.24	93.8	7.9
03/06/2014	22 38 09.1	-09 23 07.9	29.97485	29.873178	2.24	94.8	7.9
04/06/2014	22 38 09.9	-09 23 05.2	29.97482	29.856355	2.24	95.7	7.9
05/06/2014	22 38 10.6	-09 23 03.2	29.97479	29.839563	2.25	96.7	7.9
06/06/2014	22 38 11.2	-09 23 02.0	29.97476	29.822805	2.25	97.7	7.9
07/06/2014	22 38 11.6	-09 23 01.5	29.97473	29.806087	2.25	98.6	7.9
08/06/2014	22 38 11.9	-09 23 01.7	29.97470	29.789413	2.25	99.6	7.9
09/06/2014	22 38 12.2	-09 23 02.7	29.97467	29.772787	2.25	100.5	7.9
10/06/2014	22 38 12.2	-09 23 04.3	29.97465	29.756215	2.25	101.5	7.9
11/06/2014	22 38 12.2	-09 23 06.7	29.97462	29.739700	2.25	102.4	7.9
12/06/2014	22 38 12.1	-09 23 09.7	29.97459	29.723248	2.25	103.4	7.9
13/06/2014	22 38 11.8	-09 23 13.5	29.97456	29.706861	2.26	104.3	7.9
14/06/2014	22 38 11.4	-09 23 18.0	29.97453	29.690545	2.26	105.3	7.9
15/06/2014	22 38 10.9	-09 23 23.2	29.97450	29.674304	2.26	106.3	7.9
16/06/2014	22 38 10.3	-09 23 29.1	29.97447	29.658141	2.26	107.2	7.9
17/06/2014	22 38 09.5	-09 23 35.8	29.97444	29.642062	2.26	108.2	7.9
18/06/2014	22 38 08.7	-09 23 43.2	29.97442	29.626070	2.26	109.1	7.9
19/06/2014	22 38 07.7	-09 23 51.3	29.97439	29.610170	2.26	110.1	7.9
20/06/2014	22 38 06.5	-09 24 00.1	29.97436	29.594367	2.26	111.1	7.9
21/06/2014	22 38 05.3	-09 24 09.6	29.97433	29.578665	2.27	112.0	7.9
22/06/2014	22 38 04.0	-09 24 19.8	29.97430	29.563069	2.27	113.0	7.9
23/06/2014	22 38 02.5	-09 24 30.6	29.97427	29.547584	2.27	113.9	7.9
24/06/2014	22 38 00.9	-09 24 42.1	29.97424	29.532215	2.27	114.9	7.9
25/06/2014	22 37 59.2	-09 24 54.4	29.97422	29.516966	2.27	115.9	7.9
26/06/2014	22 37 57.4	-09 25 07.2	29.97419	29.501842	2.27	116.8	7.9
27/06/2014	22 37 55.5	-09 25 20.8	29.97416	29.486848	2.27	117.8	7.9
28/06/2014	22 37 53.4	-09 25 35.0	29.97413	29.471988	2.27	118.7	7.9
29/06/2014	22 37 51.3	-09 25 49.9	29.97410	29.457268	2.27	119.7	7.9
30/06/2014	22 37 49.0	-09 26 05.5	29.97407	29.442691	2.28	120.7	7.9
01/07/2014	22 37 46.6	-09 26 21.7	29.97404	29.428262	2.28	121.6	7.9
02/07/2014	22 37 44.1	-09 26 38.6	29.97401	29.413986	2.28	122.6	7.9
03/07/2014	22 37 41.5	-09 26 56.1	29.97399	29.399866	2.28	123.6	7.9
04/07/2014	22 37 38.8	-09 27 14.3	29.97396	29.385907	2.28	124.5	7.9
05/07/2014	22 37 36.0	-09 27 33.0	29.97393	29.372113	2.28	125.5	7.9
06/07/2014	22 37 33.0	-09 27 52.4	29.97390	29.358488	2.28	126.5	7.9
07/07/2014	22 37 30.0	-09 28 12.3	29.97387	29.345035	2.28	127.4	7.9
08/07/2014	22 37 26.9	-09 28 32.9	29.97384	29.331759	2.28	128.4	7.9
09/07/2014	22 37 23.6	-09 28 54.0	29.97382	29.318662	2.29	129.4	7.8
10/07/2014	22 37 20.3	-09 29 15.6	29.97379	29.305749	2.29	130.3	7.8
11/07/2014	22 37 16.9	-09 29 37.9	29.97376	29.293023	2.29	131.3	7.8
12/07/2014	22 37 13.4	-09 30 00.7	29.97373	29.280488	2.29	132.3	7.8
13/07/2014	22 37 09.7	-09 30 24.1	29.97370	29.268146	2.29	133.2	7.8
14/07/2014	22 37 06.0	-09 30 48.0	29.97367	29.256000	2.29	134.2	7.8
15/07/2014	22 37 02.2	-09 31 12.5	29.97364	29.244055	2.29	135.2	7.8
16/07/2014	22 36 58.3	-09 31 37.6	29.97362	29.232314	2.29	136.2	7.8

GG/MM/AAAA	A.R.	DECL.	Dist.	RV	Diam.	El.	Mag.
17/07/2014	22 36 54.3	-09 32 03.1	29.97359	29.220780	2.29	137.1	7.8
18/07/2014	22 36 50.2	-09 32 29.2	29.97356	29.209457	2.29	138.1	7.8
19/07/2014	22 36 46.0	-09 32 55.8	29.97353	29.198348	2.29	139.1	7.8
20/07/2014	22 36 41.7	-09 33 22.9	29.97350	29.187458	2.30	140.0	7.8
21/07/2014	22 36 37.3	-09 33 50.4	29.97347	29.176789	2.30	141.0	7.8
22/07/2014	22 36 32.9	-09 34 18.4	29.97344	29.166346	2.30	142.0	7.8
23/07/2014	22 36 28.4	-09 34 46.9	29.97342	29.156132	2.30	143.0	7.8
24/07/2014	22 36 23.8	-09 35 15.8	29.97339	29.146151	2.30	143.9	7.8
25/07/2014	22 36 19.1	-09 35 45.2	29.97336	29.136405	2.30	144.9	7.8
26/07/2014	22 36 14.3	-09 36 15.0	29.97333	29.126899	2.30	145.9	7.8
27/07/2014	22 36 09.5	-09 36 45.2	29.97330	29.117635	2.30	146.9	7.8
28/07/2014	22 36 04.6	-09 37 15.9	29.97327	29.108616	2.30	147.9	7.8
29/07/2014	22 35 59.6	-09 37 47.0	29.97325	29.099846	2.30	148.8	7.8
30/07/2014	22 35 54.5	-09 38 18.5	29.97322	29.091327	2.30	149.8	7.8
31/07/2014	22 35 49.4	-09 38 50.4	29.97319	29.083062	2.30	150.8	7.8
01/08/2014	22 35 44.2	-09 39 22.6	29.97316	29.075053	2.30	151.8	7.8
02/08/2014	22 35 38.9	-09 39 55.1	29.97313	29.067303	2.30	152.7	7.8
03/08/2014	22 35 33.6	-09 40 28.0	29.97310	29.059815	2.31	153.7	7.8
04/08/2014	22 35 28.2	-09 41 01.2	29.97308	29.052589	2.31	154.7	7.8
05/08/2014	22 35 22.8	-09 41 34.7	29.97305	29.045630	2.31	155.7	7.8
06/08/2014	22 35 17.3	-09 42 08.5	29.97302	29.038937	2.31	156.7	7.8
07/08/2014	22 35 11.7	-09 42 42.5	29.97299	29.032514	2.31	157.6	7.8
08/08/2014	22 35 06.1	-09 43 16.8	29.97296	29.026361	2.31	158.6	7.8
09/08/2014	22 35 00.5	-09 43 51.4	29.97293	29.020481	2.31	159.6	7.8
10/08/2014	22 34 54.8	-09 44 26.3	29.97291	29.014875	2.31	160.6	7.8
11/08/2014	22 34 49.0	-09 45 01.4	29.97288	29.009544	2.31	161.6	7.8
12/08/2014	22 34 43.3	-09 45 36.8	29.97285	29.004490	2.31	162.6	7.8
13/08/2014	22 34 37.4	-09 46 12.4	29.97282	28.999715	2.31	163.5	7.8
14/08/2014	22 34 31.5	-09 46 48.1	29.97279	28.995220	2.31	164.5	7.8
15/08/2014	22 34 25.6	-09 47 24.1	29.97276	28.991007	2.31	165.5	7.8
16/08/2014	22 34 19.7	-09 48 00.2	29.97274	28.987078	2.31	166.5	7.8
17/08/2014	22 34 13.7	-09 48 36.5	29.97271	28.983434	2.31	167.5	7.8
18/08/2014	22 34 07.7	-09 49 12.9	29.97268	28.980078	2.31	168.5	7.8
19/08/2014	22 34 01.7	-09 49 49.4	29.97265	28.977010	2.31	169.5	7.8
20/08/2014	22 33 55.6	-09 50 26.0	29.97262	28.974233	2.31	170.5	7.8
21/08/2014	22 33 49.5	-09 51 02.8	29.97260	28.971747	2.31	171.4	7.8
22/08/2014	22 33 43.4	-09 51 39.7	29.97257	28.969554	2.31	172.4	7.8
23/08/2014	22 33 37.3	-09 52 16.6	29.97254	28.967655	2.31	173.4	7.8
24/08/2014	22 33 31.1	-09 52 53.6	29.97251	28.966051	2.31	174.4	7.8
25/08/2014	22 33 25.0	-09 53 30.7	29.97248	28.964742	2.31	175.4	7.8
26/08/2014	22 33 18.8	-09 54 07.9	29.97245	28.963730	2.31	176.4	7.8
27/08/2014	22 33 12.6	-09 54 45.0	29.97243	28.963015	2.31	177.4	7.8
28/08/2014	22 33 06.4	-09 55 22.2	29.97240	28.962597	2.31	178.3	7.8
29/08/2014	22 33 00.2	-09 55 59.3	29.97237	28.962476	2.31	179.1	7.8
30/08/2014	22 32 54.0	-09 56 36.4	29.97234	28.962653	2.31	179.2	7.8
31/08/2014	22 32 47.8	-09 57 13.5	29.97231	28.963128	2.31	178.4	7.8
01/09/2014	22 32 41.6	-09 57 50.5	29.97229	28.963899	2.31	177.5	7.8
02/09/2014	22 32 35.4	-09 58 27.4	29.97226	28.964968	2.31	176.5	7.8
03/09/2014	22 32 29.2	-09 59 04.2	29.97223	28.966333	2.31	175.6	7.8
04/09/2014	22 32 23.0	-09 59 40.9	29.97220	28.967994	2.31	174.6	7.8
05/09/2014	22 32 16.9	-10 00 17.5	29.97217	28.969951	2.31	173.6	7.8
06/09/2014	22 32 10.7	-10 00 54.0	29.97215	28.972201	2.31	172.6	7.8
07/09/2014	22 32 04.6	-10 01 30.4	29.97212	28.974745	2.31	171.6	7.8
08/09/2014	22 31 58.5	-10 02 06.7	29.97209	28.977581	2.31	170.6	7.8
09/09/2014	22 31 52.4	-10 02 42.8	29.97206	28.980710	2.31	169.6	7.8
10/09/2014	22 31 46.3	-10 03 18.7	29.97203	28.984129	2.31	168.6	7.8
11/09/2014	22 31 40.2	-10 03 54.5	29.97201	28.987839	2.31	167.6	7.8
12/09/2014	22 31 34.2	-10 04 30.0	29.97198	28.991838	2.31	166.6	7.8
13/09/2014	22 31 28.2	-10 05 05.3	29.97195	28.996127	2.31	165.6	7.8
14/09/2014	22 31 22.3	-10 05 40.4	29.97192	29.000703	2.31	164.6	7.8
15/09/2014	22 31 16.4	-10 06 15.2	29.97189	29.005567	2.31	163.6	7.8
16/09/2014	22 31 10.5	-10 06 49.7	29.97187	29.010717	2.31	162.6	7.8
17/09/2014	22 31 04.6	-10 07 24.0	29.97184	29.016153	2.31	161.6	7.8
18/09/2014	22 30 58.8	-10 07 58.0	29.97181	29.021873	2.31	160.6	7.8
19/09/2014	22 30 53.1	-10 08 31.8	29.97178	29.027876	2.31	159.6	7.8
20/09/2014	22 30 47.4	-10 09 05.2	29.97175	29.034160	2.31	158.6	7.8
21/09/2014	22 30 41.7	-10 09 38.4	29.97173	29.040724	2.31	157.6	7.8
22/09/2014	22 30 36.1	-10 10 11.2	29.97170	29.047565	2.31	156.6	7.8
23/09/2014	22 30 30.5	-10 10 43.6	29.97167	29.054683	2.31	155.6	7.8
24/09/2014	22 30 25.0	-10 11 15.8	29.97164	29.062075	2.31	154.6	7.8
25/09/2014	22 30 19.6	-10 11 47.5	29.97161	29.069738	2.30	153.6	7.8
26/09/2014	22 30 14.2	-10 12 18.8	29.97159	29.077671	2.30	152.6	7.8
27/09/2014	22 30 08.8	-10 12 49.7	29.97156	29.085871	2.30	151.6	7.8

GG/MM/AAAA	A.R.	DECL.	Dist.	RV	Diam.	El.	Mag.
28/09/2014	22 30 03.6	-10 13 20.2	29.97153	29.094335	2.30	150.6	7.8
29/09/2014	22 29 58.4	-10 13 50.3	29.97150	29.103061	2.30	149.6	7.8
30/09/2014	22 29 53.3	-10 14 19.9	29.97148	29.112046	2.30	148.6	7.8
01/10/2014	22 29 48.2	-10 14 49.1	29.97145	29.121285	2.30	147.6	7.8
02/10/2014	22 29 43.3	-10 15 17.8	29.97142	29.130778	2.30	146.6	7.8
03/10/2014	22 29 38.4	-10 15 46.0	29.97139	29.140520	2.30	145.6	7.8
04/10/2014	22 29 33.5	-10 16 13.8	29.97136	29.150508	2.30	144.6	7.8
05/10/2014	22 29 28.8	-10 16 41.1	29.97134	29.160739	2.30	143.6	7.8
06/10/2014	22 29 24.1	-10 17 07.9	29.97131	29.171209	2.30	142.6	7.8
07/10/2014	22 29 19.5	-10 17 34.3	29.97128	29.181916	2.30	141.6	7.8
08/10/2014	22 29 15.0	-10 18 00.1	29.97125	29.192856	2.30	140.6	7.8
09/10/2014	22 29 10.6	-10 18 25.3	29.97123	29.204027	2.29	139.5	7.8
10/10/2014	22 29 06.3	-10 18 50.0	29.97120	29.215426	2.29	138.5	7.8
11/10/2014	22 29 02.0	-10 19 14.2	29.97117	29.227048	2.29	137.5	7.8
12/10/2014	22 28 57.9	-10 19 37.8	29.97114	29.238892	2.29	136.5	7.8
13/10/2014	22 28 53.9	-10 20 00.8	29.97111	29.250954	2.29	135.5	7.8
14/10/2014	22 28 49.9	-10 20 23.2	29.97109	29.263230	2.29	134.5	7.8
15/10/2014	22 28 46.0	-10 20 45.1	29.97106	29.275718	2.29	133.5	7.8
16/10/2014	22 28 42.3	-10 21 06.4	29.97103	29.288414	2.29	132.5	7.8
17/10/2014	22 28 38.6	-10 21 27.1	29.97100	29.301315	2.29	131.5	7.8
18/10/2014	22 28 35.0	-10 21 47.2	29.97098	29.314415	2.29	130.5	7.8
19/10/2014	22 28 31.6	-10 22 06.7	29.97095	29.327713	2.28	129.5	7.8
20/10/2014	22 28 28.2	-10 22 25.5	29.97092	29.341203	2.28	128.5	7.9
21/10/2014	22 28 25.0	-10 22 43.8	29.97089	29.354882	2.28	127.5	7.9
22/10/2014	22 28 21.8	-10 23 01.4	29.97087	29.368745	2.28	126.5	7.9
23/10/2014	22 28 18.8	-10 23 18.3	29.97084	29.382788	2.28	125.4	7.9
24/10/2014	22 28 15.8	-10 23 34.5	29.97081	29.397007	2.28	124.4	7.9
25/10/2014	22 28 13.0	-10 23 50.1	29.97078	29.411397	2.28	123.4	7.9
26/10/2014	22 28 10.3	-10 24 05.0	29.97076	29.425954	2.28	122.4	7.9
27/10/2014	22 28 07.8	-10 24 19.1	29.97073	29.440671	2.28	121.4	7.9
28/10/2014	22 28 05.3	-10 24 32.6	29.97070	29.455546	2.27	120.4	7.9
29/10/2014	22 28 02.9	-10 24 45.4	29.97067	29.470572	2.27	119.4	7.9
30/10/2014	22 28 00.7	-10 24 57.5	29.97065	29.485745	2.27	118.4	7.9
31/10/2014	22 27 58.6	-10 25 09.0	29.97062	29.501060	2.27	117.4	7.9
01/11/2014	22 27 56.6	-10 25 19.7	29.97059	29.516512	2.27	116.4	7.9
02/11/2014	22 27 54.7	-10 25 29.8	29.97056	29.532095	2.27	115.4	7.9
03/11/2014	22 27 53.0	-10 25 39.1	29.97054	29.547806	2.27	114.4	7.9
04/11/2014	22 27 51.3	-10 25 47.7	29.97051	29.563639	2.27	113.3	7.9
05/11/2014	22 27 49.8	-10 25 55.6	29.97048	29.579590	2.27	112.3	7.9
06/11/2014	22 27 48.4	-10 26 02.7	29.97045	29.595654	2.26	111.3	7.9
07/11/2014	22 27 47.2	-10 26 09.1	29.97043	29.611827	2.26	110.3	7.9
08/11/2014	22 27 46.0	-10 26 14.8	29.97040	29.628103	2.26	109.3	7.9
09/11/2014	22 27 45.0	-10 26 19.7	29.97037	29.644479	2.26	108.3	7.9
10/11/2014	22 27 44.1	-10 26 23.8	29.97034	29.660950	2.26	107.3	7.9
11/11/2014	22 27 43.4	-10 26 27.3	29.97032	29.677510	2.26	106.3	7.9
12/11/2014	22 27 42.7	-10 26 30.0	29.97029	29.694156	2.26	105.3	7.9
13/11/2014	22 27 42.2	-10 26 31.9	29.97026	29.710882	2.26	104.3	7.9
14/11/2014	22 27 41.9	-10 26 33.2	29.97023	29.727684	2.25	103.3	7.9
15/11/2014	22 27 41.6	-10 26 33.6	29.97021	29.744556	2.25	102.3	7.9
16/11/2014	22 27 41.5	-10 26 33.4	29.97018	29.761494	2.25	101.3	7.9
17/11/2014	22 27 41.5	-10 26 32.4	29.97015	29.778492	2.25	100.2	7.9
18/11/2014	22 27 41.6	-10 26 30.6	29.97012	29.795544	2.25	99.2	7.9
19/11/2014	22 27 41.9	-10 26 28.1	29.97010	29.812647	2.25	98.2	7.9
20/11/2014	22 27 42.3	-10 26 24.7	29.97007	29.829793	2.25	97.2	7.9
21/11/2014	22 27 42.8	-10 26 20.6	29.97004	29.846979	2.24	96.2	7.9
22/11/2014	22 27 43.5	-10 26 15.8	29.97001	29.864197	2.24	95.2	7.9
23/11/2014	22 27 44.3	-10 26 10.1	29.96999	29.881443	2.24	94.2	7.9
24/11/2014	22 27 45.2	-10 26 03.7	29.96996	29.898712	2.24	93.2	7.9
25/11/2014	22 27 46.2	-10 25 56.5	29.96993	29.915996	2.24	92.2	7.9
26/11/2014	22 27 47.4	-10 25 48.6	29.96990	29.933292	2.24	91.2	7.9
27/11/2014	22 27 48.8	-10 25 39.9	29.96988	29.950592	2.24	90.2	7.9
28/11/2014	22 27 50.2	-10 25 30.5	29.96985	29.967892	2.24	89.2	7.9
29/11/2014	22 27 51.8	-10 25 20.3	29.96982	29.985185	2.23	88.2	7.9
30/11/2014	22 27 53.5	-10 25 09.4	29.96980	30.002468	2.23	87.2	7.9
01/12/2014	22 27 55.3	-10 24 57.8	29.96977	30.019734	2.23	86.2	7.9
02/12/2014	22 27 57.3	-10 24 45.4	29.96974	30.036978	2.23	85.2	7.9
03/12/2014	22 27 59.4	-10 24 32.2	29.96971	30.054195	2.23	84.1	7.9
04/12/2014	22 28 01.6	-10 24 18.3	29.96969	30.071382	2.23	83.1	7.9
05/12/2014	22 28 04.0	-10 24 03.6	29.96966	30.088531	2.23	82.1	7.9
06/12/2014	22 28 06.5	-10 23 48.2	29.96963	30.105640	2.23	81.1	7.9
07/12/2014	22 28 09.1	-10 23 32.0	29.96961	30.122702	2.22	80.1	7.9
08/12/2014	22 28 11.8	-10 23 15.2	29.96958	30.139713	2.22	79.1	7.9
09/12/2014	22 28 14.7	-10 22 57.6	29.96955	30.156669	2.22	78.1	7.9

GG/MM/AAAA	A.R.	DECL.	Dist.	RV	Diam.	El.	Mag.
10/12/2014	22 28 17.7	-10 22 39.3	29.96952	30.173565	2.22	77.1	7.9
11/12/2014	22 28 20.8	-10 22 20.3	29.96950	30.190395	2.22	76.1	7.9
12/12/2014	22 28 24.0	-10 22 00.5	29.96947	30.207155	2.22	75.1	7.9
13/12/2014	22 28 27.4	-10 21 40.1	29.96944	30.223839	2.22	74.1	7.9
14/12/2014	22 28 30.8	-10 21 19.0	29.96941	30.240443	2.22	73.1	7.9
15/12/2014	22 28 34.4	-10 20 57.2	29.96939	30.256962	2.21	72.1	7.9
16/12/2014	22 28 38.1	-10 20 34.7	29.96936	30.273391	2.21	71.1	7.9
17/12/2014	22 28 42.0	-10 20 11.4	29.96933	30.289725	2.21	70.1	7.9
18/12/2014	22 28 45.9	-10 19 47.5	29.96931	30.305958	2.21	69.1	7.9
19/12/2014	22 28 50.0	-10 19 22.9	29.96928	30.322085	2.21	68.1	7.9
20/12/2014	22 28 54.2	-10 18 57.5	29.96925	30.338102	2.21	67.1	7.9
21/12/2014	22 28 58.5	-10 18 31.5	29.96922	30.354004	2.21	66.1	7.9
22/12/2014	22 29 03.0	-10 18 04.8	29.96920	30.369784	2.21	65.1	7.9
23/12/2014	22 29 07.5	-10 17 37.5	29.96917	30.385438	2.21	64.1	7.9
24/12/2014	22 29 12.2	-10 17 09.5	29.96914	30.400962	2.20	63.1	7.9
25/12/2014	22 29 17.0	-10 16 40.9	29.96912	30.416349	2.20	62.1	7.9
26/12/2014	22 29 21.9	-10 16 11.7	29.96909	30.431596	2.20	61.1	7.9
27/12/2014	22 29 26.9	-10 15 41.9	29.96906	30.446697	2.20	60.1	7.9
28/12/2014	22 29 32.0	-10 15 11.4	29.96904	30.461648	2.20	59.1	7.9
29/12/2014	22 29 37.2	-10 14 40.3	29.96901	30.476446	2.20	58.1	7.9
30/12/2014	22 29 42.5	-10 14 08.6	29.96898	30.491085	2.20	57.1	7.9
31/12/2014	22 29 47.9	-10 13 36.3	29.96895	30.505562	2.20	56.2	7.9
01/01/2015	22 29 53.4	-10 13 03.4	29.96893	30.519873	2.20	55.2	7.9
02/01/2015	22 29 59.1	-10 12 29.9	29.96890	30.534014	2.19	54.2	7.9
03/01/2015	22 30 04.8	-10 11 55.8	29.96887	30.547981	2.19	53.2	7.9
04/01/2015	22 30 10.6	-10 11 21.1	29.96885	30.561771	2.19	52.2	7.9
05/01/2015	22 30 16.5	-10 10 45.9	29.96882	30.575379	2.19	51.2	7.9
06/01/2015	22 30 22.6	-10 10 10.2	29.96879	30.588803	2.19	50.2	7.9
07/01/2015	22 30 28.7	-10 09 33.9	29.96877	30.602039	2.19	49.2	7.9
08/01/2015	22 30 34.9	-10 08 57.1	29.96874	30.615082	2.19	48.2	7.9
09/01/2015	22 30 41.2	-10 08 19.8	29.96871	30.627930	2.19	47.2	7.9
10/01/2015	22 30 47.6	-10 07 42.0	29.96868	30.640579	2.19	46.2	7.9
11/01/2015	22 30 54.0	-10 07 03.7	29.96866	30.653024	2.19	45.2	7.9
12/01/2015	22 31 00.6	-10 06 24.9	29.96863	30.665263	2.18	44.2	7.9
13/01/2015	22 31 07.2	-10 05 45.5	29.96860	30.677292	2.18	43.3	7.9
14/01/2015	22 31 14.0	-10 05 05.7	29.96858	30.689107	2.18	42.3	7.9
15/01/2015	22 31 20.8	-10 04 25.4	29.96855	30.700704	2.18	41.3	7.9
16/01/2015	22 31 27.7	-10 03 44.6	29.96852	30.712081	2.18	40.3	7.9
17/01/2015	22 31 34.6	-10 03 03.4	29.96850	30.723233	2.18	39.3	8.0
18/01/2015	22 31 41.7	-10 02 21.6	29.96847	30.734157	2.18	38.3	8.0
19/01/2015	22 31 48.8	-10 01 39.5	29.96844	30.744850	2.18	37.3	8.0
20/01/2015	22 31 56.0	-10 00 57.0	29.96842	30.755308	2.18	36.3	8.0
21/01/2015	22 32 03.3	-10 00 14.0	29.96839	30.765527	2.18	35.4	8.0
22/01/2015	22 32 10.7	-09 59 30.7	29.96836	30.775506	2.18	34.4	8.0
23/01/2015	22 32 18.1	-09 58 47.0	29.96834	30.785239	2.18	33.4	8.0
24/01/2015	22 32 25.6	-09 58 02.9	29.96831	30.794726	2.18	32.4	8.0
25/01/2015	22 32 33.1	-09 57 18.4	29.96828	30.803964	2.18	31.4	8.0
26/01/2015	22 32 40.7	-09 56 33.6	29.96825	30.812949	2.17	30.4	8.0
27/01/2015	22 32 48.4	-09 55 48.5	29.96823	30.821680	2.17	29.5	8.0
28/01/2015	22 32 56.1	-09 55 02.9	29.96820	30.830155	2.17	28.5	8.0
29/01/2015	22 33 03.9	-09 54 17.1	29.96817	30.838372	2.17	27.5	8.0
30/01/2015	22 33 11.7	-09 53 30.9	29.96815	30.846330	2.17	26.5	8.0
31/01/2015	22 33 19.6	-09 52 44.4	29.96812	30.854025	2.17	25.5	8.0
01/02/2015	22 33 27.5	-09 51 57.7	29.96809	30.861457	2.17	24.6	8.0
02/02/2015	22 33 35.5	-09 51 10.7	29.96807	30.868624	2.17	23.6	8.0
03/02/2015	22 33 43.6	-09 50 23.4	29.96804	30.875524	2.17	22.6	8.0
04/02/2015	22 33 51.7	-09 49 35.8	29.96801	30.882156	2.17	21.6	8.0
05/02/2015	22 33 59.8	-09 48 48.1	29.96799	30.888518	2.17	20.6	8.0
06/02/2015	22 34 08.0	-09 48 00.1	29.96796	30.894608	2.17	19.7	8.0
07/02/2015	22 34 16.2	-09 47 11.9	29.96793	30.900425	2.17	18.7	8.0
08/02/2015	22 34 24.4	-09 46 23.4	29.96791	30.905967	2.17	17.7	8.0
09/02/2015	22 34 32.7	-09 45 34.8	29.96788	30.911234	2.17	16.7	8.0
10/02/2015	22 34 41.0	-09 44 45.9	29.96785	30.916222	2.17	15.8	8.0
11/02/2015	22 34 49.3	-09 43 56.9	29.96783	30.920932	2.17	14.8	8.0
12/02/2015	22 34 57.7	-09 43 07.7	29.96780	30.925360	2.17	13.8	8.0
13/02/2015	22 35 06.1	-09 42 18.2	29.96777	30.929508	2.17	12.8	8.0
14/02/2015	22 35 14.6	-09 41 28.7	29.96775	30.933371	2.17	11.9	8.0
15/02/2015	22 35 23.0	-09 40 39.0	29.96772	30.936951	2.17	10.9	8.0
16/02/2015	22 35 31.5	-09 39 49.2	29.96769	30.940244	2.17	9.9	8.0
17/02/2015	22 35 40.0	-09 38 59.2	29.96767	30.943251	2.17	8.9	8.0
18/02/2015	22 35 48.6	-09 38 09.2	29.96764	30.945970	2.17	8.0	8.0
19/02/2015	22 35 57.1	-09 37 19.2	29.96761	30.948400	2.16	7.0	8.0
20/02/2015	22 36 05.7	-09 36 29.0	29.96759	30.950541	2.16	6.0	8.0

GG/MM/AAAA	A.R.	DECL.	Dist.	RV	Diam.	El.	Mag.
21/02/2015	22 36 14.2	-09 35 38.8	29.96756	30.952392	2.16	5.1	8.0
22/02/2015	22 36 22.8	-09 34 48.6	29.96753	30.953953	2.16	4.1	8.0
23/02/2015	22 36 31.4	-09 33 58.3	29.96751	30.955225	2.16	3.2	8.0
24/02/2015	22 36 40.0	-09 33 08.0	29.96748	30.956206	2.16	2.2	8.0
25/02/2015	22 36 48.6	-09 32 17.7	29.96746	30.956898	2.16	1.4	8.0
26/02/2015	22 36 57.2	-09 31 27.7	29.96743	30.957301	2.16	0.8	8.0
27/02/2015	22 37 05.7	-09 30 37.2	29.96740	30.957416	2.16	1.1	8.0
28/02/2015	22 37 14.3	-09 29 46.7	29.96738	30.957242	2.16	1.9	8.0
01/03/2015	22 37 22.9	-09 28 56.3	29.96735	30.956781	2.16	2.8	8.0
02/03/2015	22 37 31.5	-09 28 06.0	29.96732	30.956034	2.16	3.8	8.0
03/03/2015	22 37 40.1	-09 27 15.8	29.96730	30.954999	2.16	4.7	8.0
04/03/2015	22 37 48.7	-09 26 25.7	29.96727	30.953680	2.16	5.7	8.0
05/03/2015	22 37 57.2	-09 25 35.7	29.96724	30.952075	2.16	6.6	8.0
06/03/2015	22 38 05.8	-09 24 45.8	29.96722	30.950185	2.16	7.6	8.0
07/03/2015	22 38 14.3	-09 23 55.9	29.96719	30.948013	2.16	8.5	8.0
08/03/2015	22 38 22.8	-09 23 06.2	29.96716	30.945557	2.17	9.5	8.0
09/03/2015	22 38 31.3	-09 22 16.6	29.96714	30.942819	2.17	10.4	8.0
10/03/2015	22 38 39.7	-09 21 27.1	29.96711	30.939800	2.17	11.4	8.0
11/03/2015	22 38 48.2	-09 20 37.8	29.96708	30.936500	2.17	12.4	8.0
12/03/2015	22 38 56.6	-09 19 48.6	29.96706	30.932920	2.17	13.3	8.0
13/03/2015	22 39 05.0	-09 18 59.5	29.96703	30.929062	2.17	14.3	8.0
14/03/2015	22 39 13.4	-09 18 10.6	29.96701	30.924925	2.17	15.2	8.0
15/03/2015	22 39 21.8	-09 17 21.9	29.96698	30.920512	2.17	16.2	8.0
16/03/2015	22 39 30.1	-09 16 33.4	29.96695	30.915823	2.17	17.2	8.0
17/03/2015	22 39 38.4	-09 15 45.1	29.96693	30.910859	2.17	18.1	8.0
18/03/2015	22 39 46.6	-09 14 57.1	29.96690	30.905621	2.17	19.1	8.0
19/03/2015	22 39 54.8	-09 14 09.4	29.96687	30.900111	2.17	20.0	8.0
20/03/2015	22 40 03.0	-09 13 21.8	29.96685	30.894331	2.17	21.0	8.0
21/03/2015	22 40 11.1	-09 12 34.6	29.96682	30.888282	2.17	21.9	8.0
22/03/2015	22 40 19.2	-09 11 47.6	29.96680	30.881966	2.17	22.9	8.0
23/03/2015	22 40 27.2	-09 11 00.8	29.96677	30.875386	2.17	23.9	8.0
24/03/2015	22 40 35.2	-09 10 14.4	29.96674	30.868544	2.17	24.8	8.0
25/03/2015	22 40 43.1	-09 09 28.2	29.96672	30.861443	2.17	25.8	8.0
26/03/2015	22 40 51.0	-09 08 42.3	29.96669	30.854084	2.17	26.7	8.0
27/03/2015	22 40 58.8	-09 07 56.8	29.96666	30.846472	2.17	27.7	8.0
28/03/2015	22 41 06.6	-09 07 11.6	29.96664	30.838607	2.17	28.6	8.0
29/03/2015	22 41 14.4	-09 06 26.8	29.96661	30.830493	2.17	29.6	8.0
30/03/2015	22 41 22.0	-09 05 42.3	29.96659	30.822133	2.17	30.6	8.0
31/03/2015	22 41 29.6	-09 04 58.2	29.96656	30.813529	2.17	31.5	8.0
01/04/2015	22 41 37.2	-09 04 14.5	29.96653	30.804683	2.17	32.5	8.0
02/04/2015	22 41 44.7	-09 03 31.2	29.96651	30.795598	2.18	33.4	8.0
03/04/2015	22 41 52.1	-09 02 48.2	29.96648	30.786278	2.18	34.4	8.0
04/04/2015	22 41 59.4	-09 02 05.7	29.96645	30.776724	2.18	35.3	8.0
05/04/2015	22 42 06.7	-09 01 23.6	29.96643	30.766940	2.18	36.3	8.0
06/04/2015	22 42 13.9	-09 00 41.9	29.96640	30.756927	2.18	37.2	8.0
07/04/2015	22 42 21.1	-09 00 00.6	29.96638	30.746689	2.18	38.2	8.0
08/04/2015	22 42 28.2	-08 59 19.7	29.96635	30.736228	2.18	39.1	8.0
09/04/2015	22 42 35.2	-08 58 39.2	29.96632	30.725547	2.18	40.1	8.0
10/04/2015	22 42 42.1	-08 57 59.2	29.96630	30.714649	2.18	41.0	7.9
11/04/2015	22 42 49.0	-08 57 19.7	29.96627	30.703536	2.18	42.0	7.9
12/04/2015	22 42 55.8	-08 56 40.6	29.96625	30.692212	2.18	42.9	7.9
13/04/2015	22 43 02.5	-08 56 02.1	29.96622	30.680678	2.18	43.9	7.9
14/04/2015	22 43 09.1	-08 55 24.0	29.96619	30.668939	2.18	44.8	7.9
15/04/2015	22 43 15.7	-08 54 46.5	29.96617	30.656997	2.19	45.8	7.9
16/04/2015	22 43 22.1	-08 54 09.5	29.96614	30.644855	2.19	46.7	7.9
17/04/2015	22 43 28.5	-08 53 33.0	29.96612	30.632517	2.19	47.7	7.9
18/04/2015	22 43 34.8	-08 52 57.0	29.96609	30.619987	2.19	48.6	7.9
19/04/2015	22 43 41.0	-08 52 21.6	29.96606	30.607268	2.19	49.6	7.9
20/04/2015	22 43 47.1	-08 51 46.7	29.96604	30.594364	2.19	50.5	7.9
21/04/2015	22 43 53.1	-08 51 12.3	29.96601	30.581279	2.19	51.5	7.9
22/04/2015	22 43 59.1	-08 50 38.5	29.96599	30.568018	2.19	52.4	7.9
23/04/2015	22 44 04.9	-08 50 05.2	29.96596	30.554584	2.19	53.4	7.9
24/04/2015	22 44 10.7	-08 49 32.5	29.96593	30.540981	2.19	54.3	7.9
25/04/2015	22 44 16.3	-08 49 00.5	29.96591	30.527215	2.19	55.3	7.9
26/04/2015	22 44 21.9	-08 48 29.0	29.96588	30.513288	2.20	56.2	7.9
27/04/2015	22 44 27.3	-08 47 58.1	29.96586	30.499205	2.20	57.2	7.9
28/04/2015	22 44 32.7	-08 47 27.9	29.96583	30.484970	2.20	58.1	7.9
29/04/2015	22 44 37.9	-08 46 58.3	29.96580	30.470588	2.20	59.1	7.9
30/04/2015	22 44 43.1	-08 46 29.3	29.96578	30.456061	2.20	60.0	7.9
01/05/2015	22 44 48.1	-08 46 00.9	29.96575	30.441394	2.20	61.0	7.9
02/05/2015	22 44 53.1	-08 45 33.2	29.96573	30.426592	2.20	61.9	7.9
03/05/2015	22 44 57.9	-08 45 06.0	29.96570	30.411657	2.20	62.9	7.9
04/05/2015	22 45 02.7	-08 44 39.5	29.96568	30.396594	2.20	63.8	7.9

GG/MM/AAAA	A.R.	DECL.	Dist.	RV	Diam.	El.	Mag.
05/05/2015	22 45 07.3	-08 44 13.6	29.96565	30.381408	2.21	64.8	7.9
06/05/2015	22 45 11.8	-08 43 48.4	29.96562	30.366101	2.21	65.7	7.9
07/05/2015	22 45 16.3	-08 43 23.8	29.96560	30.350677	2.21	66.7	7.9
08/05/2015	22 45 20.6	-08 42 59.9	29.96557	30.335142	2.21	67.6	7.9
09/05/2015	22 45 24.8	-08 42 36.6	29.96555	30.319498	2.21	68.6	7.9
10/05/2015	22 45 28.9	-08 42 14.0	29.96552	30.303750	2.21	69.5	7.9
11/05/2015	22 45 32.9	-08 41 52.1	29.96550	30.287901	2.21	70.5	7.9
12/05/2015	22 45 36.8	-08 41 31.0	29.96547	30.271956	2.21	71.4	7.9
13/05/2015	22 45 40.5	-08 41 10.5	29.96544	30.255919	2.21	72.4	7.9
14/05/2015	22 45 44.2	-08 40 50.7	29.96542	30.239795	2.22	73.3	7.9
15/05/2015	22 45 47.7	-08 40 31.6	29.96539	30.223588	2.22	74.3	7.9
16/05/2015	22 45 51.1	-08 40 13.2	29.96537	30.207302	2.22	75.2	7.9
17/05/2015	22 45 54.4	-08 39 55.5	29.96534	30.190944	2.22	76.2	7.9
18/05/2015	22 45 57.6	-08 39 38.5	29.96532	30.174516	2.22	77.1	7.9
19/05/2015	22 46 00.7	-08 39 22.2	29.96529	30.158025	2.22	78.1	7.9
20/05/2015	22 46 03.6	-08 39 06.6	29.96526	30.141475	2.22	79.0	7.9
21/05/2015	22 46 06.5	-08 38 51.7	29.96524	30.124872	2.22	80.0	7.9
22/05/2015	22 46 09.2	-08 38 37.6	29.96521	30.108220	2.23	80.9	7.9
23/05/2015	22 46 11.8	-08 38 24.2	29.96519	30.091525	2.23	81.9	7.9
24/05/2015	22 46 14.3	-08 38 11.5	29.96516	30.074790	2.23	82.8	7.9
25/05/2015	22 46 16.6	-08 37 59.6	29.96514	30.058022	2.23	83.8	7.9
26/05/2015	22 46 18.9	-08 37 48.4	29.96511	30.041225	2.23	84.7	7.9
27/05/2015	22 46 21.0	-08 37 38.0	29.96509	30.024402	2.23	85.7	7.9
28/05/2015	22 46 23.0	-08 37 28.3	29.96506	30.007560	2.23	86.6	7.9
29/05/2015	22 46 24.8	-08 37 19.3	29.96503	29.990703	2.23	87.6	7.9
30/05/2015	22 46 26.6	-08 37 11.1	29.96501	29.973835	2.24	88.5	7.9
31/05/2015	22 46 28.2	-08 37 03.6	29.96498	29.956961	2.24	89.5	7.9
01/06/2015	22 46 29.7	-08 36 56.8	29.96496	29.940085	2.24	90.4	7.9
02/06/2015	22 46 31.1	-08 36 50.7	29.96493	29.923212	2.24	91.4	7.9
03/06/2015	22 46 32.4	-08 36 45.3	29.96491	29.906347	2.24	92.3	7.9
04/06/2015	22 46 33.5	-08 36 40.7	29.96488	29.889492	2.24	93.3	7.9
05/06/2015	22 46 34.5	-08 36 36.9	29.96486	29.872654	2.24	94.2	7.9
06/06/2015	22 46 35.5	-08 36 33.8	29.96483	29.855835	2.24	95.2	7.9
07/06/2015	22 46 36.2	-08 36 31.4	29.96481	29.839041	2.25	96.2	7.9
08/06/2015	22 46 36.9	-08 36 29.8	29.96478	29.822276	2.25	97.1	7.9
09/06/2015	22 46 37.4	-08 36 28.9	29.96475	29.805545	2.25	98.1	7.9
10/06/2015	22 46 37.8	-08 36 28.8	29.96473	29.788852	2.25	99.0	7.9
11/06/2015	22 46 38.1	-08 36 29.5	29.96470	29.772202	2.25	100.0	7.9
12/06/2015	22 46 38.3	-08 36 30.8	29.96468	29.755600	2.25	100.9	7.9
13/06/2015	22 46 38.3	-08 36 32.9	29.96465	29.739050	2.25	101.9	7.9
14/06/2015	22 46 38.2	-08 36 35.7	29.96463	29.722559	2.25	102.8	7.9
15/06/2015	22 46 38.0	-08 36 39.2	29.96460	29.706130	2.26	103.8	7.9
16/06/2015	22 46 37.7	-08 36 43.5	29.96458	29.689769	2.26	104.8	7.9
17/06/2015	22 46 37.3	-08 36 48.5	29.96455	29.673481	2.26	105.7	7.9
18/06/2015	22 46 36.7	-08 36 54.2	29.96453	29.657271	2.26	106.7	7.9
19/06/2015	22 46 36.0	-08 37 00.6	29.96450	29.641144	2.26	107.6	7.9
20/06/2015	22 46 35.2	-08 37 07.8	29.96448	29.625104	2.26	108.6	7.9
21/06/2015	22 46 34.3	-08 37 15.7	29.96445	29.609157	2.26	109.5	7.9
22/06/2015	22 46 33.2	-08 37 24.4	29.96442	29.593308	2.26	110.5	7.9
23/06/2015	22 46 32.1	-08 37 33.7	29.96440	29.577560	2.27	111.5	7.9
24/06/2015	22 46 30.8	-08 37 43.8	29.96437	29.561918	2.27	112.4	7.9
25/06/2015	22 46 29.4	-08 37 54.5	29.96435	29.546387	2.27	113.4	7.9
26/06/2015	22 46 27.9	-08 38 06.0	29.96432	29.530972	2.27	114.3	7.9
27/06/2015	22 46 26.2	-08 38 18.1	29.96430	29.515675	2.27	115.3	7.9
28/06/2015	22 46 24.5	-08 38 30.9	29.96427	29.500503	2.27	116.3	7.9
29/06/2015	22 46 22.6	-08 38 44.3	29.96425	29.485457	2.27	117.2	7.9
30/06/2015	22 46 20.6	-08 38 58.4	29.96422	29.470544	2.27	118.2	7.9
01/07/2015	22 46 18.6	-08 39 13.2	29.96420	29.455766	2.27	119.2	7.9
02/07/2015	22 46 16.4	-08 39 28.6	29.96417	29.441128	2.28	120.1	7.9
03/07/2015	22 46 14.1	-08 39 44.7	29.96415	29.426634	2.28	121.1	7.9
04/07/2015	22 46 11.7	-08 40 01.5	29.96412	29.412287	2.28	122.0	7.9
05/07/2015	22 46 09.1	-08 40 18.9	29.96410	29.398091	2.28	123.0	7.9
06/07/2015	22 46 06.5	-08 40 37.0	29.96407	29.384050	2.28	124.0	7.9
07/07/2015	22 46 03.8	-08 40 55.7	29.96405	29.370168	2.28	124.9	7.9
08/07/2015	22 46 00.9	-08 41 15.0	29.96402	29.356450	2.28	125.9	7.9
09/07/2015	22 45 57.9	-08 41 35.0	29.96400	29.342899	2.28	126.9	7.9
10/07/2015	22 45 54.9	-08 41 55.5	29.96397	29.329520	2.28	127.8	7.9
11/07/2015	22 45 51.7	-08 42 16.7	29.96395	29.316317	2.29	128.8	7.8
12/07/2015	22 45 48.5	-08 42 38.4	29.96392	29.303295	2.29	129.8	7.8
13/07/2015	22 45 45.1	-08 43 00.7	29.96390	29.290457	2.29	130.7	7.8
14/07/2015	22 45 41.6	-08 43 23.6	29.96387	29.277808	2.29	131.7	7.8
15/07/2015	22 45 38.1	-08 43 47.1	29.96385	29.265352	2.29	132.7	7.8
16/07/2015	22 45 34.4	-08 44 11.1	29.96382	29.253092	2.29	133.7	7.8

GG/MM/AAAA	A.R.	DECL.	Dist.	RV	Diam.	El.	Mag.
17/07/2015	22 45 30.7	-08 44 35.7	29.96380	29.241034	2.29	134.6	7.8
18/07/2015	22 45 26.8	-08 45 00.9	29.96377	29.229181	2.29	135.6	7.8
19/07/2015	22 45 22.9	-08 45 26.6	29.96375	29.217536	2.29	136.6	7.8
20/07/2015	22 45 18.8	-08 45 52.9	29.96372	29.206103	2.29	137.5	7.8
21/07/2015	22 45 14.7	-08 46 19.6	29.96370	29.194886	2.29	138.5	7.8
22/07/2015	22 45 10.5	-08 46 46.9	29.96367	29.183888	2.30	139.5	7.8
23/07/2015	22 45 06.2	-08 47 14.7	29.96365	29.173112	2.30	140.5	7.8
24/07/2015	22 45 01.8	-08 47 42.9	29.96362	29.162562	2.30	141.4	7.8
25/07/2015	22 44 57.3	-08 48 11.6	29.96360	29.152240	2.30	142.4	7.8
26/07/2015	22 44 52.8	-08 48 40.7	29.96357	29.142149	2.30	143.4	7.8
27/07/2015	22 44 48.2	-08 49 10.3	29.96355	29.132292	2.30	144.4	7.8
28/07/2015	22 44 43.5	-08 49 40.3	29.96352	29.122672	2.30	145.3	7.8
29/07/2015	22 44 38.7	-08 50 10.7	29.96350	29.113292	2.30	146.3	7.8
30/07/2015	22 44 33.8	-08 50 41.6	29.96347	29.104154	2.30	147.3	7.8
31/07/2015	22 44 28.9	-08 51 12.9	29.96345	29.095260	2.30	148.3	7.8
01/08/2015	22 44 23.9	-08 51 44.6	29.96342	29.086613	2.30	149.2	7.8
02/08/2015	22 44 18.9	-08 52 16.6	29.96340	29.078215	2.30	150.2	7.8
03/08/2015	22 44 13.7	-08 52 49.1	29.96337	29.070070	2.30	151.2	7.8
04/08/2015	22 44 08.5	-08 53 22.0	29.96335	29.062178	2.31	152.2	7.8
05/08/2015	22 44 03.2	-08 53 55.2	29.96332	29.054544	2.31	153.2	7.8
06/08/2015	22 43 57.9	-08 54 28.7	29.96330	29.047169	2.31	154.1	7.8
07/08/2015	22 43 52.5	-08 55 02.5	29.96327	29.040057	2.31	155.1	7.8
08/08/2015	22 43 47.1	-08 55 36.6	29.96325	29.033211	2.31	156.1	7.8
09/08/2015	22 43 41.6	-08 56 11.1	29.96322	29.026631	2.31	157.1	7.8
10/08/2015	22 43 36.0	-08 56 45.8	29.96320	29.020322	2.31	158.1	7.8
11/08/2015	22 43 30.4	-08 57 20.8	29.96317	29.014286	2.31	159.1	7.8
12/08/2015	22 43 24.8	-08 57 56.0	29.96315	29.008525	2.31	160.0	7.8
13/08/2015	22 43 19.1	-08 58 31.6	29.96312	29.003041	2.31	161.0	7.8
14/08/2015	22 43 13.3	-08 59 07.3	29.96310	28.997836	2.31	162.0	7.8
15/08/2015	22 43 07.5	-08 59 43.3	29.96307	28.992913	2.31	163.0	7.8
16/08/2015	22 43 01.7	-09 00 19.6	29.96305	28.988272	2.31	164.0	7.8
17/08/2015	22 42 55.8	-09 00 56.0	29.96302	28.983916	2.31	165.0	7.8
18/08/2015	22 42 49.9	-09 01 32.6	29.96300	28.979845	2.31	166.0	7.8
19/08/2015	22 42 44.0	-09 02 09.4	29.96297	28.976063	2.31	167.0	7.8
20/08/2015	22 42 38.0	-09 02 46.3	29.96295	28.972568	2.31	167.9	7.8
21/08/2015	22 42 32.0	-09 03 23.3	29.96292	28.969363	2.31	168.9	7.8
22/08/2015	22 42 26.0	-09 04 00.5	29.96290	28.966449	2.31	169.9	7.8
23/08/2015	22 42 19.9	-09 04 37.7	29.96287	28.963826	2.31	170.9	7.8
24/08/2015	22 42 13.8	-09 05 15.1	29.96285	28.961495	2.31	171.9	7.8
25/08/2015	22 42 07.7	-09 05 52.5	29.96282	28.959456	2.31	172.9	7.8
26/08/2015	22 42 01.6	-09 06 29.9	29.96280	28.957711	2.31	173.8	7.8
27/08/2015	22 41 55.5	-09 07 07.5	29.96277	28.956259	2.31	174.8	7.8
28/08/2015	22 41 49.4	-09 07 45.1	29.96275	28.955100	2.31	175.8	7.8
29/08/2015	22 41 43.2	-09 08 22.7	29.96273	28.954235	2.31	176.7	7.8
30/08/2015	22 41 37.0	-09 09 00.4	29.96270	28.953665	2.31	177.7	7.8
31/08/2015	22 41 30.9	-09 09 38.0	29.96268	28.953389	2.31	178.5	7.8
01/09/2015	22 41 24.7	-09 10 15.7	29.96265	28.953407	2.31	179.1	7.8
02/09/2015	22 41 18.5	-09 10 53.3	29.96263	28.953721	2.31	178.8	7.8
03/09/2015	22 41 12.3	-09 11 30.8	29.96260	28.954330	2.31	178.0	7.8
04/09/2015	22 41 06.2	-09 12 08.3	29.96258	28.955236	2.31	177.0	7.8
05/09/2015	22 41 00.0	-09 12 45.7	29.96255	28.956437	2.31	176.1	7.8
06/09/2015	22 40 53.8	-09 13 23.0	29.96253	28.957935	2.31	175.1	7.8
07/09/2015	22 40 47.7	-09 14 00.2	29.96250	28.959730	2.31	174.1	7.8
08/09/2015	22 40 41.5	-09 14 37.4	29.96248	28.961822	2.31	173.1	7.8
09/09/2015	22 40 35.4	-09 15 14.4	29.96245	28.964210	2.31	172.1	7.8
10/09/2015	22 40 29.3	-09 15 51.2	29.96243	28.966895	2.31	171.1	7.8
11/09/2015	22 40 23.2	-09 16 27.9	29.96240	28.969875	2.31	170.1	7.8
12/09/2015	22 40 17.1	-09 17 04.5	29.96238	28.973150	2.31	169.2	7.8
13/09/2015	22 40 11.1	-09 17 40.9	29.96236	28.976719	2.31	168.2	7.8
14/09/2015	22 40 05.1	-09 18 17.1	29.96233	28.980582	2.31	167.2	7.8
15/09/2015	22 39 59.1	-09 18 53.1	29.96231	28.984737	2.31	166.2	7.8
16/09/2015	22 39 53.1	-09 19 28.8	29.96228	28.989184	2.31	165.2	7.8
17/09/2015	22 39 47.2	-09 20 04.3	29.96226	28.993920	2.31	164.2	7.8
18/09/2015	22 39 41.3	-09 20 39.5	29.96223	28.998944	2.31	163.2	7.8
19/09/2015	22 39 35.5	-09 21 14.4	29.96221	29.004255	2.31	162.1	7.8
20/09/2015	22 39 29.7	-09 21 49.0	29.96218	29.009850	2.31	161.1	7.8
21/09/2015	22 39 23.9	-09 22 23.3	29.96216	29.015729	2.31	160.1	7.8
22/09/2015	22 39 18.2	-09 22 57.3	29.96213	29.021888	2.31	159.1	7.8
23/09/2015	22 39 12.5	-09 23 31.0	29.96211	29.028327	2.31	158.1	7.8
24/09/2015	22 39 06.9	-09 24 04.4	29.96208	29.035042	2.31	157.1	7.8
25/09/2015	22 39 01.3	-09 24 37.4	29.96206	29.042031	2.31	156.1	7.8
26/09/2015	22 38 55.8	-09 25 10.1	29.96204	29.049293	2.31	155.1	7.8
27/09/2015	22 38 50.4	-09 25 42.5	29.96201	29.056825	2.31	154.1	7.8

GG/MM/AAAA	A.R.	DECL.	Dist.	RV	Diam.	El.	Mag.
28/09/2015	22 38 45.0	-09 26 14.4	29.96199	29.064625	2.31	153.1	7.8
29/09/2015	22 38 39.6	-09 26 45.9	29.96196	29.072690	2.30	152.1	7.8
30/09/2015	22 38 34.4	-09 27 17.1	29.96194	29.081019	2.30	151.1	7.8
01/10/2015	22 38 29.2	-09 27 47.7	29.96191	29.089610	2.30	150.1	7.8
02/10/2015	22 38 24.0	-09 28 18.0	29.96189	29.098460	2.30	149.1	7.8
03/10/2015	22 38 19.0	-09 28 47.7	29.96186	29.107567	2.30	148.1	7.8
04/10/2015	22 38 14.0	-09 29 17.1	29.96184	29.116930	2.30	147.1	7.8
05/10/2015	22 38 09.0	-09 29 46.0	29.96182	29.126546	2.30	146.1	7.8
06/10/2015	22 38 04.2	-09 30 14.4	29.96179	29.136411	2.30	145.1	7.8
07/10/2015	22 37 59.4	-09 30 42.3	29.96177	29.146524	2.30	144.1	7.8
08/10/2015	22 37 54.7	-09 31 09.7	29.96174	29.156882	2.30	143.1	7.8
09/10/2015	22 37 50.1	-09 31 36.7	29.96172	29.167482	2.30	142.1	7.8
10/10/2015	22 37 45.6	-09 32 03.1	29.96169	29.178320	2.30	141.1	7.8
11/10/2015	22 37 41.1	-09 32 29.0	29.96167	29.189393	2.30	140.0	7.8
12/10/2015	22 37 36.7	-09 32 54.3	29.96164	29.200698	2.29	139.0	7.8
13/10/2015	22 37 32.5	-09 33 19.1	29.96162	29.212232	2.29	138.0	7.8
14/10/2015	22 37 28.3	-09 33 43.3	29.96160	29.223991	2.29	137.0	7.8
15/10/2015	22 37 24.2	-09 34 06.9	29.96157	29.235970	2.29	136.0	7.8
16/10/2015	22 37 20.2	-09 34 30.0	29.96155	29.248167	2.29	135.0	7.8
17/10/2015	22 37 16.3	-09 34 52.4	29.96152	29.260576	2.29	134.0	7.8
18/10/2015	22 37 12.5	-09 35 14.2	29.96150	29.273195	2.29	133.0	7.8
19/10/2015	22 37 08.8	-09 35 35.4	29.96147	29.286019	2.29	132.0	7.8
20/10/2015	22 37 05.2	-09 35 55.9	29.96145	29.299043	2.29	131.0	7.8
21/10/2015	22 37 01.7	-09 36 15.9	29.96142	29.312264	2.29	130.0	7.8
22/10/2015	22 36 58.3	-09 36 35.2	29.96140	29.325677	2.28	128.9	7.8
23/10/2015	22 36 55.0	-09 36 53.9	29.96138	29.339277	2.28	127.9	7.9
24/10/2015	22 36 51.8	-09 37 11.9	29.96135	29.353062	2.28	126.9	7.9
25/10/2015	22 36 48.8	-09 37 29.4	29.96133	29.367025	2.28	125.9	7.9
26/10/2015	22 36 45.8	-09 37 46.1	29.96130	29.381163	2.28	124.9	7.9
27/10/2015	22 36 42.9	-09 38 02.1	29.96128	29.395472	2.28	123.9	7.9
28/10/2015	22 36 40.2	-09 38 17.5	29.96125	29.409948	2.28	122.9	7.9
29/10/2015	22 36 37.6	-09 38 32.1	29.96123	29.424587	2.28	121.9	7.9
30/10/2015	22 36 35.0	-09 38 46.1	29.96121	29.439385	2.28	120.9	7.9
31/10/2015	22 36 32.6	-09 38 59.3	29.96118	29.454337	2.27	119.9	7.9
01/11/2015	22 36 30.4	-09 39 11.9	29.96116	29.469440	2.27	118.9	7.9
02/11/2015	22 36 28.2	-09 39 23.7	29.96113	29.484689	2.27	117.8	7.9
03/11/2015	22 36 26.1	-09 39 34.9	29.96111	29.500080	2.27	116.8	7.9
04/11/2015	22 36 24.2	-09 39 45.4	29.96109	29.515609	2.27	115.8	7.9
05/11/2015	22 36 22.4	-09 39 55.1	29.96106	29.531270	2.27	114.8	7.9
06/11/2015	22 36 20.7	-09 40 04.1	29.96104	29.547060	2.27	113.8	7.9
07/11/2015	22 36 19.1	-09 40 12.4	29.96101	29.562972	2.27	112.8	7.9
08/11/2015	22 36 17.6	-09 40 20.0	29.96099	29.579003	2.27	111.8	7.9
09/11/2015	22 36 16.3	-09 40 26.8	29.96096	29.595147	2.26	110.8	7.9
10/11/2015	22 36 15.1	-09 40 32.8	29.96094	29.611399	2.26	109.8	7.9
11/11/2015	22 36 14.0	-09 40 38.1	29.96092	29.627753	2.26	108.8	7.9
12/11/2015	22 36 13.1	-09 40 42.6	29.96089	29.644206	2.26	107.8	7.9
13/11/2015	22 36 12.3	-09 40 46.3	29.96087	29.660750	2.26	106.7	7.9
14/11/2015	22 36 11.6	-09 40 49.3	29.96084	29.677382	2.26	105.7	7.9
15/11/2015	22 36 11.0	-09 40 51.5	29.96082	29.694095	2.26	104.7	7.9
16/11/2015	22 36 10.6	-09 40 52.9	29.96080	29.710884	2.26	103.7	7.9
17/11/2015	22 36 10.3	-09 40 53.6	29.96077	29.727743	2.25	102.7	7.9
18/11/2015	22 36 10.1	-09 40 53.5	29.96075	29.744667	2.25	101.7	7.9
19/11/2015	22 36 10.0	-09 40 52.7	29.96072	29.761651	2.25	100.7	7.9
20/11/2015	22 36 10.1	-09 40 51.1	29.96070	29.778689	2.25	99.7	7.9
21/11/2015	22 36 10.3	-09 40 48.8	29.96068	29.795776	2.25	98.7	7.9
22/11/2015	22 36 10.7	-09 40 45.6	29.96065	29.812907	2.25	97.7	7.9
23/11/2015	22 36 11.1	-09 40 41.7	29.96063	29.830076	2.25	96.7	7.9
24/11/2015	22 36 11.7	-09 40 37.1	29.96060	29.847278	2.24	95.6	7.9
25/11/2015	22 36 12.4	-09 40 31.6	29.96058	29.864510	2.24	94.6	7.9
26/11/2015	22 36 13.3	-09 40 25.3	29.96056	29.881765	2.24	93.6	7.9
27/11/2015	22 36 14.3	-09 40 18.3	29.96053	29.899039	2.24	92.6	7.9
28/11/2015	22 36 15.4	-09 40 10.5	29.96051	29.916327	2.24	91.6	7.9
29/11/2015	22 36 16.7	-09 40 01.9	29.96048	29.933625	2.24	90.6	7.9
30/11/2015	22 36 18.0	-09 39 52.6	29.96046	29.950927	2.24	89.6	7.9
01/12/2015	22 36 19.5	-09 39 42.5	29.96044	29.968228	2.24	88.6	7.9
02/12/2015	22 36 21.2	-09 39 31.7	29.96041	29.985524	2.23	87.6	7.9
03/12/2015	22 36 22.9	-09 39 20.1	29.96039	30.002808	2.23	86.6	7.9
04/12/2015	22 36 24.8	-09 39 07.8	29.96036	30.020076	2.23	85.6	7.9
05/12/2015	22 36 26.8	-09 38 54.7	29.96034	30.037323	2.23	84.6	7.9
06/12/2015	22 36 29.0	-09 38 40.9	29.96032	30.054543	2.23	83.6	7.9
07/12/2015	22 36 31.3	-09 38 26.3	29.96029	30.071730	2.23	82.6	7.9
08/12/2015	22 36 33.7	-09 38 10.9	29.96027	30.088880	2.23	81.6	7.9
09/12/2015	22 36 36.2	-09 37 54.8	29.96025	30.105986	2.23	80.6	7.9

GG/MM/AAAA	A.R.	DECL.	Dist.	RV	Diam.	El.	Mag.
10/12/2015	22 36 38.9	-09 37 37.8	29.96022	30.123044	2.22	79.6	7.9
11/12/2015	22 36 41.6	-09 37 20.2	29.96020	30.140048	2.22	78.6	7.9
12/12/2015	22 36 44.6	-09 37 01.8	29.96017	30.156993	2.22	77.6	7.9
13/12/2015	22 36 47.6	-09 36 42.6	29.96015	30.173872	2.22	76.5	7.9
14/12/2015	22 36 50.8	-09 36 22.8	29.96013	30.190681	2.22	75.5	7.9
15/12/2015	22 36 54.1	-09 36 02.2	29.96010	30.207414	2.22	74.5	7.9
16/12/2015	22 36 57.5	-09 35 41.0	29.96008	30.224066	2.22	73.5	7.9
17/12/2015	22 37 01.0	-09 35 19.0	29.96006	30.240632	2.22	72.5	7.9
18/12/2015	22 37 04.7	-09 34 56.3	29.96003	30.257107	2.21	71.5	7.9
19/12/2015	22 37 08.4	-09 34 32.9	29.96001	30.273485	2.21	70.5	7.9
20/12/2015	22 37 12.3	-09 34 08.8	29.95998	30.289762	2.21	69.5	7.9
21/12/2015	22 37 16.3	-09 33 44.1	29.95996	30.305933	2.21	68.5	7.9
22/12/2015	22 37 20.5	-09 33 18.6	29.95994	30.321995	2.21	67.5	7.9
23/12/2015	22 37 24.7	-09 32 52.4	29.95991	30.337941	2.21	66.5	7.9
24/12/2015	22 37 29.1	-09 32 25.5	29.95989	30.353769	2.21	65.5	7.9
25/12/2015	22 37 33.5	-09 31 58.0	29.95987	30.369473	2.21	64.5	7.9
26/12/2015	22 37 38.1	-09 31 29.8	29.95984	30.385050	2.21	63.5	7.9
27/12/2015	22 37 42.8	-09 31 00.9	29.95982	30.400495	2.20	62.5	7.9
28/12/2015	22 37 47.6	-09 30 31.4	29.95979	30.415804	2.20	61.6	7.9
29/12/2015	22 37 52.6	-09 30 01.4	29.95977	30.430973	2.20	60.6	7.9
30/12/2015	22 37 57.6	-09 29 30.7	29.95975	30.445997	2.20	59.6	7.9
31/12/2015	22 38 02.7	-09 28 59.3	29.95972	30.460872	2.20	58.6	7.9

FENOMENI - PHENOMENAS
2000-2100

```
DATA = nel formato gg/mm/aaaa
RV = distanza in Unità astronomiche
A/P = afelio / perielio

DATA = date in the format dd/mm/yyyy
ORA = time
RV = distance in A.U.
A/P = aphelium / perihelium
```

MERCURIO - MERCURY

DATA	ORA	RV	AP	DATA	ORA	RV	AP
2000/01/02	18:30	0.4667	A	2006/04/07	23:23	0.4667	A
2000/02/15	18:08	0.3075	P	2006/05/21	23:01	0.3075	P
2000/03/30	17:45	0.4667	A	2006/07/04	22:39	0.4667	A
2000/05/13	17:23	0.3075	P	2006/08/17	22:17	0.3075	P
2000/06/26	17:01	0.4667	A	2006/09/30	21:55	0.4667	A
2000/08/09	16:39	0.3075	P	2006/11/13	21:32	0.3075	P
2000/09/22	16:18	0.4667	A	2006/12/27	21:10	0.4667	A
2000/11/05	15:57	0.3075	P	2007/02/09	20:48	0.3075	P
2000/12/19	15:35	0.4667	A	2007/03/25	20:26	0.4667	A
2001/02/01	15:13	0.3075	P	2007/05/08	20:04	0.3075	P
2001/03/17	14:50	0.4667	A	2007/06/21	19:43	0.4667	A
2001/04/30	14:28	0.3075	P	2007/08/04	19:22	0.3075	P
2001/06/13	14:06	0.4667	A	2007/09/17	18:59	0.4667	A
2001/07/27	13:44	0.3075	P	2007/10/31	18:37	0.3075	P
2001/09/09	13:22	0.4667	A	2007/12/14	18:14	0.4667	A
2001/10/23	13:00	0.3075	P	2008/01/27	17:52	0.3075	P
2001/12/06	12:39	0.4667	A	2008/03/11	17:29	0.4667	A
2002/01/19	12:17	0.3075	P	2008/04/24	17:08	0.3075	P
2002/03/04	11:54	0.4667	A	2008/06/07	16:46	0.4667	A
2002/04/17	11:32	0.3075	P	2008/07/21	16:25	0.3075	P
2002/05/31	11:10	0.4667	A	2008/09/03	16:02	0.4667	A
2002/07/14	10:47	0.3075	P	2008/10/17	15:40	0.3075	P
2002/08/27	10:25	0.4667	A	2008/11/30	15:17	0.4667	A
2002/10/10	10:03	0.3075	P	2009/01/13	14:55	0.3075	P
2002/11/23	09:41	0.4667	A	2009/02/26	14:32	0.4667	A
2003/01/06	09:19	0.3075	P	2009/04/11	14:10	0.3075	P
2003/02/19	08:57	0.4667	A	2009/05/25	13:48	0.4667	A
2003/04/04	08:34	0.3075	P	2009/07/08	13:27	0.3075	P
2003/05/18	08:12	0.4667	A	2009/08/21	13:05	0.4667	A
2003/07/01	07:50	0.3075	P	2009/10/04	12:43	0.3075	P
2003/08/14	07:27	0.4667	A	2009/11/17	12:20	0.4667	A
2003/09/27	07:04	0.3075	P	2009/12/31	11:58	0.3075	P
2003/11/10	06:43	0.4667	A	2010/02/13	11:35	0.4667	A
2003/12/24	06:21	0.3075	P	2010/03/29	11:12	0.3075	P
2004/02/06	05:59	0.4667	A	2010/05/12	10:51	0.4667	A
2004/03/21	05:37	0.3075	P	2010/06/25	10:28	0.3075	P
2004/05/04	05:15	0.4667	A	2010/08/08	10:07	0.4667	A
2004/06/17	04:52	0.3075	P	2010/09/21	09:45	0.3075	P
2004/07/31	04:30	0.4667	A	2010/11/04	09:24	0.4667	A
2004/09/13	04:07	0.3075	P	2010/12/18	09:01	0.3075	P
2004/10/27	03:45	0.4667	A	2011/01/31	08:39	0.4667	A
2004/12/10	03:23	0.3075	P	2011/03/16	08:16	0.3075	P
2005/01/23	03:02	0.4667	A	2011/04/29	07:55	0.4667	A
2005/03/08	02:40	0.3075	P	2011/06/12	07:31	0.3075	P
2005/04/21	02:19	0.4667	A	2011/07/26	07:10	0.4667	A
2005/06/04	01:57	0.3075	P	2011/09/08	06:48	0.3075	P
2005/07/18	01:34	0.4667	A	2011/10/22	06:27	0.4667	A
2005/08/31	01:12	0.3075	P	2011/12/05	06:05	0.3075	P
2005/10/14	00:50	0.4667	A	2012/01/18	05:44	0.4667	A
2005/11/27	00:27	0.3075	P	2012/03/02	05:21	0.3075	P
2006/01/10	00:05	0.4667	A	2012/04/15	04:59	0.4667	A
2006/02/22	23:43	0.3075	P	2012/05/29	04:36	0.3075	P

DATA	ORA	RV	AP	DATA	ORA	RV	AP
2012/07/12	04:15	0.4667	A	2019/01/12	08:23	0.4667	A
2012/08/25	03:52	0.3075	P	2019/02/25	08:01	0.3075	P
2012/10/08	03:31	0.4667	A	2019/04/10	07:39	0.4667	A
2012/11/21	03:09	0.3075	P	2019/05/24	07:16	0.3075	P
2013/01/04	02:48	0.4667	A	2019/07/07	06:55	0.4667	A
2013/02/17	02:26	0.3075	P	2019/08/20	06:33	0.3075	P
2013/04/02	02:04	0.4667	A	2019/10/03	06:11	0.4667	A
2013/05/16	01:41	0.3075	P	2019/11/16	05:49	0.3075	P
2013/06/29	01:19	0.4667	A	2019/12/30	05:27	0.4667	A
2013/08/12	00:57	0.3075	P	2020/02/12	05:04	0.3075	P
2013/09/25	00:34	0.4667	A	2020/03/27	04:42	0.4667	A
2013/11/08	00:12	0.3075	P	2020/05/10	04:19	0.3075	P
2013/12/21	23:50	0.4667	A	2020/06/23	03:57	0.4667	A
2014/02/03	23:29	0.3075	P	2020/08/06	03:36	0.3075	P
2014/03/19	23:07	0.4667	A	2020/09/19	03:14	0.4667	A
2014/05/02	22:44	0.3075	P	2020/11/02	02:52	0.3075	P
2014/06/15	22:22	0.4667	A	2020/12/16	02:30	0.4667	A
2014/07/29	22:00	0.3075	P	2021/01/29	02:08	0.3075	P
2014/09/11	21:37	0.4667	A	2021/03/14	01:45	0.4667	A
2014/10/25	21:15	0.3075	P	2021/04/27	01:22	0.3075	P
2014/12/08	20:52	0.4667	A	2021/06/10	01:00	0.4667	A
2015/01/21	20:31	0.3075	P	2021/07/24	00:38	0.3075	P
2015/03/06	20:09	0.4667	A	2021/09/06	00:17	0.4667	A
2015/04/19	19:47	0.3075	P	2021/10/19	23:56	0.3075	P
2015/06/02	19:25	0.4667	A	2021/12/02	23:34	0.4667	A
2015/07/16	19:03	0.3075	P	2022/01/15	23:12	0.3075	P
2015/08/29	18:40	0.4667	A	2022/02/28	22:49	0.4667	A
2015/10/12	18:18	0.3075	P	2022/04/13	22:27	0.3075	P
2015/11/25	17:55	0.4667	A	2022/05/27	22:04	0.4667	A
2016/01/08	17:33	0.3075	P	2022/07/10	21:42	0.3075	P
2016/02/21	17:11	0.4667	A	2022/08/23	21:20	0.4667	A
2016/04/05	16:51	0.3075	P	2022/10/06	20:58	0.3075	P
2016/05/19	16:29	0.4667	A	2022/11/19	20:37	0.4667	A
2016/07/02	16:07	0.3075	P	2023/01/02	20:16	0.3075	P
2016/08/15	15:44	0.4667	A	2023/02/15	19:54	0.4667	A
2016/09/28	15:22	0.3075	P	2023/03/31	19:31	0.3075	P
2016/11/11	14:59	0.4667	A	2023/05/14	19:09	0.4667	A
2016/12/25	14:37	0.3075	P	2023/06/27	18:47	0.3075	P
2017/02/07	14:15	0.4667	A	2023/08/10	18:24	0.4667	A
2017/03/23	13:53	0.3075	P	2023/09/23	18:02	0.3075	P
2017/05/06	13:32	0.4667	A	2023/11/06	17:40	0.4667	A
2017/06/19	13:11	0.3075	P	2023/12/20	17:18	0.3075	P
2017/08/02	12:49	0.4667	A	2024/02/02	16:57	0.4667	A
2017/09/15	12:26	0.3075	P	2024/03/17	16:36	0.3075	P
2017/10/29	12:04	0.4667	A	2024/04/30	16:13	0.4667	A
2017/12/12	11:41	0.3075	P	2024/06/13	15:51	0.3075	P
2018/01/25	11:19	0.4667	A	2024/07/27	15:28	0.4667	A
2018/03/10	10:57	0.3075	P	2024/09/09	15:06	0.3075	P
2018/04/23	10:35	0.4667	A	2024/10/23	14:44	0.4667	A
2018/06/06	10:13	0.3075	P	2024/12/06	14:22	0.3075	P
2018/07/20	09:52	0.4667	A	2025/01/19	14:00	0.4667	A
2018/09/02	09:30	0.3075	P	2025/03/04	13:38	0.3075	P
2018/10/16	09:08	0.4667	A	2025/04/17	13:16	0.4667	A
2018/11/29	08:45	0.3075	P	2025/05/31	12:54	0.3075	P

```
DATA        ORA     RV      AP      DATA        ORA     RV      AP
2025/07/14  12:32   0.4667  A       2032/01/14  16:39   0.4667  A
2025/08/27  12:09   0.3075  P       2032/02/27  16:18   0.3075  P
2025/10/10  11:47   0.4667  A       2032/04/11  15:55   0.4667  A
2025/11/23  11:24   0.3075  P       2032/05/25  15:33   0.3075  P
2026/01/06  11:02   0.4667  A       2032/07/08  15:10   0.4667  A
2026/02/19  10:41   0.3075  P       2032/08/21  14:48   0.3075  P
2026/04/04  10:19   0.4667  A       2032/10/04  14:26   0.4667  A
2026/05/18  09:57   0.3075  P       2032/11/17  14:05   0.3075  P
2026/07/01  09:34   0.4667  A       2032/12/31  13:43   0.4667  A
2026/08/14  09:12   0.3075  P       2033/02/13  13:22   0.3075  P
2026/09/27  08:50   0.4667  A       2033/03/29  12:59   0.4667  A
2026/11/10  08:27   0.3075  P       2033/05/12  12:36   0.3075  P
2026/12/24  08:05   0.4667  A       2033/06/25  12:14   0.4667  A
2027/02/06  07:42   0.3075  P       2033/08/08  11:52   0.3075  P
2027/03/22  07:21   0.4667  A       2033/09/21  11:29   0.4667  A
2027/05/05  06:59   0.3075  P       2033/11/04  11:07   0.3075  P
2027/06/18  06:38   0.4667  A       2033/12/18  10:46   0.4667  A
2027/08/01  06:16   0.3075  P       2034/01/31  10:25   0.3075  P
2027/09/14  05:54   0.4667  A       2034/03/16  10:03   0.4667  A
2027/10/28  05:31   0.3075  P       2034/04/29  09:41   0.3075  P
2027/12/11  05:09   0.4667  A       2034/06/12  09:18   0.4667  A
2028/01/24  04:46   0.3075  P       2034/07/26  08:56   0.3075  P
2028/03/08  04:24   0.4667  A       2034/09/08  08:34   0.4667  A
2028/04/21  04:02   0.3075  P       2034/10/22  08:11   0.3075  P
2028/06/04  03:41   0.4667  A       2034/12/05  07:49   0.4667  A
2028/07/18  03:20   0.3075  P       2035/01/18  07:27   0.3075  P
2028/08/31  02:58   0.4667  A       2035/03/03  07:06   0.4667  A
2028/10/14  02:35   0.3075  P       2035/04/16  06:44   0.3075  P
2028/11/27  02:13   0.4667  A       2035/05/30  06:23   0.4667  A
2029/01/10  01:51   0.3075  P       2035/07/13  06:00   0.3075  P
2029/02/23  01:28   0.4667  A       2035/08/26  05:38   0.4667  A
2029/04/08  01:06   0.3075  P       2035/10/09  05:15   0.3075  P
2029/05/22  00:44   0.4667  A       2035/11/22  04:53   0.4667  A
2029/07/05  00:22   0.3075  P       2036/01/05  04:30   0.3075  P
2029/08/18  00:02   0.4667  A       2036/02/18  04:09   0.4667  A
2029/09/30  23:39   0.3075  P       2036/04/02  03:47   0.3075  P
2029/11/13  23:18   0.4667  A       2036/05/16  03:26   0.4667  A
2029/12/27  22:55   0.3075  P       2036/06/29  03:03   0.3075  P
2030/02/09  22:33   0.4667  A       2036/08/12  02:41   0.4667  A
2030/03/25  22:10   0.3075  P       2036/09/25  02:19   0.3075  P
2030/05/08  21:48   0.4667  A       2036/11/08  01:56   0.4667  A
2030/06/21  21:26   0.3075  P       2036/12/22  01:34   0.3075  P
2030/08/04  21:04   0.4667  A       2037/02/04  01:12   0.4667  A
2030/09/17  20:42   0.3075  P       2037/03/20  00:50   0.3075  P
2030/10/31  20:21   0.4667  A       2037/05/03  00:29   0.4667  A
2030/12/14  19:59   0.3075  P       2037/06/16  00:07   0.3075  P
2031/01/27  19:36   0.4667  A       2037/07/29  23:44   0.4667  A
2031/03/12  19:14   0.3075  P       2037/09/11  23:22   0.3075  P
2031/04/25  18:51   0.4667  A       2037/10/25  23:00   0.4667  A
2031/06/08  18:29   0.3075  P       2037/12/08  22:37   0.3075  P
2031/07/22  18:07   0.4667  A       2038/01/21  22:15   0.4667  A
2031/09/04  17:46   0.3075  P       2038/03/06  21:53   0.3075  P
2031/10/18  17:23   0.4667  A       2038/04/19  21:31   0.4667  A
2031/12/01  17:02   0.3075  P       2038/06/02  21:10   0.3075  P
```

DATA	ORA	RV	AP	DATA	ORA	RV	AP
2038/07/16	20:48	0.4667	A	2045/01/16	00:56	0.4667	A
2038/08/29	20:26	0.3075	P	2045/03/01	00:35	0.3075	P
2038/10/12	20:03	0.4667	A	2045/04/14	00:13	0.4667	A
2038/11/25	19:41	0.3075	P	2045/05/27	23:51	0.3075	P
2039/01/08	19:18	0.4667	A	2045/07/10	23:28	0.4667	A
2039/02/21	18:56	0.3075	P	2045/08/23	23:06	0.3075	P
2039/04/06	18:34	0.4667	A	2045/10/06	22:43	0.4667	A
2039/05/20	18:12	0.3075	P	2045/11/19	22:21	0.3075	P
2039/07/03	17:51	0.4667	A	2046/01/02	21:59	0.4667	A
2039/08/16	17:30	0.3075	P	2046/02/15	21:37	0.3075	P
2039/09/29	17:08	0.4667	A	2046/03/31	21:16	0.4667	A
2039/11/12	16:46	0.3075	P	2046/05/14	20:54	0.3075	P
2039/12/26	16:23	0.4667	A	2046/06/27	20:32	0.4667	A
2040/02/08	16:01	0.3075	P	2046/08/10	20:10	0.3075	P
2040/03/23	15:38	0.4667	A	2046/09/23	19:47	0.4667	A
2040/05/06	15:16	0.3075	P	2046/11/06	19:25	0.3075	P
2040/06/19	14:54	0.4667	A	2046/12/20	19:02	0.4667	A
2040/08/02	14:32	0.3075	P	2047/02/02	18:40	0.3075	P
2040/09/15	14:11	0.4667	A	2047/03/18	18:18	0.4667	A
2040/10/29	13:49	0.3075	P	2047/05/01	17:56	0.3075	P
2040/12/12	13:27	0.4667	A	2047/06/14	17:35	0.4667	A
2041/01/25	13:05	0.3075	P	2047/07/28	17:13	0.3075	P
2041/03/10	12:42	0.4667	A	2047/09/10	16:51	0.4667	A
2041/04/23	12:19	0.3075	P	2047/10/24	16:28	0.3075	P
2041/06/06	11:57	0.4667	A	2047/12/07	16:06	0.4667	A
2041/07/20	11:35	0.3075	P	2048/01/20	15:43	0.3075	P
2041/09/02	11:13	0.4667	A	2048/03/04	15:21	0.4667	A
2041/10/16	10:51	0.3075	P	2048/04/17	14:59	0.3075	P
2041/11/29	10:30	0.4667	A	2048/05/31	14:38	0.4667	A
2042/01/12	10:07	0.3075	P	2048/07/14	14:16	0.3075	P
2042/02/25	09:45	0.4667	A	2048/08/27	13:54	0.4667	A
2042/04/10	09:22	0.3075	P	2048/10/10	13:32	0.3075	P
2042/05/24	09:01	0.4667	A	2048/11/23	13:09	0.4667	A
2042/07/07	08:38	0.3075	P	2049/01/06	12:47	0.3075	P
2042/08/20	08:16	0.4667	A	2049/02/19	12:24	0.4667	A
2042/10/03	07:54	0.3075	P	2049/04/04	12:02	0.3075	P
2042/11/16	07:32	0.4667	A	2049/05/18	11:40	0.4667	A
2042/12/30	07:10	0.3075	P	2049/07/01	11:19	0.3075	P
2043/02/12	06:49	0.4667	A	2049/08/14	10:57	0.4667	A
2043/03/28	06:26	0.3075	P	2049/09/27	10:35	0.3075	P
2043/05/11	06:04	0.4667	A	2049/11/10	10:13	0.4667	A
2043/06/24	05:41	0.3075	P	2049/12/24	09:51	0.3075	P
2043/08/07	05:19	0.4667	A	2050/02/06	09:28	0.4667	A
2043/09/20	04:57	0.3075	P	2050/03/22	09:06	0.3075	P
2043/11/03	04:35	0.4667	A	2050/05/05	08:44	0.4667	A
2043/12/17	04:14	0.3075	P	2050/06/18	08:22	0.3075	P
2044/01/30	03:52	0.4667	A	2050/08/01	08:00	0.4667	A
2044/03/14	03:30	0.3075	P	2050/09/14	07:39	0.3075	P
2044/04/27	03:08	0.4667	A	2050/10/28	07:18	0.4667	A
2044/06/10	02:46	0.3075	P	2050/12/11	06:55	0.3075	P
2044/07/24	02:23	0.4667	A	2051/01/24	06:33	0.4667	A
2044/09/06	02:01	0.3075	P	2051/03/09	06:10	0.3075	P
2044/10/20	01:39	0.4667	A	2051/04/22	05:48	0.4667	A
2044/12/03	01:17	0.3075	P	2051/06/05	05:25	0.3075	P

DATA	ORA	RV	AP	DATA	ORA	RV	AP
2051/07/19	05:03	0.4667	A	2058/01/18	09:12	0.4667	A
2051/09/01	04:41	0.3075	P	2058/03/03	08:50	0.3075	P
2051/10/15	04:21	0.4667	A	2058/04/16	08:28	0.4667	A
2051/11/28	03:59	0.3075	P	2058/05/30	08:06	0.3075	P
2052/01/11	03:37	0.4667	A	2058/07/13	07:45	0.4667	A
2052/02/24	03:14	0.3075	P	2058/08/26	07:22	0.3075	P
2052/04/08	02:52	0.4667	A	2058/10/09	07:00	0.4667	A
2052/05/22	02:29	0.3075	P	2058/11/22	06:37	0.3075	P
2052/07/05	02:07	0.4667	A	2059/01/05	06:15	0.4667	A
2052/08/18	01:45	0.3075	P	2059/02/18	05:52	0.3075	P
2052/10/01	01:23	0.4667	A	2059/04/03	05:30	0.4667	A
2052/11/14	01:01	0.3075	P	2059/05/17	05:08	0.3075	P
2052/12/28	00:40	0.4667	A	2059/06/30	04:46	0.4667	A
2053/02/10	00:17	0.3075	P	2059/08/13	04:24	0.3075	P
2053/03/25	23:55	0.4667	A	2059/09/26	04:03	0.4667	A
2053/05/08	23:32	0.3075	P	2059/11/09	03:40	0.3075	P
2053/06/21	23:10	0.4667	A	2059/12/23	03:18	0.4667	A
2053/08/04	22:48	0.3075	P	2060/02/05	02:55	0.3075	P
2053/09/17	22:25	0.4667	A	2060/03/20	02:33	0.4667	A
2053/10/31	22:03	0.3075	P	2060/05/03	02:10	0.3075	P
2053/12/14	21:42	0.4667	A	2060/06/16	01:49	0.4667	A
2054/01/27	21:20	0.3075	P	2060/07/30	01:28	0.3075	P
2054/03/12	20:58	0.4667	A	2060/09/12	01:06	0.4667	A
2054/04/25	20:35	0.3075	P	2060/10/26	00:44	0.3075	P
2054/06/08	20:13	0.4667	A	2060/12/09	00:22	0.4667	A
2054/07/22	19:51	0.3075	P	2061/01/22	00:00	0.3075	P
2054/09/04	19:28	0.4667	A	2061/03/06	23:37	0.4667	A
2054/10/18	19:06	0.3075	P	2061/04/19	23:15	0.3075	P
2054/12/01	18:44	0.4667	A	2061/06/02	22:53	0.4667	A
2055/01/14	18:23	0.3075	P	2061/07/16	22:31	0.3075	P
2055/02/27	18:01	0.4667	A	2061/08/29	22:10	0.4667	A
2055/04/12	17:40	0.3075	P	2061/10/12	21:49	0.3075	P
2055/05/26	17:17	0.4667	A	2061/11/25	21:27	0.4667	A
2055/07/09	16:56	0.3075	P	2062/01/08	21:05	0.3075	P
2055/08/22	16:33	0.4667	A	2062/02/21	20:42	0.4667	A
2055/10/05	16:11	0.3075	P	2062/04/06	20:20	0.3075	P
2055/11/18	15:48	0.4667	A	2062/05/20	19:58	0.4667	A
2056/01/01	15:27	0.3075	P	2062/07/03	19:36	0.3075	P
2056/02/14	15:05	0.4667	A	2062/08/16	19:13	0.4667	A
2056/03/29	14:44	0.3075	P	2062/09/29	18:52	0.3075	P
2056/05/12	14:22	0.4667	A	2062/11/12	18:31	0.4667	A
2056/06/25	14:01	0.3075	P	2062/12/26	18:10	0.3075	P
2056/08/08	13:38	0.4667	A	2063/02/08	17:47	0.4667	A
2056/09/21	13:16	0.3075	P	2063/03/24	17:25	0.3075	P
2056/11/04	12:53	0.4667	A	2063/05/07	17:02	0.4667	A
2056/12/18	12:31	0.3075	P	2063/06/20	16:40	0.3075	P
2057/01/31	12:09	0.4667	A	2063/08/03	16:17	0.4667	A
2057/03/16	11:47	0.3075	P	2063/09/16	15:55	0.3075	P
2057/04/29	11:26	0.4667	A	2063/10/30	15:33	0.4667	A
2057/06/12	11:04	0.3075	P	2063/12/13	15:11	0.3075	P
2057/07/26	10:42	0.4667	A	2064/01/26	14:50	0.4667	A
2057/09/08	10:20	0.3075	P	2064/03/10	14:28	0.3075	P
2057/10/22	09:57	0.4667	A	2064/04/23	14:05	0.4667	A
2057/12/05	09:34	0.3075	P	2064/06/06	13:43	0.3075	P

DATA	ORA	RV	AP	DATA	ORA	RV	AP
2064/07/20	13:20	0.4667	A	2071/01/20	17:28	0.4667	A
2064/09/02	12:58	0.3075	P	2071/03/05	17:05	0.3075	P
2064/10/16	12:35	0.4667	A	2071/04/18	16:43	0.4667	A
2064/11/29	12:13	0.3075	P	2071/06/01	16:20	0.3075	P
2065/01/12	11:51	0.4667	A	2071/07/15	15:58	0.4667	A
2065/02/25	11:29	0.3075	P	2071/08/28	15:37	0.3075	P
2065/04/10	11:07	0.4667	A	2071/10/11	15:15	0.4667	A
2065/05/24	10:45	0.3075	P	2071/11/24	14:53	0.3075	P
2065/07/07	10:22	0.4667	A	2072/01/07	14:31	0.4667	A
2065/08/20	10:00	0.3075	P	2072/02/20	14:09	0.3075	P
2065/10/03	09:38	0.4667	A	2072/04/04	13:46	0.4667	A
2065/11/16	09:15	0.3075	P	2072/05/18	13:24	0.3075	P
2065/12/30	08:53	0.4667	A	2072/07/01	13:01	0.4667	A
2066/02/12	08:31	0.3075	P	2072/08/14	12:40	0.3075	P
2066/03/28	08:10	0.4667	A	2072/09/27	12:18	0.4667	A
2066/05/11	07:48	0.3075	P	2072/11/10	11:57	0.3075	P
2066/06/24	07:26	0.4667	A	2072/12/24	11:35	0.4667	A
2066/08/07	07:03	0.3075	P	2073/02/06	11:14	0.3075	P
2066/09/20	06:41	0.4667	A	2073/03/22	10:51	0.4667	A
2066/11/03	06:19	0.3075	P	2073/05/05	10:29	0.3075	P
2066/12/17	05:57	0.4667	A	2073/06/18	10:07	0.4667	A
2067/01/30	05:35	0.3075	P	2073/08/01	09:44	0.3075	P
2067/03/15	05:13	0.4667	A	2073/09/14	09:22	0.4667	A
2067/04/28	04:52	0.3075	P	2073/10/28	09:00	0.3075	P
2067/06/11	04:31	0.4667	A	2073/12/11	08:40	0.4667	A
2067/07/25	04:09	0.3075	P	2074/01/24	08:18	0.3075	P
2067/09/07	03:47	0.4667	A	2074/03/09	07:56	0.4667	A
2067/10/21	03:24	0.3075	P	2074/04/22	07:34	0.3075	P
2067/12/04	03:02	0.4667	A	2074/06/05	07:12	0.4667	A
2068/01/17	02:40	0.3075	P	2074/07/19	06:49	0.3075	P
2068/03/01	02:18	0.4667	A	2074/09/01	06:27	0.4667	A
2068/04/14	01:56	0.3075	P	2074/10/15	06:04	0.3075	P
2068/05/28	01:35	0.4667	A	2074/11/28	05:43	0.4667	A
2068/07/11	01:14	0.3075	P	2075/01/11	05:21	0.3075	P
2068/08/24	00:52	0.4667	A	2075/02/24	05:00	0.4667	A
2068/10/07	00:30	0.3075	P	2075/04/09	04:37	0.3075	P
2068/11/20	00:07	0.4667	A	2075/05/23	04:15	0.4667	A
2069/01/02	23:45	0.3075	P	2075/07/06	03:53	0.3075	P
2069/02/15	23:22	0.4667	A	2075/08/19	03:30	0.4667	A
2069/03/31	23:00	0.3075	P	2075/10/02	03:07	0.3075	P
2069/05/14	22:38	0.4667	A	2075/11/15	02:45	0.4667	A
2069/06/27	22:17	0.3075	P	2075/12/29	02:23	0.3075	P
2069/08/10	21:55	0.4667	A	2076/02/11	02:01	0.4667	A
2069/09/23	21:33	0.3075	P	2076/03/26	01:39	0.3075	P
2069/11/06	21:11	0.4667	A	2076/05/09	01:18	0.4667	A
2069/12/20	20:48	0.3075	P	2076/06/22	00:55	0.3075	P
2070/02/02	20:25	0.4667	A	2076/08/05	00:33	0.4667	A
2070/03/18	20:03	0.3075	P	2076/09/18	00:10	0.3075	P
2070/05/01	19:40	0.4667	A	2076/10/31	23:47	0.4667	A
2070/06/14	19:18	0.3075	P	2076/12/14	23:25	0.3075	P
2070/07/28	18:56	0.4667	A	2077/01/27	23:03	0.4667	A
2070/09/10	18:35	0.3075	P	2077/03/12	22:41	0.3075	P
2070/10/24	18:13	0.4667	A	2077/04/25	22:20	0.4667	A
2070/12/07	17:50	0.3075	P	2077/06/08	21:58	0.3075	P

DATA	ORA	RV	AP	DATA	ORA	RV	AP
2077/07/22	21:35	0.4667	A	2084/01/23	01:44	0.4667	A
2077/09/04	21:13	0.3075	P	2084/03/07	01:22	0.3075	P
2077/10/18	20:51	0.4667	A	2084/04/20	01:00	0.4667	A
2077/12/01	20:28	0.3075	P	2084/06/03	00:38	0.3075	P
2078/01/14	20:06	0.4667	A	2084/07/17	00:15	0.4667	A
2078/02/27	19:44	0.3075	P	2084/08/29	23:53	0.3075	P
2078/04/12	19:22	0.4667	A	2084/10/12	23:31	0.4667	A
2078/05/26	19:02	0.3075	P	2084/11/25	23:09	0.3075	P
2078/07/09	18:40	0.4667	A	2085/01/08	22:48	0.4667	A
2078/08/22	18:18	0.3075	P	2085/02/21	22:28	0.3075	P
2078/10/05	17:56	0.4667	A	2085/04/06	22:06	0.4667	A
2078/11/18	17:34	0.3075	P	2085/05/20	21:44	0.3075	P
2079/01/01	17:11	0.4667	A	2085/07/03	21:21	0.4667	A
2079/02/14	16:49	0.3075	P	2085/08/16	20:59	0.3075	P
2079/03/30	16:27	0.4667	A	2085/09/29	20:36	0.4667	A
2079/05/13	16:05	0.3075	P	2085/11/12	20:14	0.3075	P
2079/06/26	15:44	0.4667	A	2085/12/26	19:52	0.4667	A
2079/08/09	15:24	0.3075	P	2086/02/08	19:31	0.3075	P
2079/09/22	15:01	0.4667	A	2086/03/24	19:09	0.4667	A
2079/11/05	14:39	0.3075	P	2086/05/07	18:48	0.3075	P
2079/12/19	14:17	0.4667	A	2086/06/20	18:25	0.4667	A
2080/02/01	13:55	0.3075	P	2086/08/03	18:03	0.3075	P
2080/03/16	13:32	0.4667	A	2086/09/16	17:40	0.4667	A
2080/04/29	13:10	0.3075	P	2086/10/30	17:18	0.3075	P
2080/06/12	12:48	0.4667	A	2086/12/13	16:55	0.4667	A
2080/07/26	12:26	0.3075	P	2087/01/26	16:33	0.3075	P
2080/09/08	12:05	0.4667	A	2087/03/11	16:11	0.4667	A
2080/10/22	11:43	0.3075	P	2087/04/24	15:49	0.3075	P
2080/12/05	11:21	0.4667	A	2087/06/07	15:27	0.4667	A
2081/01/18	10:58	0.3075	P	2087/07/21	15:05	0.3075	P
2081/03/03	10:35	0.4667	A	2087/09/03	14:43	0.4667	A
2081/04/16	10:13	0.3075	P	2087/10/17	14:20	0.3075	P
2081/05/30	09:51	0.4667	A	2087/11/30	13:57	0.4667	A
2081/07/13	09:28	0.3075	P	2088/01/13	13:35	0.3075	P
2081/08/26	09:07	0.4667	A	2088/02/26	13:12	0.4667	A
2081/10/09	08:44	0.3075	P	2088/04/10	12:51	0.3075	P
2081/11/22	08:23	0.4667	A	2088/05/24	12:29	0.4667	A
2082/01/05	08:00	0.3075	P	2088/07/07	12:07	0.3075	P
2082/02/18	07:38	0.4667	A	2088/08/20	11:45	0.4667	A
2082/04/03	07:15	0.3075	P	2088/10/03	11:22	0.3075	P
2082/05/17	06:53	0.4667	A	2088/11/16	11:00	0.4667	A
2082/06/30	06:30	0.3075	P	2088/12/30	10:37	0.3075	P
2082/08/13	06:08	0.4667	A	2089/02/12	10:15	0.4667	A
2082/09/26	05:46	0.3075	P	2089/03/28	09:52	0.3075	P
2082/11/09	05:25	0.4667	A	2089/05/11	09:31	0.4667	A
2082/12/23	05:02	0.3075	P	2089/06/24	09:10	0.3075	P
2083/02/05	04:40	0.4667	A	2089/08/07	08:48	0.4667	A
2083/03/21	04:17	0.3075	P	2089/09/20	08:26	0.3075	P
2083/05/04	03:56	0.4667	A	2089/11/03	08:04	0.4667	A
2083/06/17	03:33	0.3075	P	2089/12/17	07:42	0.3075	P
2083/07/31	03:11	0.4667	A	2090/01/30	07:20	0.4667	A
2083/09/13	02:48	0.3075	P	2090/03/15	06:57	0.3075	P
2083/10/27	02:27	0.4667	A	2090/04/28	06:35	0.4667	A
2083/12/10	02:06	0.3075	P	2090/06/11	06:13	0.3075	P

```
DATA        ORA     RV      AP          DATA        ORA     RV      AP
2090/07/25  05:52   0.4667  A           2097/01/24  10:01   0.4667  A
2090/09/07  05:31   0.3075  P           2097/03/09  09:40   0.3075  P
2090/10/21  05:10   0.4667  A           2097/04/22  09:19   0.4667  A
2090/12/04  04:48   0.3075  P           2097/06/05  08:57   0.3075  P
2091/01/17  04:25   0.4667  A           2097/07/19  08:35   0.4667  A
2091/03/02  04:03   0.3075  P           2097/09/01  08:12   0.3075  P
2091/04/15  03:41   0.4667  A           2097/10/15  07:50   0.4667  A
2091/05/29  03:18   0.3075  P           2097/11/28  07:27   0.3075  P
2091/07/12  02:57   0.4667  A           2098/01/11  07:05   0.4667  A
2091/08/25  02:35   0.3075  P           2098/02/24  06:43   0.3075  P
2091/10/08  02:14   0.4667  A           2098/04/09  06:21   0.4667  A
2091/11/21  01:52   0.3075  P           2098/05/23  05:59   0.3075  P
2092/01/04  01:30   0.4667  A           2098/07/06  05:37   0.4667  A
2092/02/17  01:08   0.3075  P           2098/08/19  05:15   0.3075  P
2092/04/01  00:45   0.4667  A           2098/10/02  04:53   0.4667  A
2092/05/15  00:23   0.3075  P           2098/11/15  04:30   0.3075  P
2092/06/28  00:00   0.4667  A           2098/12/29  04:07   0.4667  A
2092/08/10  23:39   0.3075  P           2099/02/11  03:45   0.3075  P
2092/09/23  23:16   0.4667  A           2099/03/27  03:22   0.4667  A
2092/11/06  22:55   0.3075  P           2099/05/10  03:00   0.3075  P
2092/12/20  22:33   0.4667  A           2099/06/23  02:39   0.4667  A
2093/02/02  22:11   0.3075  P           2099/08/06  02:17   0.3075  P
2093/03/18  21:48   0.4667  A           2099/09/19  01:55   0.4667  A
2093/05/01  21:25   0.3075  P           2099/11/02  01:32   0.3075  P
2093/06/14  21:03   0.4667  A           2099/12/16  01:10   0.4667  A
2093/07/28  20:41   0.3075  P
2093/09/10  20:18   0.4667  A
2093/10/24  19:56   0.3075  P           MARTE - MARS
2093/12/07  19:34   0.4667  A
2094/01/20  19:13   0.3075  P           DATA        ORA     RV      AP
2094/03/05  18:50   0.4667  A           2000/11/02  21:16   1.6660  A
2094/04/18  18:28   0.3075  P           2001/10/12  07:25   1.3814  P
2094/06/01  18:05   0.4667  A           2002/09/21  00:32   1.6661  A
2094/07/15  17:43   0.3075  P           2003/08/30  11:03   1.3811  P
2094/08/28  17:20   0.4667  A           2004/08/07  23:30   1.6661  A
2094/10/11  16:58   0.3075  P           2005/07/17  15:39   1.3813  P
2094/11/24  16:36   0.4667  A           2006/06/26  01:07   1.6660  A
2095/01/07  16:15   0.3075  P           2007/06/04  12:37   1.3815  P
2095/02/20  15:53   0.4667  A           2008/05/13  01:53   1.6659  A
2095/04/05  15:32   0.3075  P           2009/04/21  09:46   1.3813  P
2095/05/19  15:09   0.4667  A           2010/03/30  23:07   1.6659  A
2095/07/02  14:47   0.3075  P           2011/03/09  14:05   1.3814  P
2095/08/15  14:25   0.4667  A           2012/02/15  20:59   1.6660  A
2095/09/28  14:02   0.3075  P           2013/01/24  08:56   1.3815  P
2095/11/11  13:40   0.4667  A           2014/01/03  00:23   1.6661  A
2095/12/25  13:18   0.3075  P           2014/12/12  08:26   1.3812  P
2096/02/07  12:57   0.4667  A           2015/11/20  22:34   1.6661  A
2096/03/22  12:36   0.3075  P           2016/10/29  13:11   1.3812  P
2096/05/05  12:15   0.4667  A           2017/10/07  22:06   1.6661  A
2096/06/18  11:53   0.3075  P           2018/09/16  12:52   1.3814  P
2096/08/01  11:30   0.4667  A           2019/08/26  01:14   1.6661  A
2096/09/14  11:08   0.3075  P           2020/08/03  09:02   1.3814  P
2096/10/28  10:46   0.4667  A           2021/07/13  00:25   1.6660  A
2096/12/11  10:23   0.3075  P           2022/06/21  13:06   1.3813  P
```

DATA	ORA	RV	AP
2023/05/30	20:31	1.6659	A
2024/05/08	10:42	1.3815	P
2025/04/16	22:11	1.6661	A
2026/03/26	07:07	1.3813	P
2027/03/04	23:05	1.6661	A
2028/02/11	12:12	1.3812	P
2029/01/19	21:30	1.6661	A
2029/12/29	13:15	1.3814	P
2030/12/07	23:33	1.6660	A
2031/11/16	08:06	1.3814	P
2032/10/24	22:52	1.6660	A
2033/10/03	09:13	1.3812	P
2034/09/11	19:54	1.6661	A
2035/08/21	11:32	1.3814	P
2036/07/29	21:15	1.6661	A
2037/07/08	06:51	1.3813	P
2038/06/16	23:58	1.6661	A
2039/05/26	10:19	1.3811	P
2040/05/03	20:58	1.6661	A
2041/04/12	13:34	1.3813	P
2042/03/21	22:39	1.6661	A
2043/02/28	09:54	1.3814	P
2044/02/06	23:53	1.6660	A
2045/01/15	07:41	1.3813	P
2045/12/24	20:58	1.6660	A
2046/12/03	11:19	1.3814	P
2047/11/11	18:25	1.6660	A
2048/10/20	05:36	1.3814	P
2049/09/28	21:44	1.6662	A
2050/09/07	07:11	1.3811	P
2051/08/16	21:15	1.6662	A
2052/07/25	12:50	1.3812	P
2053/07/03	21:54	1.6661	A
2054/06/12	11:28	1.3814	P
2055/05/21	23:15	1.6660	A
2056/04/29	07:07	1.3813	P
2057/04/07	21:08	1.6660	A
2058/03/17	10:55	1.3813	P
2059/02/23	18:01	1.6660	A
2060/02/02	07:48	1.3815	P
2061/01/10	20:40	1.6661	A
2061/12/20	04:42	1.3812	P
2062/11/28	20:36	1.6661	A
2063/11/07	09:33	1.3811	P
2064/10/15	18:50	1.6662	A
2065/09/24	10:56	1.3813	P
2066/09/02	22:02	1.6662	A
2067/08/12	07:00	1.3813	P
2068/07/20	22:34	1.6661	A
2069/06/29	09:25	1.3812	P
2070/06/07	18:46	1.6660	A
2071/05/17	09:52	1.3814	P
2072/04/24	18:54	1.6661	A
2073/04/03	04:17	1.3813	P
2074/03/12	21:19	1.6662	A
2075/02/19	08:12	1.3811	P
2076/01/28	19:04	1.6662	A
2077/01/06	10:58	1.3813	P
2077/12/15	20:50	1.6661	A
2078/11/24	06:39	1.3814	P
2079/11/02	20:59	1.6660	A
2080/10/11	05:20	1.3812	P
2081/09/19	18:04	1.6661	A
2082/08/29	09:55	1.3813	P
2083/08/07	17:52	1.6661	A
2084/07/16	04:58	1.3813	P
2085/06/24	21:17	1.6662	A
2086/06/03	06:25	1.3811	P
2087/05/12	18:36	1.6662	A
2088/04/20	10:45	1.3812	P
2089/03/29	19:06	1.6661	A
2090/03/08	08:21	1.3814	P
2091/02/14	21:03	1.6661	A
2092/01/24	04:29	1.3813	P
2093/01/01	19:01	1.6660	A
2093/12/11	08:28	1.3812	P
2094/11/19	15:36	1.6661	A
2095/10/29	04:32	1.3814	P
2096/10/06	18:13	1.6662	A
2097/09/15	03:39	1.3811	P
2098/08/24	19:10	1.6663	A
2099/08/03	09:35	1.3811	P

URANO - URANUS

DATA	ORA	RV	AP
2009/02/27	00:00	20.0988	A
2050/08/16	23:45	18.2831	P
2092/11/23	02:36	20.0993	A

NETTUNO - NEPTUNE

DATA	ORA	RV	AP
2042/09/03	13:14	29.8065	P
2049/10/30	23:05	29.8168	A
2050/06/30	05:01	29.8168	P

PERIGEI - PERIGEAS

MERCURIO - MERCURY

DATA	ORA	RV
2000/03/04	11:09	0.6242
2000/07/04	00:09	0.5639
2000/10/28	21:58	0.6705
2001/02/15	05:02	0.6427
2001/06/15	11:33	0.5521
2001/10/12	09:53	0.6615
2002/01/29	08:20	0.6574
2002/05/27	23:55	0.5492
2002/09/25	14:16	0.6489
2003/01/12	19:21	0.6682
2003/05/09	13:58	0.5560
2003/09/08	09:14	0.6329
2003/12/27	11:54	0.6750
2004/04/20	06:05	0.5709
2004/08/20	17:38	0.6139
2004/12/10	07:40	0.6781
2005/04/02	02:29	0.5908
2005/08/02	16:02	0.5934
2005/11/24	04:21	0.6777
2006/03/15	06:03	0.6123
2006/07/15	07:30	0.5736
2006/11/07	23:35	0.6741
2007/02/25	18:34	0.6324
2007/06/26	19:49	0.5579
2007/10/22	14:57	0.6671
2008/02/08	16:32	0.6494
2008/06/07	07:32	0.5498
2008/10/04	23:58	0.6566
2009/01/21	23:10	0.6625
2009/05/19	20:08	0.5510
2009/09/18	00:25	0.6426
2010/01/05	12:46	0.6715
2010/05/01	10:52	0.5614
2010/08/31	14:47	0.6251
2010/12/20	07:07	0.6767
2011/04/13	04:54	0.5789
2011/08/13	18:55	0.6053
2011/12/04	03:39	0.6784
2012/03/25	03:59	0.6000
2012/07/25	14:09	0.5847
2012/11/17	00:01	0.6766
2013/03/07	10:56	0.6212
2013/07/07	03:30	0.5662
2013/10/31	17:44	0.6716
2014/02/18	03:28	0.6401
2014/06/18	15:04	0.5533
2014/10/15	06:36	0.6631
2015/02/01	05:27	0.6555
2015/05/31	03:23	0.5490
2015/09/28	12:19	0.6510

DATA	ORA	RV
2016/01/15	15:25	0.6668
2016/05/11	17:00	0.5544
2016/09/10	08:48	0.6355
2016/12/29	07:15	0.6742
2017/04/23	08:36	0.5683
2017/08/23	18:43	0.6169
2017/12/13	02:43	0.6779
2018/04/05	04:20	0.5877
2018/08/05	18:28	0.5964
2018/11/26	23:27	0.6780
2019/03/18	06:47	0.6091
2019/07/18	10:51	0.5763
2019/11/10	19:04	0.6748
2020/02/28	17:47	0.6296
2020/06/28	23:23	0.5599
2020/10/24	11:08	0.6684
2021/02/10	14:18	0.6472
2021/06/10	10:52	0.5504
2021/10/07	21:10	0.6584
2022/01/24	19:46	0.6608
2022/05/22	23:24	0.5501
2022/09/20	23:02	0.6449
2023/01/08	08:34	0.6704
2023/05/04	13:56	0.5593
2023/09/03	15:04	0.6279
2023/12/23	02:21	0.6762
2024/04/15	07:14	0.5760
2024/08/15	20:44	0.6083
2024/12/05	22:40	0.6784
2025/03/28	05:15	0.5968
2025/07/28	16:59	0.5876
2025/11/19	19:08	0.6772
2026/03/10	10:56	0.6181
2026/07/10	06:52	0.5687
2026/11/03	13:26	0.6726
2027/02/21	02:08	0.6375
2027/06/21	18:41	0.5548
2027/10/18	03:14	0.6645
2028/02/04	02:47	0.6535
2028/06/02	06:51	0.5491
2028/09/30	10:14	0.6530
2029/01/17	11:38	0.6655
2029/05/14	20:02	0.5530
2029/09/13	08:09	0.6380
2030/01/01	02:42	0.6734
2030/04/26	11:16	0.5657
2030/08/26	19:32	0.6199
2030/12/15	21:47	0.6775
2031/04/08	06:22	0.5845
2031/08/08	20:43	0.5995
2031/11/29	18:31	0.6782
2032/03/20	07:39	0.6059
2032/07/20	14:06	0.5792
2032/11/12	14:27	0.6755

DATA	ORA	RV	DATA	ORA	RV
2033/03/02	17:11	0.6267	2050/04/21	12:03	0.5705
2033/07/02	02:53	0.5620	2050/08/21	23:32	0.6144
2033/10/27	07:09	0.6696	2050/12/11	12:39	0.6781
2034/02/13	12:16	0.6448	2051/04/03	08:25	0.5903
2034/06/13	14:17	0.5512	2051/08/03	22:07	0.5938
2034/10/10	18:14	0.6602	2051/11/25	09:21	0.6778
2035/01/27	16:35	0.6590	2052/03/15	11:49	0.6118
2035/05/26	02:45	0.5495	2052/07/15	13:40	0.5739
2035/09/23	21:28	0.6471	2052/11/08	04:39	0.6742
2036/01/11	04:28	0.6693	2053/02/26	00:08	0.6321
2036/05/06	16:58	0.5574	2053/06/27	01:58	0.5582
2036/09/05	15:08	0.6306	2053/10/22	20:06	0.6673
2036/12/24	21:37	0.6756	2054/02/08	21:52	0.6492
2037/04/18	09:35	0.5732	2054/06/08	13:41	0.5498
2037/08/18	22:16	0.6113	2054/10/06	05:17	0.6569
2037/12/08	17:39	0.6783	2055/01/23	04:21	0.6623
2038/03/31	06:42	0.5936	2055/05/21	02:16	0.5508
2038/07/31	19:36	0.5907	2055/09/19	05:55	0.6429
2038/11/22	14:14	0.6775	2056/01/06	17:52	0.6714
2039/03/13	11:14	0.6150	2056/05/01	16:58	0.5611
2039/07/13	10:16	0.5713	2056/08/31	20:33	0.6255
2039/11/06	09:05	0.6734	2056/12/20	12:06	0.6767
2040/02/24	01:03	0.6348	2057/04/13	10:52	0.5785
2040/06/23	22:20	0.5564	2057/08/14	00:56	0.6056
2040/10/19	23:46	0.6659	2057/12/04	08:38	0.6784
2041/02/06	00:16	0.6514	2058/03/26	09:49	0.5995
2041/06/05	10:16	0.5493	2058/07/26	20:18	0.5851
2041/10/03	07:54	0.6550	2058/11/18	05:00	0.6768
2042/01/20	07:55	0.6640	2059/03/08	16:34	0.6207
2042/05/17	23:06	0.5518	2059/07/08	09:44	0.5666
2042/09/16	07:09	0.6405	2059/11/01	22:49	0.6717
2043/01/03	22:13	0.6724	2060/02/19	08:55	0.6398
2043/04/29	14:04	0.5634	2060/06/18	21:14	0.5535
2043/08/29	20:06	0.6228	2060/10/15	11:50	0.6633
2043/12/18	16:54	0.6771	2061/02/01	10:45	0.6552
2044/04/10	08:34	0.5815	2061/05/31	09:29	0.5490
2044/08/10	22:54	0.6026	2061/09/28	17:46	0.6513
2044/12/01	13:35	0.6783	2062/01/15	20:33	0.6667
2045/03/23	08:41	0.6027	2062/05/12	23:06	0.5542
2045/07/23	17:16	0.5821	2062/09/11	14:28	0.6359
2045/11/15	09:46	0.6762	2062/12/30	12:18	0.6742
2046/03/05	16:47	0.6238	2063/04/24	14:37	0.5679
2046/07/05	06:22	0.5642	2063/08/25	00:33	0.6173
2046/10/30	03:04	0.6707	2063/12/14	07:42	0.6778
2047/02/16	10:28	0.6423	2064/04/05	10:16	0.5872
2047/06/16	17:46	0.5523	2064/08/06	00:28	0.5969
2047/10/13	15:06	0.6618	2064/11/27	04:25	0.6780
2048/01/30	13:34	0.6572	2065/03/18	12:33	0.6087
2048/05/28	06:05	0.5492	2065/07/18	17:01	0.5767
2048/09/25	19:41	0.6492	2065/11/11	00:05	0.6750
2049/01/13	00:26	0.6680	2066/02/28	23:21	0.6292
2049/05/09	19:59	0.5557	2066/06/30	05:34	0.5601
2049/09/08	14:56	0.6333	2066/10/25	16:16	0.6686
2049/12/27	16:55	0.6749	2067/02/11	19:40	0.6468

DATA	ORA	RV	DATA	ORA	RV
2067/06/11	17:03	0.5505	2084/08/01	01:41	0.5912
2067/10/09	02:28	0.6587	2084/11/22	19:14	0.6776
2068/01/26	01:00	0.6606	2085/03/13	16:59	0.6145
2068/05/23	05:30	0.5501	2085/07/13	16:27	0.5716
2068/09/21	04:32	0.6452	2085/11/06	14:08	0.6736
2069/01/08	13:41	0.6703	2086/02/24	06:35	0.6344
2069/05/04	20:00	0.5590	2086/06/25	04:36	0.5566
2069/09/03	20:49	0.6283	2086/10/21	04:58	0.6662
2069/12/23	07:22	0.6762	2087/02/07	05:35	0.6511
2070/04/16	13:14	0.5755	2087/06/06	16:26	0.5494
2070/08/17	02:43	0.6088	2087/10/04	13:14	0.6553
2070/12/07	03:38	0.6784	2088/01/21	13:04	0.6637
2071/03/29	11:05	0.5963	2088/05/18	05:11	0.5517
2071/07/29	23:04	0.5881	2088/09/16	12:41	0.6408
2071/11/21	00:07	0.6772	2089/01/04	03:15	0.6723
2072/03/10	16:38	0.6177	2089/04/29	20:04	0.5630
2072/07/10	13:02	0.5690	2089/08/30	01:55	0.6231
2072/11/03	18:29	0.6727	2089/12/18	21:55	0.6771
2073/02/21	07:38	0.6371	2090/04/11	14:31	0.5810
2073/06/22	00:52	0.5549	2090/08/12	04:56	0.6030
2073/10/18	08:29	0.6648	2090/12/02	18:35	0.6784
2074/02/04	08:06	0.6532	2091/03/24	14:31	0.6023
2074/06/03	13:00	0.5491	2091/07/24	23:27	0.5825
2074/10/01	15:38	0.6533	2091/11/16	14:48	0.6763
2075/01/18	16:47	0.6653	2092/03/05	22:26	0.6233
2075/05/16	02:10	0.5528	2092/07/05	12:29	0.5646
2075/09/14	13:43	0.6384	2092/10/30	08:09	0.6709
2076/01/02	07:43	0.6733	2093/02/16	15:56	0.6419
2076/04/26	17:17	0.5654	2093/06/16	23:53	0.5525
2076/08/27	01:20	0.6202	2093/10/13	20:19	0.6620
2076/12/16	02:46	0.6775	2094/01/30	18:51	0.6569
2077/04/08	12:19	0.5841	2094/05/29	12:17	0.5491
2077/08/09	02:44	0.5999	2094/09/27	01:07	0.6496
2077/11/29	23:29	0.6782	2095/01/14	05:33	0.6679
2078/03/21	13:26	0.6054	2095/05/11	02:06	0.5554
2078/07/21	20:18	0.5796	2095/09/09	20:35	0.6337
2078/11/13	19:29	0.6757	2095/12/28	21:55	0.6748
2079/03/03	22:47	0.6263	2096/04/21	18:03	0.5701
2079/07/03	09:05	0.5623	2096/08/22	05:24	0.6148
2079/10/28	12:17	0.6698	2096/12/11	17:37	0.6781
2080/02/14	17:42	0.6444	2097/04/03	14:18	0.5899
2080/06/13	20:26	0.5514	2097/08/04	04:12	0.5942
2080/10/10	23:29	0.6604	2097/11/25	14:20	0.6779
2081/01/27	21:50	0.6588	2098/03/16	17:32	0.6114
2081/05/26	08:51	0.5494	2098/07/16	19:53	0.5743
2081/09/24	02:56	0.6474	2098/11/09	09:42	0.6744
2082/01/11	09:34	0.6691	2099/02/27	05:40	0.6316
2082/05/07	23:04	0.5571	2099/06/28	08:12	0.5585
2082/09/06	20:49	0.6310	2099/10/24	01:15	0.6675
2082/12/26	02:37	0.6755			
2083/04/19	15:37	0.5728			
2083/08/20	04:11	0.6118			
2083/12/09	22:36	0.6783			
2084/03/31	12:35	0.5931			

MARTE - MARS

DATA	ORA	RV
2001/06/21	22:55	0.4502
2003/08/27	09:51	0.3727
2005/10/30	03:24	0.4641
2007/12/18	23:45	0.5893
2010/01/27	19:00	0.6640
2012/03/05	16:59	0.6737
2014/04/14	12:52	0.6176
2016/05/30	21:34	0.5032
2018/07/31	07:49	0.3850
2020/10/06	14:17	0.4149
2022/12/01	02:16	0.5445
2025/01/12	13:36	0.6423
2027/02/20	00:12	0.6779
2029/03/29	12:54	0.6472
2031/05/12	03:48	0.5534
2033/07/05	11:17	0.4230
2035/09/11	14:19	0.3804
2037/11/11	07:58	0.4936
2039/12/28	14:44	0.6109
2042/02/05	07:54	0.6717
2044/03/14	06:05	0.6671
2046/04/24	04:31	0.5970
2048/06/12	01:38	0.4737
2050/08/15	12:52	0.3741
2052/10/20	05:09	0.4409
2054/12/11	11:41	0.5702
2057/01/21	09:00	0.6555
2059/02/28	10:30	0.6768
2061/04/07	13:51	0.6320
2063/05/23	01:53	0.5264
2065/07/19	19:49	0.3996
2067/09/26	12:55	0.3967
2069/11/22	19:13	0.5222
2072/01/06	20:20	0.6294
2074/02/13	18:22	0.6765
2076/03/22	22:27	0.6574
2078/05/04	05:06	0.5739
2080/06/24	22:50	0.4450
2082/08/30	18:58	0.3736
2084/11/02	00:31	0.4699
2086/12/21	10:51	0.5939
2089/01/30	00:23	0.6658
2091/03/08	21:40	0.6727
2093/04/16	22:18	0.6138
2095/06/03	16:09	0.4975
2097/08/03	18:15	0.3819
2099/10/10	18:46	0.4192

URANO - URANUS

DATA	ORA	RV
2000/08/10	07:38	18.9316
2001/08/14	18:12	18.9642
2002/08/19	02:24	18.9934
2003/08/23	11:57	19.0191
2004/08/26	19:31	19.0416
2005/08/31	04:33	19.0604
2006/09/04	11:48	19.0754
2007/09/08	20:36	19.0860
2008/09/12	04:03	19.0921
2009/09/16	12:45	19.0929
2010/09/20	20:19	19.0882
2011/09/25	05:00	19.0775
2012/09/28	12:30	19.0613
2013/10/02	20:51	19.0399
2014/10/07	04:09	19.0141
2015/10/11	12:13	18.9843
2016/10/14	19:44	18.9511
2017/10/19	03:53	18.9146
2018/10/23	11:52	18.8752
2019/10/27	20:38	18.8328
2020/10/31	05:29	18.7876
2021/11/04	15:07	18.7391
2022/11/09	01:11	18.6872
2023/11/13	11:45	18.6315
2024/11/16	23:03	18.5722
2025/11/21	10:17	18.5094
2026/11/25	22:28	18.4441
2027/11/30	10:23	18.3768
2028/12/03	23:30	18.3084
2029/12/08	12:07	18.2394
2030/12/13	02:26	18.1707
2031/12/17	15:58	18.1026
2032/12/21	07:46	18.0356
2033/12/25	22:36	17.9699
2034/12/30	16:01	17.9057
2036/01/04	08:29	17.8426
2037/01/08	03:40	17.7807
2038/01/12	21:31	17.7200
2039/01/17	18:09	17.6610
2040/01/22	13:06	17.6042
2041/01/26	10:44	17.5502
2042/01/31	06:45	17.4999
2043/02/05	05:02	17.4539
2044/02/10	02:06	17.4129
2045/02/14	01:00	17.3775
2046/02/18	23:09	17.3482
2047/02/23	22:39	17.3250
2048/02/28	22:06	17.3081
2049/03/04	22:13	17.2967
2050/03/09	23:00	17.2908
2051/03/14	23:18	17.2899
2052/03/19	00:59	17.2938

DATA	ORA	RV
2053/03/24	01:16	17.3024
2054/03/29	03:11	17.3159
2055/04/03	03:01	17.3342
2056/04/07	04:41	17.3577
2057/04/12	03:50	17.3865
2058/04/17	04:49	17.4210
2059/04/22	03:11	17.4612
2060/04/26	03:22	17.5068
2061/05/01	01:26	17.5574
2062/05/06	00:41	17.6123
2063/05/10	22:28	17.6707
2064/05/14	20:48	17.7317
2065/05/19	18:07	17.7948
2066/05/24	15:08	17.8591
2067/05/29	11:40	17.9242
2068/06/02	07:08	17.9897
2069/06/07	02:41	18.0557
2070/06/11	20:09	18.1220
2071/06/16	14:19	18.1889
2072/06/20	06:05	18.2563
2073/06/24	22:56	18.3243
2074/06/29	13:17	18.3921
2075/07/04	05:10	18.4592
2076/07/07	18:27	18.5250
2077/07/12	09:32	18.5886
2078/07/16	21:47	18.6494
2079/07/21	11:59	18.7067
2080/07/24	23:25	18.7600
2081/07/29	12:28	18.8088
2082/08/02	22:44	18.8533
2083/08/07	10:34	18.8936
2084/08/10	19:34	18.9303
2085/08/15	06:11	18.9636
2086/08/19	14:14	18.9937
2087/08/24	00:03	19.0204
2088/08/27	07:43	19.0436
2089/08/31	16:58	19.0628
2090/09/05	00:25	19.0778
2091/09/09	09:34	19.0880
2092/09/12	17:00	19.0930
2093/09/17	02:02	19.0923
2094/09/21	09:25	19.0858
2095/09/25	18:10	19.0736
2096/09/29	01:24	19.0563
2097/10/03	09:38	19.0345
2098/10/07	16:41	19.0088
2099/10/12	00:54	18.9795

NETTUNO - NEPTUNE

DATA	ORA	RV
2000/07/27	16:55	29.0978
2001/07/30	04:05	29.0857
2002/08/01	17:09	29.0744
2003/08/04	03:58	29.0643
2004/08/05	17:09	29.0554
2005/08/08	04:33	29.0473
2006/08/10	17:19	29.0399
2007/08/13	05:40	29.0324
2008/08/14	18:11	29.0246
2009/08/17	07:35	29.0159
2010/08/19	19:32	29.0061
2011/08/22	09:21	28.9952
2012/08/23	20:50	28.9839
2013/08/26	10:23	28.9729
2014/08/28	21:43	28.9625
2015/08/31	10:29	28.9534
2016/09/01	22:27	28.9454
2017/09/04	10:29	28.9388
2018/09/06	23:26	28.9329
2019/09/09	11:08	28.9277
2020/09/11	00:50	28.9224
2021/09/13	12:35	28.9166
2022/09/16	02:34	28.9098
2023/09/18	14:38	28.9018
2024/09/20	04:07	28.8932
2025/09/22	16:18	28.8842
2026/09/25	04:37	28.8757
2027/09/27	17:22	28.8680
2028/09/29	04:47	28.8617
2029/10/01	17:57	28.8565
2030/10/04	04:59	28.8526
2031/10/06	18:24	28.8497
2032/10/08	06:01	28.8473
2033/10/10	19:15	28.8449
2034/10/13	07:34	28.8417
2035/10/15	20:16	28.8378
2036/10/17	09:19	28.8330
2037/10/19	21:05	28.8279
2038/10/22	10:14	28.8228
2039/10/24	21:09	28.8187
2040/10/26	10:10	28.8158
2041/10/28	21:02	28.8142
2042/10/31	09:34	28.8143
2043/11/02	21:04	28.8157
2044/11/04	08:59	28.8183
2045/11/06	21:34	28.8212
2046/11/09	09:10	28.8241
2047/11/11	22:27	28.8263
2048/11/13	09:43	28.8276
2049/11/15	22:54	28.8283
2050/11/18	09:59	28.8287
2051/11/20	22:34	28.8296

DATA	ORA	RV
2052/11/22	09:44	28.8312
2053/11/24	21:16	28.8340
2054/11/27	09:05	28.8381
2055/11/29	19:51	28.8438
2056/12/01	08:20	28.8506
2057/12/03	18:51	28.8581
2058/12/06	07:42	28.8659
2059/12/08	18:47	28.8729
2060/12/10	07:27	28.8791
2061/12/12	18:58	28.8841
2062/12/15	06:40	28.8885
2063/12/17	18:35	28.8926
2064/12/19	05:18	28.8970
2065/12/21	17:24	28.9020
2066/12/24	03:19	28.9082
2067/12/26	15:23	28.9156
2068/12/28	01:27	28.9243
2069/12/30	13:14	28.9342
2071/01/02	00:10	28.9445
2072/01/04	11:25	28.9547
2073/01/05	23:22	28.9640
2074/01/08	10:05	28.9724
2075/01/10	22:23	28.9798
2076/01/13	08:31	28.9867
2077/01/14	20:33	28.9935
2078/01/17	06:34	29.0005
2079/01/19	17:57	29.0083
2080/01/22	04:15	29.0172
2081/01/23	14:42	29.0276
2082/01/26	01:49	29.0391
2083/01/28	11:47	29.0515
2084/01/30	23:48	29.0639
2085/02/01	09:47	29.0758
2086/02/03	21:57	29.0867
2087/02/06	08:20	29.0964
2088/02/08	19:57	29.1052
2089/02/10	06:46	29.1132
2090/02/12	17:19	29.1210
2091/02/15	04:31	29.1288
2092/02/17	14:17	29.1373
2093/02/19	01:48	29.1468
2094/02/21	11:10	29.1573
2095/02/23	22:46	29.1687
2096/02/26	08:48	29.1802
2097/02/27	20:19	29.1913
2098/03/02	07:20	29.2012
2099/03/04	18:03	29.2100

APOGEI - APOGEAS

MERCURIO - MERCURY

DATA	ORA	RV
2000/01/09	22:17	1.4350
2000/05/07	05:28	1.3261
2000/08/27	19:39	1.3724
2000/12/22	12:48	1.4467
2001/04/20	06:34	1.3342
2001/08/10	05:29	1.3545
2001/12/05	07:06	1.4514
2002/04/02	20:49	1.3468
2002/07/24	00:01	1.3404
2002/11/18	01:47	1.4487
2003/03/15	23:20	1.3639
2003/07/07	03:25	1.3303
2003/10/31	18:26	1.4390
2004/02/25	18:44	1.3844
2004/06/19	13:07	1.3242
2004/10/13	07:01	1.4236
2005/02/06	15:25	1.4060
2005/06/03	01:28	1.3218
2005/09/25	14:03	1.4043
2006/01/19	18:22	1.4256
2006/05/17	12:31	1.3233
2006/09/07	17:38	1.3837
2007/01/02	04:34	1.4408
2007/04/30	18:09	1.3289
2007/08/20	23:28	1.3644
2007/12/15	20:39	1.4496
2008/04/12	14:45	1.3390
2008/08/02	12:57	1.3481
2008/11/27	15:50	1.4512
2009/03/25	23:58	1.3536
2009/07/16	11:45	1.3356
2009/11/10	10:37	1.4454
2010/03/07	22:56	1.3723
2010/06/29	18:12	1.3271
2010/10/24	01:30	1.4330
2011/02/17	17:39	1.3935
2011/06/13	05:19	1.3226
2011/10/06	11:06	1.4157
2012/01/30	16:06	1.4147
2012/05/26	17:27	1.3220
2012/09/17	16:22	1.3956
2013/01/11	22:36	1.4328
2013/05/10	02:45	1.3253
2013/08/30	20:35	1.3752
2013/12/25	12:08	1.4454
2014/04/23	05:14	1.3327
2014/08/13	05:08	1.3570
2014/12/08	05:42	1.4512
2015/04/05	21:04	1.3446
2015/07/26	22:14	1.3423

DATA	ORA	RV	DATA	ORA	RV
2015/11/21	00:32	1.4496	2033/01/07	03:50	1.4369
2016/03/18	01:08	1.3611	2033/05/05	13:21	1.3269
2016/07/09	00:33	1.3316	2033/08/26	00:40	1.3700
2016/11/02	18:02	1.4409	2033/12/20	18:59	1.4478
2017/02/27	21:22	1.3813	2034/04/18	13:12	1.3355
2017/06/22	09:39	1.3248	2034/08/08	11:38	1.3526
2017/10/16	07:25	1.4262	2034/12/03	13:44	1.4516
2018/02/09	17:25	1.4028	2035/04/01	02:03	1.3487
2018/06/05	21:48	1.3219	2035/07/22	07:27	1.3389
2018/09/28	14:58	1.4073	2035/11/16	08:28	1.4479
2019/01/22	19:02	1.4229	2036/03/13	03:19	1.3664
2019/05/20	09:11	1.3228	2036/07/04	11:45	1.3292
2019/09/10	18:37	1.3868	2036/10/29	00:35	1.4374
2020/01/05	04:05	1.4388	2037/02/22	22:14	1.3872
2020/05/02	15:49	1.3279	2037/06/17	21:52	1.3236
2020/08/22	23:54	1.3672	2037/10/11	12:16	1.4213
2020/12/17	19:44	1.4488	2038/02/04	19:19	1.4087
2021/04/15	14:05	1.3372	2038/06/01	10:17	1.3218
2021/08/05	12:09	1.3503	2038/09/23	18:56	1.4017
2021/11/30	14:52	1.4515	2039/01/17	23:28	1.4279
2022/03/29	01:08	1.3511	2039/05/15	20:53	1.3238
2022/07/19	09:34	1.3372	2039/09/05	22:31	1.3811
2022/11/13	09:36	1.4467	2039/12/31	10:45	1.4423
2023/03/11	01:12	1.3693	2040/04/28	01:38	1.3300
2023/07/02	14:57	1.3281	2040/08/18	04:54	1.3621
2023/10/27	01:02	1.4353	2040/12/13	03:16	1.4502
2024/02/20	19:56	1.3903	2041/04/10	20:45	1.3406
2024/06/15	01:35	1.3231	2041/07/31	19:32	1.3463
2024/10/08	11:41	1.4185	2041/11/25	22:29	1.4509
2025/02/01	17:36	1.4117	2042/03/24	04:21	1.3558
2025/05/29	13:51	1.3218	2042/07/14	19:28	1.3343
2025/09/20	17:43	1.3987	2042/11/08	16:53	1.4442
2026/01/14	22:57	1.4304	2043/03/06	02:37	1.3750
2026/05/12	23:53	1.3245	2043/06/28	02:48	1.3264
2026/09/02	21:37	1.3782	2043/10/22	07:21	1.4311
2026/12/28	11:24	1.4439	2044/02/15	21:35	1.3963
2027/04/26	03:34	1.3313	2044/06/10	14:13	1.3223
2027/08/16	04:55	1.3595	2044/10/03	16:16	1.4132
2027/12/11	04:24	1.4508	2045/01/27	20:41	1.4172
2028/04/07	21:03	1.3426	2045/05/25	02:09	1.3222
2028/07/28	20:42	1.3442	2045/09/15	20:58	1.3929
2028/11/22	23:31	1.4503	2046/01/10	03:55	1.4348
2029/03/21	02:49	1.3585	2046/05/08	10:50	1.3259
2029/07/11	21:55	1.3329	2046/08/29	01:34	1.3728
2029/11/05	17:35	1.4426	2046/12/23	18:20	1.4466
2030/03/02	23:59	1.3781	2047/04/21	12:05	1.3339
2030/06/25	06:13	1.3255	2047/08/11	11:08	1.3549
2030/10/19	07:30	1.4287	2047/12/06	12:31	1.4514
2031/02/12	19:29	1.3996	2048/04/03	02:32	1.3465
2031/06/08	18:03	1.3221	2048/07/24	05:27	1.3406
2031/10/01	15:37	1.4103	2048/11/18	07:14	1.4489
2032/01/25	19:47	1.4200	2049/03/16	05:10	1.3635
2032/05/22	05:40	1.3225	2049/07/07	08:43	1.3304
2032/09/12	19:41	1.3899	2049/11/01	00:06	1.4394

```
DATA          ORA      RV              DATA          ORA      RV
2050/02/26  00:42   1.3840           2067/04/16  19:40   1.3370
2050/06/20  18:19   1.3242           2067/08/06  17:50   1.3506
2050/10/14  12:48   1.4240           2067/12/01  20:20   1.4515
2051/02/07  21:19   1.4055           2068/03/29  07:01   1.3508
2051/06/04  06:41   1.3218           2068/07/19  14:57   1.3374
2051/09/26  19:56   1.4047           2068/11/13  15:09   1.4469
2052/01/21  00:06   1.4252           2069/03/11  07:12   1.3689
2052/05/17  17:42   1.3233           2069/07/02  20:10   1.3283
2052/09/07  23:28   1.3841           2069/10/27  06:41   1.4356
2053/01/02  10:11   1.4405           2070/02/21  01:48   1.3899
2053/04/30  23:28   1.3288           2070/06/16  06:47   1.3231
2053/08/21  05:11   1.3648           2070/10/09  17:30   1.4190
2053/12/16  02:13   1.4496           2071/02/02  23:26   1.4113
2054/04/13  20:17   1.3387           2071/05/30  19:04   1.3218
2054/08/03  18:35   1.3484           2071/09/21  23:33   1.3991
2054/11/28  21:21   1.4513           2072/01/16  04:43   1.4301
2055/03/27  05:48   1.3533           2072/05/13  05:09   1.3244
2055/07/17  17:09   1.3358           2072/09/03  03:23   1.3786
2055/11/11  16:04   1.4456           2072/12/28  16:59   1.4437
2056/03/08  05:03   1.3719           2073/04/26  08:56   1.3311
2056/06/29  23:27   1.3273           2073/08/16  10:41   1.3598
2056/10/24  07:04   1.4334           2073/12/11  09:55   1.4508
2057/02/17  23:39   1.3931           2074/04/09  02:38   1.3423
2057/06/13  10:28   1.3227           2074/07/30  02:18   1.3445
2057/10/06  16:57   1.4161           2074/11/24  04:58   1.4505
2058/01/30  21:53   1.4143           2075/03/22  08:45   1.3580
2058/05/27  22:39   1.3219           2075/07/13  03:19   1.3331
2058/09/18  22:20   1.3961           2075/11/06  23:09   1.4429
2059/01/13  04:15   1.4325           2076/03/03  06:03   1.3777
2059/05/11  08:05   1.3251           2076/06/25  11:24   1.3256
2059/09/01  02:27   1.3757           2076/10/19  13:13   1.4290
2059/12/26  17:40   1.4452           2077/02/13  01:25   1.3991
2060/04/23  10:39   1.3325           2077/06/08  23:09   1.3221
2060/08/13  10:47   1.3573           2077/10/01  21:26   1.4107
2060/12/08  11:14   1.4512           2078/01/26  01:30   1.4197
2061/04/06  02:41   1.3443           2078/05/23  10:52   1.3224
2061/07/27  03:43   1.3425           2078/09/14  01:37   1.3903
2061/11/21  06:04   1.4498           2079/01/08  09:31   1.4366
2062/03/19  06:58   1.3607           2079/05/06  18:41   1.3267
2062/07/10  05:55   1.3317           2079/08/27  06:29   1.3704
2062/11/03  23:39   1.4412           2079/12/22  00:34   1.4476
2063/03/01  03:23   1.3808           2080/04/18  18:47   1.3353
2063/06/23  14:53   1.3249           2080/08/08  17:14   1.3529
2063/10/17  13:08   1.4265           2080/12/03  19:14   1.4515
2064/02/10  23:24   1.4023           2081/04/01  07:46   1.3484
2064/06/06  02:57   1.3219           2081/07/22  12:52   1.3391
2064/09/28  20:43   1.4077           2081/11/16  13:59   1.4481
2065/01/23  00:45   1.4225           2082/03/14  09:11   1.3659
2065/05/20  14:19   1.3227           2082/07/05  17:01   1.3294
2065/09/11  00:30   1.3872           2082/10/30  06:10   1.4377
2066/01/05  09:42   1.4386           2083/02/24  04:13   1.3867
2066/05/03  21:07   1.3277           2083/06/19  03:07   1.3236
2066/08/24  05:45   1.3676           2083/10/12  17:59   1.4217
2066/12/19  01:16   1.4487           2084/02/06  01:17   1.4082
```

```
DATA        ORA     RV
2084/06/01  15:27   1.3217
2084/09/24  00:46   1.4022
2085/01/18  05:16   1.4275
2085/05/16  02:07   1.3237
2085/09/06  04:26   1.3816
2085/12/31  16:16   1.4421
2086/04/29  07:01   1.3297
2086/08/19  10:45   1.3625
2086/12/14  08:40   1.4502
2087/04/12  02:22   1.3403
2087/08/02  01:06   1.3466
2087/11/27  03:58   1.4510
2088/03/24  10:15   1.3555
2088/07/15  00:50   1.3345
2088/11/08  22:30   1.4444
2089/03/06  08:31   1.3746
2089/06/28  08:00   1.3264
2089/10/22  13:05   1.4314
2090/02/16  03:29   1.3959
2090/06/11  19:23   1.3223
2090/10/04  22:05   1.4137
2091/01/29  02:33   1.4168
2091/05/26  07:22   1.3221
2091/09/17  02:51   1.3934
2092/01/11  09:39   1.4344
2092/05/08  16:06   1.3258
2092/08/29  07:24   1.3732
2092/12/23  23:57   1.4464
2093/04/21  17:35   1.3337
2093/08/11  16:47   1.3552
2093/12/06  17:58   1.4514
2094/04/04  08:14   1.3461
2094/07/25  10:56   1.3409
2094/11/19  12:42   1.4491
2095/03/17  11:04   1.3631
2095/07/08  14:03   1.3306
2095/11/02  05:40   1.4396
2096/02/27  06:47   1.3835
2096/06/20  23:33   1.3242
2096/10/14  18:30   1.4244
2097/02/08  03:16   1.4051
2097/06/04  11:50   1.3217
2097/09/27  01:51   1.4052
2098/01/21  05:48   1.4249
2098/05/18  22:54   1.3231
2098/09/09  05:24   1.3846
2099/01/03  15:39   1.4403
2099/05/02  04:49   1.3286
2099/08/22  11:00   1.3652
2099/12/17  07:42   1.4495
```

MARTE - MARS

```
DATA        ORA     RV
2000/07/21  05:26   2.6211
2002/08/14  11:59   2.6714
2004/09/05  19:29   2.6672
2006/09/30  09:30   2.6094
2008/10/31  04:00   2.5033
2011/01/07  23:26   2.3793
2013/06/04  23:04   2.4665
2015/07/11  12:33   2.5869
2017/08/05  10:50   2.6582
2019/08/28  19:31   2.6753
2021/09/20  11:46   2.6381
2023/10/18  09:27   2.5497
2025/11/30  10:39   2.4238
2028/05/11  21:31   2.4121
2030/06/29  09:27   2.5446
2032/07/27  01:02   2.6365
2034/08/19  17:58   2.6751
2036/09/11  02:57   2.6591
2038/10/06  14:04   2.5903
2040/11/09  09:41   2.4757
2043/03/09  08:34   2.3712
2045/06/14  21:23   2.4959
2047/07/17  20:47   2.6068
2049/08/10  19:06   2.6665
2051/09/03  00:54   2.6719
2053/09/26  04:34   2.6232
2055/10/25  21:15   2.5248
2057/12/18  09:46   2.3973
2060/05/26  21:13   2.4421
2062/07/06  12:35   2.5690
2064/08/01  16:15   2.6497
2066/08/25  00:26   2.6763
2068/09/16  14:56   2.6486
2070/10/13  04:54   2.5687
2072/11/20  06:29   2.4468
2075/04/24  23:46   2.3897
2077/06/23  12:27   2.5234
2079/07/23  21:24   2.6242
2081/08/16  01:38   2.6723
2083/09/08  07:27   2.6659
2085/10/02  03:06   2.6060
2087/11/03  06:17   2.4983
2090/01/15  23:47   2.3760
2092/06/07  09:33   2.4722
2094/07/13  04:44   2.5909
2096/08/07  03:11   2.6600
2098/08/30  05:21   2.6750
```

URANO - URANUS

DATA	ORA	RV
2000/02/07	04:47	20.9136
2001/02/10	10:57	20.9480
2002/02/14	15:41	20.9789
2003/02/18	21:13	21.0062
2004/02/23	01:30	21.0304
2005/02/26	06:44	21.0510
2006/03/02	10:41	21.0680
2007/03/06	15:51	21.0808
2008/03/09	19:42	21.0893
2009/03/14	00:57	21.0928
2010/03/18	04:54	21.0909
2011/03/22	10:15	21.0831
2012/03/25	14:33	21.0697
2013/03/29	20:32	21.0509
2014/04/03	01:24	21.0273
2015/04/07	08:12	20.9994
2016/04/10	13:52	20.9679
2017/04/14	21:39	20.9330
2018/04/19	04:17	20.8952
2019/04/23	13:08	20.8543
2020/04/26	20:54	20.8106
2021/05/01	07:10	20.7637
2022/05/05	16:01	20.7136
2023/05/10	03:40	20.6598
2024/05/13	13:52	20.6024
2025/05/18	03:07	20.5413
2026/05/22	14:56	20.4772
2027/05/27	05:59	20.4109
2028/05/30	19:34	20.3429
2029/06/04	12:35	20.2742
2030/06/09	03:51	20.2052
2031/06/13	22:40	20.1367
2032/06/17	15:57	20.0691
2033/06/22	12:29	20.0028
2034/06/27	07:46	19.9377
2035/07/02	05:50	19.8741
2036/07/06	03:07	19.8115
2037/07/11	02:34	19.7502
2038/07/16	01:49	19.6902
2039/07/21	02:27	19.6322
2040/07/25	03:53	19.5766
2041/07/30	05:26	19.5244
2042/08/04	08:40	19.4760
2043/08/09	10:58	19.4325
2044/08/13	15:40	19.3941
2045/08/18	18:37	19.3616
2046/08/24	00:11	19.3354
2047/08/29	03:34	19.3154
2048/09/02	09:33	19.3013
2049/09/07	13:04	19.2927
2050/09/12	18:39	19.2893
2051/09/17	22:24	19.2908
2052/09/22	03:08	19.2971
2053/09/27	06:55	19.3081
2054/10/02	10:23	19.3241
2055/10/07	13:50	19.3450
2056/10/11	15:55	19.3712
2057/10/16	18:38	19.4029
2058/10/21	19:03	19.4403
2059/10/26	20:46	19.4832
2060/10/30	19:24	19.5315
2061/11/04	19:35	19.5845
2062/11/09	16:24	19.6413
2063/11/14	14:43	19.7011
2064/11/18	09:48	19.7632
2065/11/23	06:04	19.8270
2066/11/27	23:21	19.8917
2067/12/02	17:36	19.9572
2068/12/06	09:15	20.0229
2069/12/11	01:28	20.0891
2070/12/15	15:38	20.1556
2071/12/20	05:53	20.2227
2072/12/23	18:34	20.2904
2073/12/28	06:54	20.3584
2075/01/01	18:02	20.4258
2076/01/06	04:39	20.4924
2077/01/09	14:23	20.5571
2078/01/13	23:22	20.6194
2079/01/18	07:54	20.6784
2080/01/22	15:25	20.7338
2081/01/25	22:51	20.7847
2082/01/30	05:15	20.8314
2083/02/03	11:46	20.8736
2084/02/07	17:24	20.9121
2085/02/10	23:22	20.9470
2086/02/15	04:19	20.9787
2087/02/19	09:48	21.0070
2088/02/23	14:14	21.0320
2089/02/26	19:23	21.0532
2090/03/02	23:32	21.0705
2091/03/07	04:25	21.0831
2092/03/10	08:28	21.0908
2093/03/14	13:27	21.0929
2094/03/18	17:30	21.0894
2095/03/22	22:48	21.0799
2096/03/26	03:19	21.0653
2097/03/30	09:14	21.0456
2098/04/03	14:24	21.0219
2099/04/07	20:59	20.9943

NETTUNO - NEPTUNE

DATA	ORA	RV
2000/01/25	00:12	31.1041
2001/01/26	10:20	31.0917
2002/01/28	21:23	31.0798
2003/01/31	08:23	31.0692
2004/02/02	18:52	31.0596
2005/02/04	06:43	31.0512
2006/02/06	16:36	31.0435
2007/02/09	04:44	31.0360
2008/02/11	14:37	31.0285
2009/02/13	02:36	31.0202
2010/02/15	13:03	31.0110
2011/02/18	00:14	31.0005
2012/02/20	11:44	30.9894
2013/02/21	22:32	30.9781
2014/02/24	11:01	30.9673
2015/02/26	21:32	30.9574
2016/02/29	10:18	30.9489
2017/03/02	21:02	30.9416
2018/03/05	09:43	30.9353
2019/03/07	20:56	30.9298
2020/03/09	08:54	30.9245
2021/03/11	20:59	30.9191
2022/03/14	08:13	30.9127
2023/03/16	21:04	30.9053
2024/03/18	07:54	30.8969
2025/03/20	21:11	30.8879
2026/03/23	08:23	30.8791
2027/03/25	21:37	30.8709
2028/03/27	09:35	30.8638
2029/03/29	22:17	30.8580
2030/04/01	11:02	30.8535
2031/04/03	23:06	30.8500
2032/04/05	12:39	30.8475
2033/04/08	00:11	30.8451
2034/04/10	13:56	30.8423
2035/04/13	01:18	30.8388
2036/04/14	14:59	30.8344
2037/04/17	03:09	30.8294
2038/04/19	16:14	30.8241
2039/04/22	05:22	30.8195
2040/04/23	17:55	30.8159
2041/04/26	07:59	30.8137
2042/04/28	20:06	30.8129
2043/05/01	10:24	30.8137
2044/05/02	22:30	30.8157
2045/05/05	12:46	30.8186
2046/05/08	01:08	30.8216
2047/05/10	14:37	30.8241
2048/05/12	03:40	30.8260
2049/05/14	16:22	30.8269
2050/05/17	06:23	30.8275
2051/05/19	18:37	30.8281
2052/05/21	09:12	30.8293
2053/05/23	21:26	30.8314
2054/05/26	11:56	30.8349
2055/05/29	00:37	30.8399
2056/05/30	14:40	30.8461
2057/06/02	03:54	30.8535
2058/06/04	16:59	30.8612
2059/06/07	06:51	30.8688
2060/06/08	19:09	30.8754
2061/06/11	09:29	30.8811
2062/06/13	21:20	30.8858
2063/06/16	11:46	30.8900
2064/06/18	00:08	30.8943
2065/06/20	14:08	30.8989
2066/06/23	03:08	30.9045
2067/06/25	16:17	30.9113
2068/06/27	06:10	30.9195
2069/06/29	18:42	30.9289
2070/07/02	08:54	30.9391
2071/07/04	20:45	30.9495
2072/07/06	10:53	30.9593
2073/07/08	22:40	30.9681
2074/07/11	12:19	30.9760
2075/07/14	00:41	30.9833
2076/07/15	13:32	30.9900
2077/07/18	02:49	30.9968
2078/07/20	14:54	31.0042
2079/07/23	04:51	31.0126
2080/07/24	16:33	31.0222
2081/07/27	06:27	31.0331
2082/07/29	18:04	31.0452
2083/08/01	07:33	31.0577
2084/08/02	19:26	31.0699
2085/08/05	07:51	31.0813
2086/08/07	20:17	31.0917
2087/08/10	07:52	31.1008
2088/08/11	21:07	31.1092
2089/08/14	08:04	31.1170
2090/08/16	21:26	31.1247
2091/08/19	08:32	31.1328
2092/08/20	21:40	31.1417
2093/08/23	09:17	31.1517
2094/08/25	21:26	31.1627
2095/08/28	09:38	31.1742
2096/08/29	20:49	31.1855
2097/09/01	09:22	31.1961
2098/09/03	19:45	31.2054
2099/09/06	08:23	31.2133

DIFETTO DI FASE DI MARTE
DEFECT OF ILLUMINATION OF MARS

Il grafico mostra i massimi e minimi valori che assume il difetto di fase di Marte

The table shows the maximum and minumum values that assumes the defect of illumination of Mars (Phase defect)

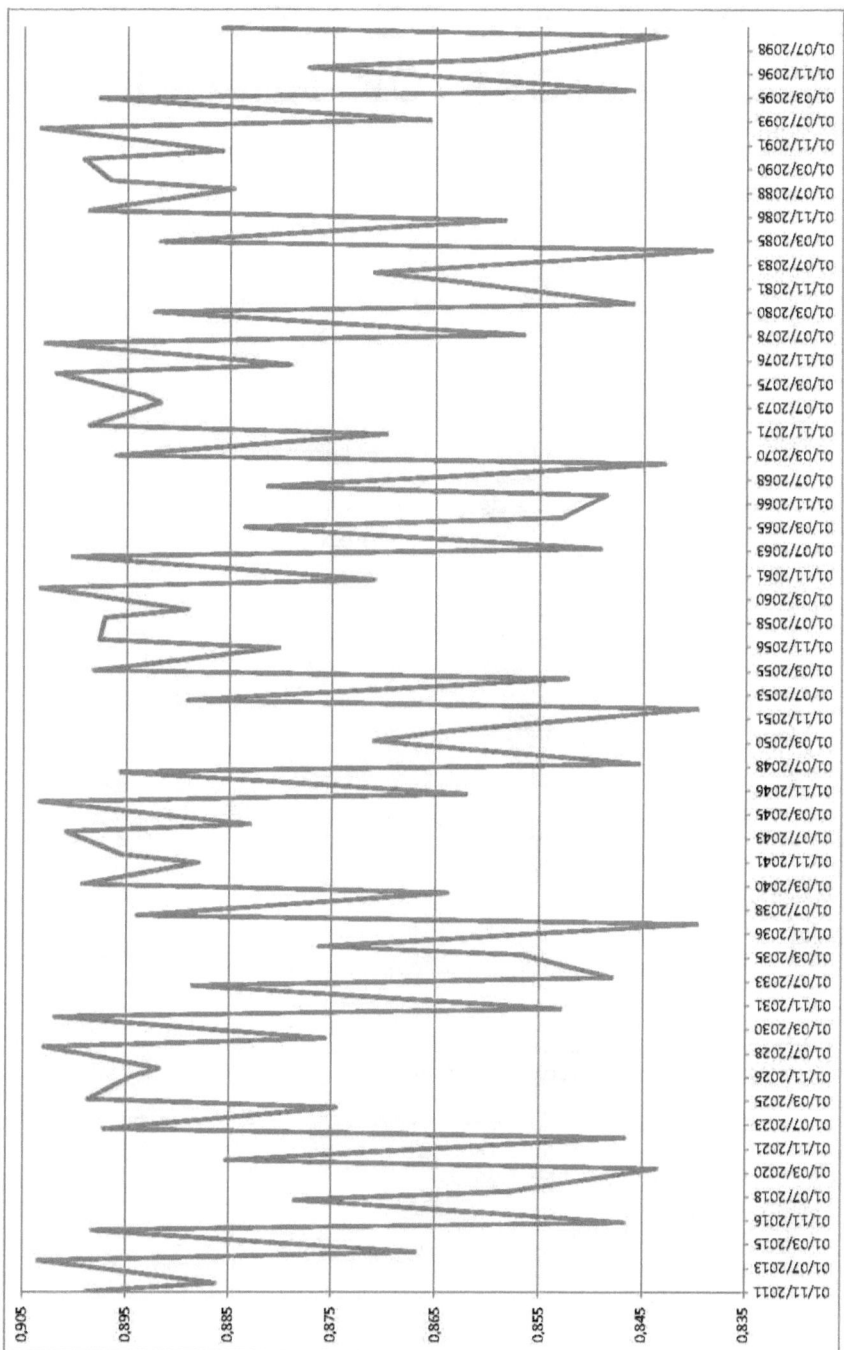

ELONGAZIONI DI MERCURIO
ELONGATIONS OF MERCURY

In base alla posizione lungo la sua orbita Mercurio risulta più o meno visibile nel corso dell'anno. La seguente tabella ed il grafico mostrano l'andamento delle elongazioni mattutine e serali nel corso del secolo

Because of its position on the orbit change the visibility of the interior planet Mercury. The table and the graph show how it changes during this century

DATA = nel formato gg/mm/aaaa
Elong = elongazione dal Sole in gradi.

DATA = date in the format dd/mm/yyyy
TT = time
Elong = elongation from the Sun in °

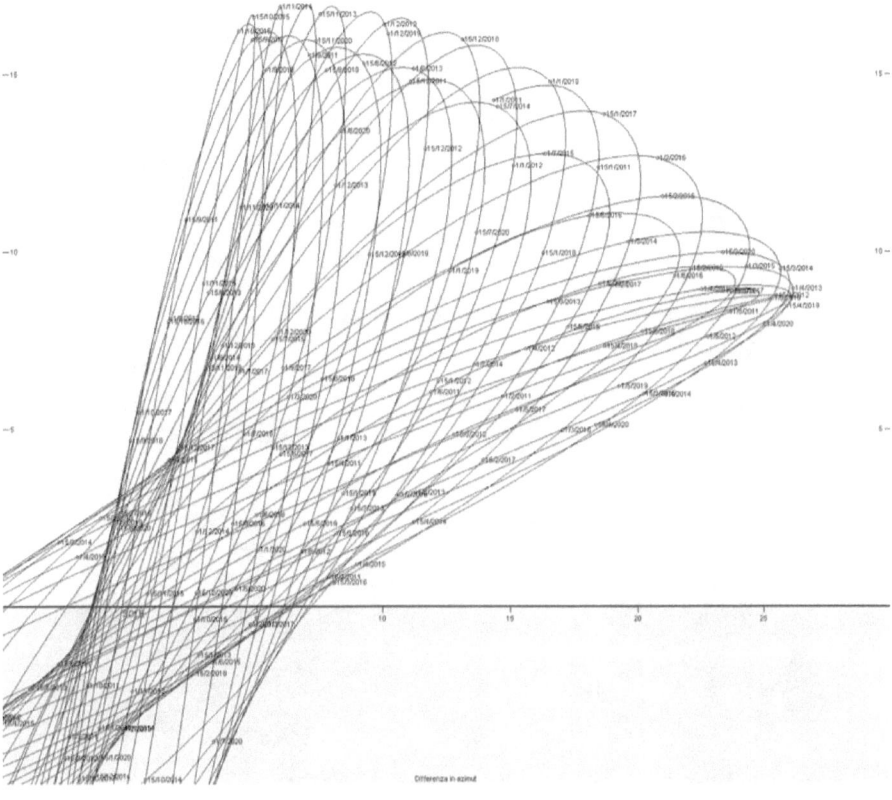

Elongazioni mattutine di Mercurio
Morning elongations of Mercury (from Rome - Italy)

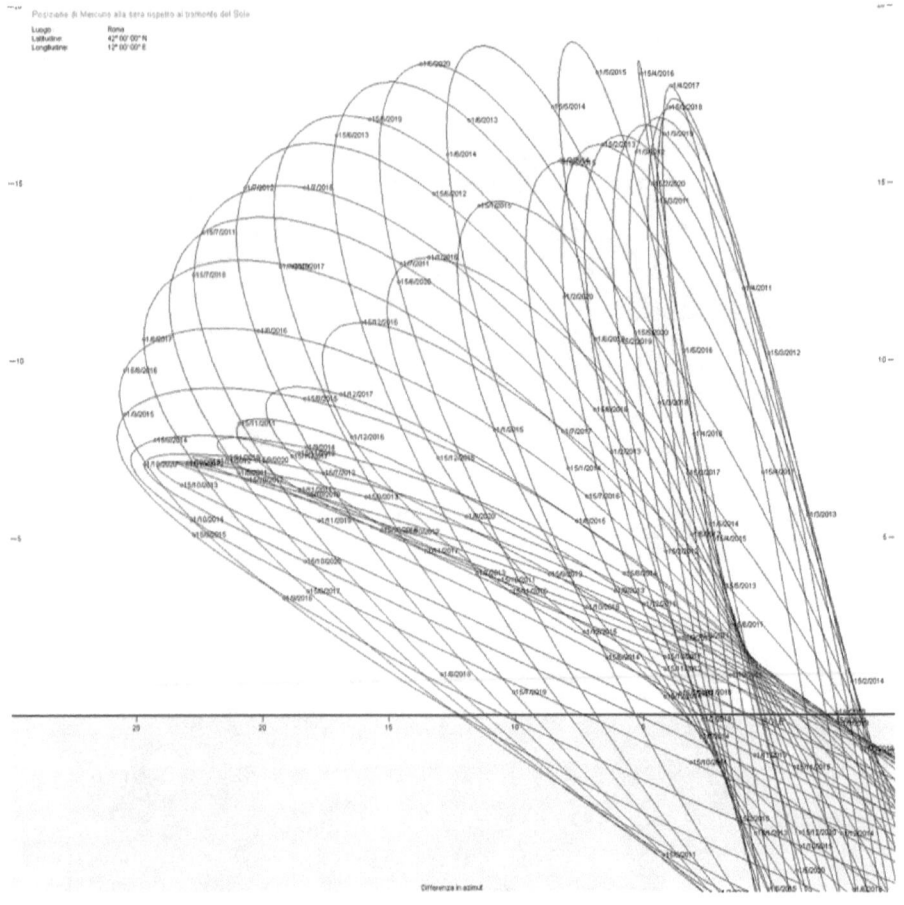

Elongazioni serali di Mercurio
Evening elongations of Mercury (from Rome - Italy)

Date	TT	Elong°	Date	TT	Elong°
2000/02/15	01:14:08	18.148	2008/09/11	04:30:08	26.871
2000/03/28	21:11:50	27.825	2008/10/22	09:32:43	18.318
2000/06/09	13:30:32	24.049	2009/01/04	13:56:56	19.343
2000/07/27	09:15:25	19.797	2009/02/13	20:41:00	26.097
2000/10/06	10:16:36	25.514	2009/04/26	07:46:59	20.419
2000/11/15	05:20:48	19.340	2009/06/13	11:51:04	23.454
2001/01/28	13:37:07	18.431	2009/08/24	16:13:30	27.365
2001/03/11	06:08:08	27.462	2009/10/06	01:29:56	17.945
2001/05/22	04:31:54	22.445	2009/12/18	17:37:16	20.295
2001/07/09	17:02:35	21.131	2010/01/27	05:21:16	24.752
2001/09/18	22:22:27	26.533	2010/04/08	23:28:49	19.350
2001/10/29	16:29:14	18.565	2010/05/26	02:21:16	25.129
2002/01/11	23:43:02	19.011	2010/08/07	01:08:37	27.366
2002/02/21	16:05:46	26.588	2010/09/19	17:19:30	17.870
2002/05/04	03:40:39	20.970	2010/12/01	15:39:56	21.453
2002/06/21	14:28:33	22.730	2011/01/09	14:23:45	23.281
2002/09/01	10:22:15	27.211	2011/03/23	01:09:01	18.613
2002/10/13	07:33:40	18.068	2011/05/07	19:03:58	26.550
2002/12/26	05:36:45	19.862	2011/07/20	05:00:25	26.817
2003/02/04	01:01:52	25.349	2011/09/03	05:54:55	18.110
2003/04/16	14:38:01	19.766	2011/11/14	08:38:14	22.747
2003/06/03	05:40:09	24.430	2011/12/23	03:07:01	21.841
2003/08/14	20:55:42	27.432	2012/03/05	09:33:55	18.209
2003/09/26	23:43:00	17.863	2012/04/18	17:21:31	27.492
2003/12/09	06:09:35	20.941	2012/07/01	01:55:45	25.743
2004/01/17	09:19:07	23.912	2012/08/16	12:03:05	18.691
2004/03/29	12:26:32	18.885	2012/10/26	22:09:34	24.081
2004/05/14	20:34:35	25.991	2012/12/04	22:46:54	20.550
2004/07/27	03:28:07	27.119	2013/02/16	21:29:18	18.131
2004/09/09	13:59:59	17.968	2013/03/31	21:48:37	27.828
2004/11/21	01:14:15	22.186	2013/06/12	16:43:55	24.283
2004/12/29	20:04:13	22.444	2013/07/30	08:47:02	19.629
2005/03/12	18:19:24	18.339	2013/10/09	10:09:21	25.340
2005/04/26	16:22:29	27.161	2013/11/18	02:20:29	19.478
2005/07/09	03:18:19	26.256	2014/01/31	09:56:57	18.369
2005/08/23	23:17:14	18.403	2014/03/14	06:28:19	27.552
2005/11/03	15:49:09	23.514	2014/05/25	07:08:49	22.681
2005/12/12	12:39:47	21.078	2014/07/12	18:21:03	20.913
2006/02/24	05:03:01	18.125	2014/09/21	22:07:50	26.399
2006/04/08	18:37:26	27.763	2014/11/01	12:37:47	18.662
2006/06/20	20:09:37	24.937	2015/01/14	20:29:24	18.908
2006/08/07	00:31:20	19.186	2015/02/24	16:20:45	26.746
2006/10/17	04:06:06	24.820	2015/05/07	04:48:24	21.176
2006/11/25	12:55:18	19.904	2015/06/24	17:06:21	22.479
2007/02/07	17:38:45	18.231	2015/09/04	10:17:47	27.136
2007/03/22	01:45:47	27.740	2015/10/16	03:15:20	18.123
2007/06/02	09:55:46	23.365	2015/12/29	03:10:33	19.720
2007/07/20	14:58:42	20.324	2016/02/07	01:21:33	25.550
2007/09/29	16:06:56	25.982	2016/04/18	13:58:30	19.925
2007/11/08	20:29:58	18.976	2016/06/05	08:44:16	24.179
2008/01/22	05:24:10	18.644	2016/08/16	21:20:01	27.432
2008/03/03	11:11:39	27.145	2016/09/28	19:26:32	17.875
2008/05/14	03:49:49	21.792	2016/12/11	04:37:06	20.768
2008/07/01	17:52:52	21.784	2017/01/19	09:41:20	24.132

Date	TT	Elong°	Date	TT	Elong°
2017/04/01	10:17:05	18.994	2025/10/29	22:00:18	23.882
2017/05/17	23:22:19	25.780	2025/12/07	21:01:19	20.729
2017/07/30	04:37:31	27.201	2026/02/19	17:40:17	18.122
2017/09/12	10:16:12	17.933	2026/04/03	22:32:13	27.819
2017/11/24	00:25:30	21.992	2026/06/15	19:58:35	24.516
2018/01/01	19:56:30	22.658	2026/08/02	08:06:30	19.467
2018/03/15	15:08:46	18.399	2026/10/12	10:01:26	25.160
2018/04/29	18:22:31	27.022	2026/11/20	23:30:00	19.621
2018/07/12	05:28:04	26.418	2027/02/03	06:13:51	18.315
2018/08/26	20:33:34	18.316	2027/03/17	06:48:28	27.630
2018/11/06	15:29:47	23.315	2027/05/28	09:56:19	22.918
2018/12/15	11:28:14	21.269	2027/07/15	19:23:27	20.701
2019/02/27	01:24:20	18.137	2027/09/24	21:57:20	26.260
2019/04/11	19:40:36	27.712	2027/11/04	08:53:45	18.766
2019/06/23	23:14:24	25.156	2028/01/17	17:15:26	18.810
2019/08/09	23:07:05	19.046	2028/02/27	16:33:51	26.894
2019/10/20	03:59:51	24.633	2028/05/09	06:12:19	21.387
2019/11/28	10:27:50	20.063	2028/06/26	19:33:03	22.232
2020/02/10	13:55:05	18.196	2028/09/06	10:18:55	27.054
2020/03/24	02:04:54	27.782	2028/10/17	23:02:39	18.186
2020/06/04	13:05:49	23.604	2028/12/31	00:41:59	19.583
2020/07/22	15:11:07	20.133	2029/02/09	01:44:33	25.746
2020/10/01	16:03:50	25.824	2029/04/21	13:34:22	20.091
2020/11/10	17:02:08	19.097	2029/06/08	11:49:13	23.927
2021/01/24	01:55:53	18.564	2029/08/19	21:40:38	27.420
2021/03/06	11:20:34	27.266	2029/10/01	15:11:02	17.893
2021/05/17	05:52:29	22.017	2029/12/14	02:56:31	20.598
2021/07/04	19:43:58	21.550	2030/01/22	10:08:36	24.351
2021/09/14	04:22:56	26.760	2030/04/04	08:19:05	19.111
2021/10/25	05:28:47	18.399	2030/05/21	02:18:59	25.560
2022/01/07	11:02:32	19.222	2030/08/02	05:33:32	27.270
2022/02/16	21:04:59	26.277	2030/09/15	06:25:09	17.903
2022/04/29	08:07:58	20.608	2030/11/26	23:26:50	21.801
2022/06/16	14:54:22	23.199	2031/01/04	19:54:07	22.875
2022/08/27	16:12:54	27.319	2031/03/18	12:05:48	18.467
2022/10/08	21:12:41	17.982	2031/05/02	20:30:42	26.868
2022/12/21	15:29:57	20.139	2031/07/15	07:23:31	26.567
2023/01/30	05:51:42	24.964	2031/08/29	17:34:30	18.237
2023/04/11	22:09:30	19.489	2031/11/09	15:04:44	23.117
2023/05/29	05:32:41	24.889	2031/12/18	10:23:36	21.466
2023/08/10	01:45:20	27.400	2032/02/29	21:47:33	18.156
2023/09/22	13:15:16	17.860	2032/04/13	20:45:08	27.647
2023/12/04	14:26:50	21.271	2032/06/26	02:12:50	25.368
2024/01/12	14:35:28	23.502	2032/08/11	21:25:31	18.914
2024/03/24	22:33:15	18.701	2032/10/22	03:54:28	24.442
2024/05/09	21:28:08	26.365	2032/11/30	08:09:45	20.228
2024/07/22	06:37:31	26.935	2033/02/12	10:09:33	18.168
2024/09/05	02:29:30	18.053	2033/03/27	02:26:47	27.810
2024/11/16	08:07:30	22.550	2033/06/07	16:23:26	23.844
2024/12/25	02:28:21	22.049	2033/07/25	15:10:48	19.949
2025/03/08	06:08:31	18.248	2033/10/04	16:02:28	25.658
2025/04/21	18:47:52	27.390	2033/11/13	13:44:16	19.224
2025/07/04	04:37:31	25.933	2034/01/26	22:23:07	18.490
2025/08/19	09:47:14	18.583	2034/03/09	11:34:26	27.377

Date	TT	Elong°	Date	TT	Elong°
2034/05/20	08:11:32	22.247	2042/12/17	01:03:31	20.433
2034/07/07	21:28:25	21.322	2043/01/25	10:38:06	24.569
2034/09/17	04:14:25	26.640	2043/04/07	06:32:34	19.236
2034/10/28	01:31:11	18.485	2043/05/24	05:23:38	25.331
2035/01/10	08:02:50	19.106	2043/08/05	06:17:44	27.326
2035/02/19	21:29:50	26.449	2043/09/18	02:27:23	17.881
2035/05/02	08:43:25	20.801	2043/11/29	22:19:59	21.614
2035/06/19	17:51:17	22.945	2044/01/07	19:58:02	23.094
2035/08/30	16:09:22	27.264	2044/03/20	09:12:41	18.542
2035/10/11	16:55:57	18.024	2044/05/04	22:45:27	26.702
2035/12/24	13:16:46	19.988	2044/07/17	09:13:07	26.707
2036/02/02	06:20:17	25.172	2044/08/31	14:26:32	18.166
2036/04/13	21:02:30	19.635	2044/11/11	14:40:19	22.918
2036/05/31	08:40:28	24.645	2044/12/20	09:27:49	21.666
2036/08/12	02:17:13	27.424	2045/03/03	18:15:02	18.182
2036/09/24	09:05:42	17.858	2045/04/16	21:54:59	27.570
2036/12/06	13:06:22	21.092	2045/06/29	05:11:47	25.573
2037/01/14	14:47:13	23.721	2045/08/14	19:33:51	18.791
2037/03/27	20:04:09	18.796	2045/10/25	03:54:09	24.248
2037/05/12	23:55:40	26.170	2045/12/03	06:05:21	20.398
2037/07/25	08:05:01	27.041	2046/02/15	06:23:57	18.146
2037/09/07	22:54:47	18.004	2046/03/30	02:58:20	27.827
2037/11/19	07:31:20	22.353	2046/06/10	19:44:44	24.083
2037/12/28	01:59:04	22.259	2046/07/28	14:58:24	19.773
2038/03/11	02:46:30	18.294	2046/10/07	15:58:32	25.488
2038/04/24	20:26:00	27.274	2046/11/16	10:36:21	19.358
2038/07/07	07:06:38	26.112	2047/01/29	18:46:01	18.422
2038/08/22	07:18:55	18.483	2047/03/12	11:51:44	27.477
2038/11/01	21:46:06	23.684	2047/05/23	10:38:26	22.480
2038/12/10	19:29:48	20.913	2047/07/10	22:59:32	21.098
2039/02/22	13:54:56	18.121	2047/09/20	04:01:37	26.514
2039/04/06	23:26:20	27.796	2047/10/30	21:36:39	18.577
2039/06/18	23:09:03	24.745	2048/01/13	04:56:07	18.996
2039/08/05	07:11:40	19.313	2048/02/22	21:48:18	26.612
2039/10/15	09:53:22	24.979	2048/05/04	09:30:29	21.000
2039/11/23	20:49:51	19.771	2048/06/21	20:33:43	22.694
2040/02/06	02:32:23	18.267	2048/09/01	16:03:55	27.200
2040/03/19	07:09:19	27.694	2048/10/13	12:38:02	18.074
2040/05/30	12:54:03	23.158	2048/12/26	10:56:28	19.842
2040/07/17	20:10:40	20.496	2049/02/04	06:43:29	25.377
2040/09/26	21:52:49	26.114	2049/04/16	20:08:23	19.787
2040/11/06	05:16:06	18.876	2049/06/03	11:42:58	24.397
2041/01/19	13:59:16	18.717	2049/08/15	02:44:12	27.434
2041/03/01	16:44:38	27.032	2049/09/27	04:51:57	17.864
2041/05/12	07:53:04	21.603	2049/12/09	11:38:46	20.916
2041/06/29	21:47:40	21.990	2050/01/17	15:02:47	23.942
2041/09/09	10:18:34	26.959	2050/03/30	17:46:17	18.900
2041/10/20	18:50:48	18.254	2050/05/16	02:34:50	25.965
2042/01/02	22:03:18	19.450	2050/07/28	09:23:27	27.133
2042/02/12	02:05:09	25.937	2050/09/10	19:14:47	17.962
2042/04/24	13:24:20	20.265	2050/11/22	06:49:13	22.158
2042/06/11	14:53:37	23.674	2050/12/31	01:43:55	22.472
2042/08/22	21:51:06	27.395	2051/03/13	23:34:06	18.348
2042/10/04	10:52:39	17.917	2051/04/27	22:20:49	27.144

Date	TT	Elong°	Date	TT	Elong°
2051/07/10	09:23:08	26.280	2060/02/01	15:05:47	18.361
2051/08/25	04:39:57	18.390	2060/03/14	12:10:27	27.564
2051/11/04	21:28:42	23.486	2060/05/25	13:11:25	22.714
2051/12/13	18:11:31	21.103	2060/07/13	00:12:12	20.883
2052/02/25	10:14:20	18.126	2060/09/22	03:49:14	26.380
2052/04/09	00:26:43	27.757	2060/11/01	17:48:37	18.676
2052/06/21	02:16:37	24.968	2061/01/15	01:45:01	18.893
2052/08/07	06:01:33	19.166	2061/02/24	22:04:25	26.766
2052/10/17	09:47:48	24.794	2061/05/07	10:37:29	21.205
2052/11/25	18:17:09	19.926	2061/06/24	23:06:26	22.446
2053/02/07	22:49:22	18.225	2061/09/04	16:01:17	27.126
2053/03/22	07:28:42	27.746	2061/10/16	08:23:15	18.131
2053/06/02	16:01:39	23.399	2061/12/29	08:31:37	19.700
2053/07/20	20:40:47	20.298	2062/02/07	07:06:06	25.577
2053/09/29	21:48:36	25.961	2062/04/19	19:34:58	19.949
2053/11/09	01:41:42	18.992	2062/06/06	14:50:34	24.146
2054/01/22	10:35:43	18.632	2062/08/18	03:09:08	27.431
2054/03/04	16:53:52	27.163	2062/09/30	00:35:43	17.876
2054/05/15	09:49:02	21.825	2062/12/12	10:05:11	20.743
2054/07/02	23:51:58	21.750	2063/01/20	15:26:01	24.161
2054/09/12	10:12:13	26.855	2063/04/02	15:41:20	19.010
2054/10/23	14:39:17	18.328	2063/05/19	05:27:05	25.751
2055/01/05	19:13:48	19.325	2063/07/31	10:29:27	27.212
2055/02/15	02:25:34	26.123	2063/09/13	15:26:58	17.928
2055/04/27	13:30:23	20.446	2063/11/25	05:58:29	21.965
2055/06/14	17:59:13	23.419	2064/01/03	01:38:02	22.688
2055/08/25	21:55:31	27.359	2064/03/15	20:25:03	18.408
2055/10/07	06:34:34	17.949	2064/04/30	00:22:02	27.001
2055/12/19	23:01:21	20.273	2064/07/12	11:25:58	26.439
2056/01/28	11:08:16	24.783	2064/08/27	01:50:02	18.305
2056/04/09	04:59:33	19.368	2064/11/06	21:05:54	23.287
2056/05/26	08:31:23	25.096	2064/12/15	16:59:20	21.296
2056/08/07	06:57:09	27.372	2065/02/27	06:32:58	18.139
2056/09/19	22:28:04	17.867	2065/04/12	01:27:58	27.705
2056/12/01	21:09:55	21.428	2065/06/24	05:22:15	25.187
2057/01/09	20:06:10	23.312	2065/08/10	04:36:27	19.027
2057/03/23	06:27:53	18.625	2065/10/20	09:41:49	24.606
2057/05/08	01:04:28	26.526	2065/11/28	15:49:16	20.085
2057/07/20	11:00:01	26.836	2066/02/10	19:03:04	18.191
2057/09/03	11:12:26	18.102	2066/03/25	07:47:02	27.787
2057/11/14	14:16:07	22.718	2066/06/05	19:17:30	23.640
2057/12/23	08:41:48	21.869	2066/07/23	20:55:21	20.106
2058/03/06	14:45:19	18.215	2066/10/02	21:46:11	25.800
2058/04/19	23:12:54	27.480	2066/11/11	22:14:28	19.114
2058/07/02	08:06:11	25.772	2067/01/25	07:07:46	18.553
2058/08/17	17:30:36	18.675	2067/03/07	17:04:07	27.284
2058/10/28	03:50:57	24.052	2067/05/18	11:55:36	22.049
2058/12/06	04:12:07	20.574	2067/07/06	01:44:18	21.517
2059/02/18	02:37:16	18.130	2067/09/15	10:05:00	26.743
2059/04/02	03:35:32	27.830	2067/10/26	10:36:30	18.409
2059/06/13	22:58:34	24.318	2068/01/08	16:19:59	19.205
2059/07/31	14:27:45	19.604	2068/02/18	02:50:49	26.302
2059/10/10	15:50:17	25.314	2068/04/29	13:51:43	20.633
2059/11/19	07:36:44	19.497	2068/06/16	21:00:40	23.165

Date	TT	Elong°	Date	TT	Elong°
2068/08/27	21:56:13	27.313	2077/03/18	17:20:20	18.476
2068/10/09	02:20:43	17.987	2077/05/03	02:27:55	26.846
2068/12/21	20:54:16	20.117	2077/07/15	13:22:23	26.589
2069/01/30	11:39:29	24.993	2077/08/29	22:51:37	18.226
2069/04/12	03:40:25	19.509	2077/11/09	20:43:19	23.088
2069/05/29	11:39:13	24.856	2077/12/18	15:56:06	21.493
2069/08/10	07:33:53	27.405	2078/03/02	02:56:23	18.159
2069/09/22	18:24:42	17.859	2078/04/15	02:33:59	27.639
2069/12/04	19:56:30	21.245	2078/06/27	08:25:29	25.399
2070/01/12	20:16:55	23.531	2078/08/13	02:56:47	18.896
2070/03/26	03:52:26	18.715	2078/10/23	09:38:02	24.414
2070/05/11	03:28:51	26.340	2078/12/01	13:33:29	20.251
2070/07/23	12:36:53	26.951	2079/02/13	15:19:29	18.164
2070/09/06	07:44:40	18.045	2079/03/28	08:11:56	27.815
2070/11/17	13:44:47	22.521	2079/06/08	22:35:07	23.879
2070/12/26	08:04:15	22.076	2079/07/26	20:54:11	19.923
2071/03/09	11:19:49	18.254	2079/10/05	21:44:27	25.635
2071/04/23	00:40:56	27.376	2079/11/14	18:59:11	19.242
2071/07/05	10:42:44	25.959	2080/01/28	03:36:53	18.480
2071/08/20	15:09:36	18.567	2080/03/09	17:19:57	27.392
2071/10/31	03:39:12	23.855	2080/05/20	14:12:19	22.278
2071/12/09	02:29:19	20.755	2080/07/08	03:23:29	21.290
2072/02/20	22:50:12	18.121	2080/09/17	09:55:11	26.623
2072/04/04	04:20:56	27.818	2080/10/28	06:40:00	18.497
2072/06/16	02:07:34	24.549	2081/01/10	13:18:41	19.090
2072/08/02	13:42:12	19.444	2081/02/20	03:14:04	26.472
2072/10/12	15:41:00	25.135	2081/05/02	14:28:39	20.828
2072/11/21	04:47:42	19.641	2081/06/19	23:54:03	22.911
2073/02/03	11:24:26	18.307	2081/08/30	21:52:14	27.256
2073/03/17	12:32:04	27.639	2081/10/11	22:03:44	18.031
2073/05/28	16:02:17	22.953	2081/12/24	18:38:34	19.966
2073/07/16	01:14:12	20.673	2082/02/02	12:04:43	25.201
2073/09/25	03:41:05	26.239	2082/04/15	02:34:39	19.657
2073/11/04	14:06:07	18.780	2082/06/01	14:46:17	24.611
2074/01/17	22:30:41	18.796	2082/08/13	08:04:20	27.425
2074/02/27	22:16:51	26.913	2082/09/25	14:12:48	17.858
2074/05/10	12:07:16	21.417	2082/12/07	18:35:01	21.066
2074/06/28	01:33:44	22.199	2083/01/15	20:30:14	23.752
2074/09/07	16:02:31	27.040	2083/03/29	01:26:26	18.811
2074/10/19	04:09:54	18.194	2083/05/14	06:00:45	26.142
2075/01/01	06:01:04	19.564	2083/07/26	14:01:31	27.054
2075/02/10	07:28:37	25.773	2083/09/09	04:06:48	17.996
2075/04/22	19:15:19	20.116	2083/11/20	13:06:10	22.326
2075/06/09	17:58:26	23.892	2083/12/29	07:37:43	22.288
2075/08/21	03:26:53	27.417	2084/03/11	08:00:59	18.301
2075/10/02	20:17:32	17.895	2084/04/25	02:22:48	27.258
2075/12/15	08:21:02	20.574	2084/07/07	13:09:59	26.137
2076/01/23	15:53:31	24.381	2084/08/22	12:40:43	18.468
2076/04/04	13:44:05	19.128	2084/11/02	03:25:50	23.656
2076/05/21	08:25:11	25.529	2084/12/11	01:00:18	20.939
2076/08/02	11:22:51	27.280	2085/02/22	19:06:21	18.120
2076/09/15	11:34:25	17.900	2085/04/07	05:16:04	27.791
2076/11/27	04:58:53	21.774	2085/06/19	05:19:17	24.777
2077/01/05	01:36:23	22.905	2085/08/05	12:46:52	19.292

Date	TT	Elong°	Date	TT	Elong°
2085/10/15	15:34:45	24.952	2092/11/16	15:53:32	19.377
2085/11/24	02:09:14	19.791	2093/01/29	23:59:01	18.413
2086/02/06	07:42:18	18.261	2093/03/12	17:37:27	27.490
2086/03/20	12:53:37	27.703	2093/05/23	16:39:18	22.512
2086/05/31	19:06:22	23.194	2093/07/11	04:50:06	21.069
2086/07/19	02:02:12	20.467	2093/09/20	09:40:57	26.496
2086/09/28	03:35:27	26.091	2093/10/31	02:46:24	18.590
2086/11/07	10:27:24	18.890	2094/01/13	10:09:37	18.981
2087/01/20	19:10:45	18.705	2094/02/23	03:32:13	26.634
2087/03/02	22:25:20	27.052	2094/05/05	15:22:57	21.030
2087/05/13	13:51:26	21.635	2094/06/23	02:40:08	22.659
2087/07/01	03:48:48	21.956	2094/09/02	21:47:03	27.189
2087/09/10	16:01:04	26.945	2094/10/14	17:44:02	18.081
2087/10/21	23:56:54	18.263	2094/12/27	16:16:34	19.821
2088/01/04	03:20:10	19.432	2095/02/05	12:27:15	25.405
2088/02/13	07:48:29	25.963	2095/04/18	01:45:39	19.811
2088/04/24	19:05:12	20.290	2095/06/04	17:52:34	24.362
2088/06/11	21:00:30	23.638	2095/08/16	08:31:21	27.434
2088/08/23	03:35:17	27.391	2095/09/28	09:57:15	17.864
2088/10/04	15:58:27	17.921	2095/12/10	17:06:58	20.891
2088/12/17	06:26:39	20.409	2096/01/18	20:47:37	23.973
2089/01/25	16:22:08	24.597	2096/03/30	23:10:17	18.915
2089/04/07	11:55:40	19.254	2096/05/16	08:40:07	25.937
2089/05/24	11:26:53	25.301	2096/07/28	15:16:50	27.145
2089/08/05	12:08:32	27.335	2096/09/11	00:25:45	17.956
2089/09/18	07:39:11	17.879	2096/11/22	12:22:31	22.131
2089/11/30	03:53:35	21.586	2096/12/31	07:22:47	22.502
2090/01/08	01:41:18	23.123	2097/03/14	04:46:30	18.355
2090/03/21	14:27:14	18.553	2097/04/28	04:16:42	27.127
2090/05/06	04:43:00	26.680	2097/07/10	15:27:29	26.306
2090/07/18	15:14:13	26.728	2097/08/25	10:03:32	18.377
2090/09/01	19:45:33	18.156	2097/11/05	03:07:47	23.456
2090/11/12	20:20:41	22.889	2097/12/13	23:41:50	21.128
2090/12/21	15:04:04	21.694	2098/02/25	15:22:43	18.128
2091/03/04	23:28:07	18.186	2098/04/10	06:14:43	27.752
2091/04/18	03:48:08	27.559	2098/06/22	08:28:46	25.001
2091/06/30	11:22:31	25.603	2098/08/08	11:36:18	19.146
2091/08/16	01:02:16	18.773	2098/10/18	15:28:43	24.767
2091/10/26	09:36:38	24.221	2098/11/26	23:36:35	19.946
2091/12/04	11:30:30	20.422	2099/02/09	03:58:02	18.221
2092/02/16	11:36:01	18.143	2099/03/23	13:10:56	27.754
2092/03/30	08:44:37	27.828	2099/06/03	22:13:23	23.434
2092/06/11	01:52:07	24.115	2099/07/22	02:27:55	20.270
2092/07/28	20:36:07	19.749	2099/10/01	03:31:57	25.938
2092/10/07	21:40:36	25.464	2099/11/10	06:53:42	19.008

ELONGAZIONI DI VENERE
ELONGATIONS OF VENUS

In base alla posizione lungo la sua orbita Venere risulta più o meno visibile nel corso dell'anno. La seguente tabella ed il grafico mostrano l'andamento delle elongazioni mattutine e serali nel corso del secolo

Because of its position on the orbit change the visibility of the interior planet Venus. The table and the graph show how it changes during this century

DATA = nel formato gg/mm/aaaa
Elong = elongazione dal Sole in gradi.

DATA = date in the format dd/mm/yyyy
TT = time
Elong = elongation from the Sun in °

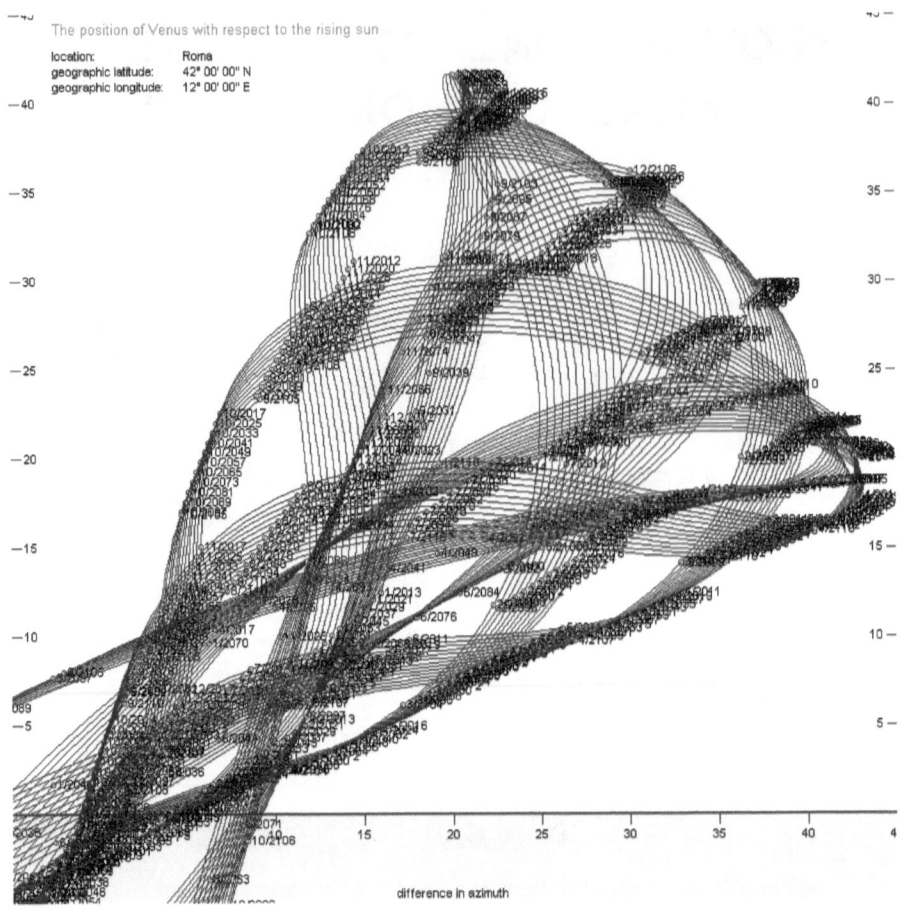

Elongazioni mattutine di Venere
Morning elongations of Venus (from Rome - Italy)

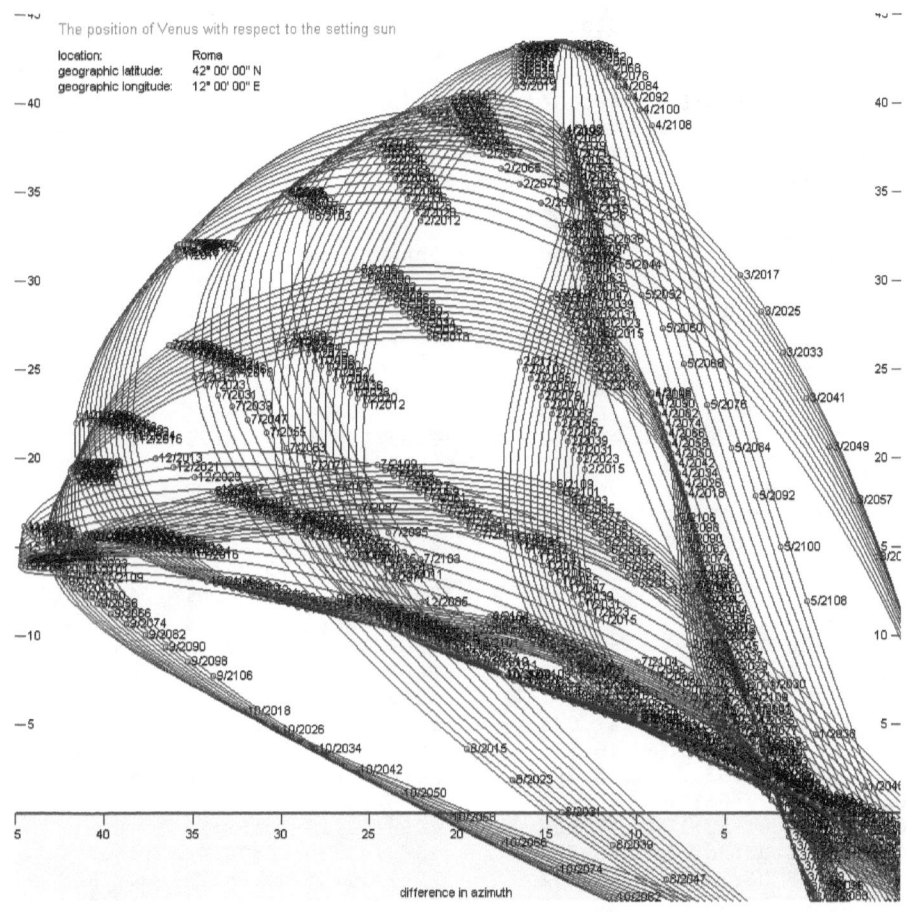

Elongazioni serali di Venere
Evening elongations of Venus (from Rome - Italy)

Data	TT	Elong°	Data	TT	Elong°
2001/01/17	06:00:33	47.093	2044/03/17	18:57:39	46.197
2001/06/08	04:33:20	45.838	2044/08/06	01:18:41	45.763
2002/08/22	13:10:54	46.004	2045/10/22	15:48:08	46.952
2003/01/11	02:18:27	46.961	2046/03/13	02:44:32	46.656
2004/03/29	16:31:22	46.004	2047/05/28	10:29:19	45.416
2004/08/17	18:23:16	45.815	2047/10/16	17:58:53	46.331
2005/11/03	19:25:43	47.102	2049/01/02	22:58:26	47.226
2006/03/25	06:36:49	46.530	2049/05/24	21:03:12	45.937
2007/06/09	02:37:10	45.390	2050/08/07	21:34:08	45.793
2007/10/28	14:56:58	46.466	2050/12/27	13:15:22	46.934
2009/01/14	21:15:11	47.122	2052/03/15	11:17:05	46.239
2009/06/05	20:43:18	45.852	2052/08/03	17:49:45	45.753
2010/08/20	03:40:45	45.966	2053/10/20	06:01:43	46.918
2011/01/08	15:53:16	46.956	2054/03/10	15:05:14	46.677
2012/03/27	07:35:38	46.040	2055/05/26	01:15:16	45.425
2012/08/15	08:58:30	45.802	2055/10/14	08:18:29	46.305
2013/11/01	07:50:53	47.073	2056/12/31	12:43:10	47.243
2014/03/22	19:23:34	46.557	2057/05/22	11:58:07	45.958
2015/06/06	18:21:31	45.394	2058/08/05	12:25:56	45.761
2015/10/26	07:02:54	46.441	2058/12/25	04:25:08	46.923
2017/01/12	13:10:10	47.146	2060/03/13	03:27:15	46.278
2017/06/03	12:22:11	45.866	2060/08/01	09:25:01	45.745
2018/08/17	17:23:40	45.927	2061/10/17	19:05:24	46.880
2019/01/06	04:45:13	46.956	2062/03/08	02:55:22	46.700
2020/03/24	22:04:50	46.077	2063/05/23	15:56:17	45.437
2020/08/13	00:06:14	45.791	2063/10/11	23:32:12	46.283
2021/10/29	20:44:15	47.045	2064/12/29	03:19:39	47.258
2022/03/20	09:17:18	46.586	2065/05/20	03:36:41	45.978
2023/06/04	10:53:00	45.399	2066/08/03	03:28:32	45.730
2023/10/23	23:06:06	46.413	2066/12/22	18:57:42	46.914
2025/01/10	04:53:17	47.168	2068/03/10	18:58:13	46.317
2025/06/01	03:20:50	45.882	2068/07/30	00:30:44	45.737
2026/08/15	06:23:51	45.892	2069/10/15	07:25:27	46.843
2027/01/03	17:49:40	46.950	2070/03/05	15:26:07	46.725
2028/03/22	12:18:11	46.116	2071/05/21	07:30:04	45.452
2028/08/10	15:55:26	45.782	2071/10/09	15:43:57	46.256
2029/10/27	10:44:35	47.018	2072/12/26	18:46:00	47.272
2030/03/17	23:47:35	46.608	2073/05/17	19:12:11	45.999
2031/06/02	03:25:59	45.403	2074/07/31	18:05:16	45.701
2031/10/21	14:03:46	46.385	2074/12/20	08:31:42	46.899
2033/01/07	19:57:09	47.190	2076/03/08	09:27:13	46.356
2033/05/29	17:24:00	45.897	2076/07/27	15:13:23	45.732
2034/08/12	18:52:35	45.855	2077/10/12	19:56:57	46.808
2035/01/01	07:19:09	46.945	2078/03/03	04:52:49	46.746
2036/03/20	03:16:00	46.158	2079/05/18	23:48:49	45.466
2036/08/08	08:29:31	45.773	2079/10/07	07:52:49	46.229
2037/10/25	01:16:49	46.985	2080/12/24	10:38:57	47.284
2038/03/15	13:41:47	46.632	2081/05/15	09:59:02	46.020
2039/05/30	19:25:17	45.409	2082/07/29	07:46:52	45.669
2039/10/19	04:12:59	46.358	2082/12/17	21:24:11	46.887
2041/01/05	09:49:12	47.206	2084/03/05	23:22:36	46.397
2041/05/27	06:55:27	45.916	2084/07/25	06:31:54	45.730
2042/08/10	07:43:12	45.823	2085/10/10	08:57:20	46.770
2042/12/29	21:54:15	46.942	2086/02/28	18:57:54	46.768

Data	TT	Elong°	Data	TT	Elong°
2087/05/16	16:29:15	45.482	2093/10/07	22:53:21	46.733
2087/10/04	23:40:31	46.204	2094/02/26	09:14:33	46.787
2088/12/22	01:50:00	47.290	2095/05/14	09:02:25	45.499
2089/05/12	23:49:34	46.040	2095/10/02	14:33:28	46.176
2090/07/26	20:42:00	45.643	2096/12/19	16:00:02	47.296
2090/12/15	10:55:35	46.876	2097/05/10	12:50:27	46.063
2092/03/03	13:28:47	46.438	2098/07/24	09:55:51	45.619
2092/07/22	22:41:17	45.727	2098/12/13	01:24:42	46.862

ELONGAZIONI SIMULTANEE DI MERCURIO E VENERE
SIMULTANEOUS GREATEST ELONGATIONS OF MERCURY AND VENUS

Sono elencate le date in cui Mercurio e Venere sono alla loro massima e medesima elongazione con una differenza temporale massima di 3 giorni.

Are listed the dates when Mercury and Venus have their greatest elongation with a time difference of only 3 days.

```
DATA  = nel formato gg/mm/aaaa
Elong = elongazione dal Sole in gradi.

DATA  = date in the format dd/mm/yyyy
Ora   = time
Elong = elongation from the Sun in °
```

```
Pianeta      Evento                     Data        Ora      Elongaz.
Venere       Massima elongazione ovest  08/01/2011  17:04    47    °
Mercurio     Massima elongazione ovest  09/01/2011  15:36    23,3  °

Venere       Massima elongazione ovest  15/08/2012  10:04    45,8  °
Mercurio     Massima elongazione ovest  16/08/2012  13:06    18,7  °

Venere       Massima elongazione est    17/03/2044  19:47    46,2  °
Mercurio     Massima elongazione est    20/03/2044  10:05    18,5  °

Venere       Massima elongazione est    22/10/2045  16:31    46,9  °
Mercurio     Massima elongazione est    25/10/2045  04:33    24,2  °


Object       Event                      Date        Time     Elongat.
Venus        Greatest elongation west   08/01/2011  17:04    47    °
Mercury      Greatest elongation west   09/01/2011  15:36    23,3  °

Venus        Greatest elongation west   15/08/2012  10:04    45,8  °
Mercury      Greatest elongation west   16/08/2012  13:06    18,7  °

Venus        Greatest elongation east   17/03/2044  19:47    46,2  °
Mercury      Greatest elongation east   20/03/2044  10:05    18,5  °

Venus        Greatest elongation east   22/10/2045  16:31    46,9  °
Mercury      Greatest elongation east   25/10/2045  04:33    24,2  °
```

OPPOSIZIONI DI MARTE
OPPOSITIONS OF MARS
0-10000

Le opposizioni di Marte avvengono in media ogni 780 giorni; a causa dell'eccentricità della sua orbita la data dell'opposizione può differire fino a 9 giorni da quella del perigeo. Nelle migliori opposizioni, quelle perieliache, il pianeta rosso può giungere a meno di 0,4 unità astronomiche da noi. Sebbene il periodo sinodico di Marte sia quindi 2 anni e 41 giorni, le opposizioni favorevoli avvengono ad intervalli di 15 o 17 anni. Le opposizioni simili si ripetono ogni 79 anni (15+15+15+17+17) essendo Marte in risonanza 42/79 con la Terra. Risonanze più elevate sono un periodo di 284 anni e di 363. A causa delle variazioni degli elementi orbitali dei pianeti, Marte avrà perigei sempre più vicini alla Terra, fino a giungere intorno all'anno 25000 a sole 0,3613 U.A. Questo è il valore minimo in 2 milioni di anni!

Oppositions of Mars occur at an average interval of 780 days; because of the eccentricity of the orbits, opposition's date and least distance don't coincide, but can be as large as 9 days. In the favorable periheliac oppositions, Mars approaches the Earth within 0.4 astronomical unit; these oppositions repeat at intervals of 15 years or 17 years. Each opposition is followed by a very similar one 79 years later. Mars has a risonance with the Earth of 79 years (15+15+15+17+17) or 284 years or 363 years. Due to the secular orbital variations the least distance between the orbits of Earth and Mars is decreasing: around AD 25000 will be only 0.3613 A.U.

DATA = nel formato gg/mm/aaaa
Dist = distanza in milioni di km

DATA = date in the format dd/mm/yyyy
TT = time
Dist = distance in 10^6 km

```
    Data        TT       Dist (mln km)
 314/07/21  09:11:07     55.973743
 393/07/24  18:44:50     55.980567
 472/07/28  04:36:30     55.999980
 677/07/24  05:50:18     55.954023
 756/07/27  17:22:58     55.902450
 835/08/01  01:33:46     55.936790
1040/07/27  03:13:56     55.923086
1119/07/31  14:28:52     55.859486
1198/08/03  23:18:22     55.868230
1277/08/07  10:06:54     55.963120
1403/07/31  00:14:12     55.892134
1482/08/03  12:14:37     55.808593
1561/08/07  00:11:51     55.837778
1640/08/20  09:40:48     55.870546
1719/08/25  19:55:32     55.951170
1766/08/13  22:57:14     55.838948
1845/08/18  11:37:29     55.803162
1924/08/22  23:49:57     55.776939
2003/08/27  09:52:17     55.758006
2050/08/15  12:54:32     55.957274
2082/08/30  19:01:17     55.884319
2129/08/19  21:51:47     55.841268
2208/08/24  09:01:11     55.769118
2287/08/28  22:26:28     55.688406
2366/09/02  08:06:45     55.708569
2413/08/21  10:48:37     55.982064
2445/09/05  16:45:00     55.794539
2492/08/24  19:26:46     55.832519
2524/09/10  04:14:22     55.895245
2571/08/30  06:21:38     55.707589
2650/09/03  18:00:43     55.651584
2729/09/08  04:50:46     55.651036
2808/09/11  15:38:08     55.695627
2855/08/31  18:15:01     55.815633
2887/09/16  00:22:01     55.788124
2934/09/05  03:05:20     55.676245
2966/09/20  10:57:45     55.955833
3013/09/09  13:32:46     55.604319
3092/09/13  03:28:25     55.603619
3171/09/18  14:10:36     55.611448
3218/09/06  16:43:06     55.803412
3250/09/21  22:24:13     55.678590
3297/09/10  01:43:31     55.636516
3329/09/26  10:15:23     55.869467
3376/09/14  12:49:20     55.583129
3455/09/20  01:43:45     55.537510
3534/09/24  13:27:15     55.515831
3581/09/12  16:08:31     55.772561
3613/09/27  23:33:38     55.621919
3660/09/16  02:30:07     55.641123
3692/10/01  09:22:13     55.750675
3739/09/21  12:25:44     55.532109
3771/10/06  20:59:30     55.894216
3818/09/26  00:02:46     55.442196
```

```
     Data        TT      Dist (mln km)
3897/09/29 12:22:27    55.474144
3944/09/18 14:42:52    55.802118
3976/10/03 23:10:13    55.533167
4023/09/23 01:42:36    55.625940
4055/10/08 08:23:59    55.604598
4102/09/27 11:38:55    55.452125
4134/10/12 18:05:53    55.794431
4181/09/30 20:56:20    55.407540
4260/10/05 08:51:27    55.409034
4307/09/25 10:27:28    55.818100
4339/10/10 21:10:22    55.419114
4386/09/28 23:51:31    55.592013
4418/10/14 05:40:20    55.513596
4465/10/02 08:45:58    55.433969
4497/10/17 14:05:50    55.678479
4544/10/06 16:57:31    55.361331
4576/10/22 02:11:24    55.883926
4623/10/12 05:35:46    55.330756
4670/09/30 07:35:39    55.822101
4702/10/16 17:04:41    55.341803
4749/10/04 19:35:47    55.588295
4781/10/20 02:37:12    55.417487
4828/10/08 05:36:02    55.416438
4860/10/23 12:42:07    55.572793
4907/10/13 16:15:51    55.326326
4939/10/28 22:42:11    55.751882
4986/10/17 02:07:18    55.259943
5018/11/02 09:27:59    55.984120
5033/10/06 04:58:57    55.827279
5065/10/21 13:40:57    55.259432
5112/10/10 16:17:18    55.573584
5144/10/26 02:34:21    55.355277
5191/10/15 05:22:03    55.421480
5223/10/30 11:54:36    55.458606
5270/10/18 15:55:20    55.281782
5302/11/03 21:01:49    55.614350
5349/10/23 00:55:42    55.177446
5381/11/07 08:59:39    55.895740
5396/10/11 04:32:21    55.802230
5428/10/27 12:51:57    55.219320
5475/10/16 15:16:56    55.596704
5507/11/02 01:32:52    55.264805
5554/10/21 04:20:56    55.401298
5586/11/05 11:58:21    55.327092
5633/10/24 15:45:32    55.208265
5665/11/08 20:39:16    55.533044
5712/10/29 00:42:40    55.156140
5744/11/13 07:09:38    55.766295
5759/10/18 04:14:33    55.843615
5791/11/02 10:52:22    55.147685
5838/10/22 13:30:40    55.590768
5870/11/06 23:26:04    55.141396
5917/10/27 02:00:35    55.349328
5949/11/11 10:01:10    55.258065
```

```
     Data         TT       Dist (mln km)
5996/10/30  13:14:12      55.204755
6028/11/14  18:42:37      55.420301
6075/11/03  22:31:08      55.114907
6107/11/20  04:28:00      55.604403
6122/10/24  01:51:17      55.881090
6154/11/08  08:29:43      55.054373
6186/11/23  14:22:23      55.880531
6201/10/28  11:39:34      55.570908
6233/11/12  18:40:45      55.075897
6280/10/31  21:00:18      55.349056
6312/11/17  05:35:33      55.170312
6359/11/06  08:26:20      55.194727
6391/11/21  16:52:55      55.296256
6438/11/09  20:26:36      55.069402
6470/11/25  00:24:08      55.481560
6485/10/29  00:00:04      55.907515
6517/11/14  04:50:12      54.996817
6549/11/29  09:31:47      55.745273
6564/11/02  08:23:18      55.588411
6596/11/17  13:48:03      55.008010
6643/11/07  16:40:38      55.350501
6675/11/23  02:54:41      55.092415
6722/11/12  05:32:43      55.181826
6754/11/27  13:51:47      55.189470
6801/11/15  17:22:48      55.036171
6833/11/30  21:58:07      55.362643
6848/11/03  21:14:59      55.946314
6880/11/19  02:44:33      54.942154
6912/12/05  08:28:58      55.645256
6927/11/09  06:34:06      55.594775
6959/11/24  12:48:59      54.964932
6991/12/09  19:22:31      55.928234
7006/11/13  16:25:05      55.371470
7038/11/29  00:23:23      55.008868
7085/11/17  03:13:41      55.159304
7117/12/03  12:00:35      55.082059
7164/11/21  15:25:11      54.980930
7196/12/06  22:42:34      55.294643
7211/11/10  19:23:40      55.950576
7243/11/26  03:02:13      54.933364
7275/12/11  07:52:27      55.520693
7290/11/14  06:46:33      55.649914
7322/11/30  12:32:19      54.901337
7354/12/15  17:43:09      55.773221
7369/11/18  16:31:57      55.366306
7401/12/04  22:50:19      54.898840
7448/11/23  02:05:17      55.104984
7480/12/08  10:39:07      55.035588
7527/11/28  13:36:18      54.987582
7559/12/13  22:05:23      55.194825
7606/12/02  01:33:38      54.890000
7638/12/17  07:07:38      55.364231
7653/11/20  05:05:35      55.680282
7685/12/05  11:55:34      54.809393
```

```
     Data         TT      Dist (mln km)
7717/12/21 15:34:29    55.676041
7732/11/24 15:51:24    55.342325
7764/12/09 20:18:00    54.855471
7811/11/29 23:48:18    55.118575
7843/12/15 07:00:59    54.953747
7890/12/03 09:32:59    54.973041
7922/12/19 19:29:53    55.070235
7969/12/07 22:33:42    54.830457
8001/12/23 04:16:08    55.268072
8016/11/26 01:57:07    55.689741
8048/12/11 08:24:18    54.774130
8080/12/26 11:57:11    55.548769
8095/11/30 12:03:07    55.378485
8127/12/16 16:24:30    54.798133
8159/12/31 22:42:03    55.866362
8174/12/04 19:59:32    55.140746
8206/12/21 03:25:54    54.862787
8253/12/09 06:19:43    54.946659
8285/12/24 14:14:27    54.981117
8332/12/13 17:09:14    54.808092
8364/12/29 00:27:29    55.170266
8379/12/02 20:30:29    55.739416
8411/12/18 03:46:56    54.744369
8444/01/02 10:19:01    55.433162
8458/12/06 07:24:11    55.414755
8490/12/21 14:53:49    54.744329
8523/01/06 18:45:27    55.723264
8537/12/10 18:28:36    55.162855
8569/12/25 23:35:30    54.787990
8616/12/15 03:18:00    54.941416
8648/12/30 09:58:54    54.897393
8695/12/19 13:00:30    54.778815
8728/01/04 23:13:30    55.103205
8742/12/08 17:08:55    55.766885
8774/12/24 02:11:18    54.735517
8807/01/08 09:05:39    55.322112
8821/12/12 05:33:27    55.470329
8853/12/27 13:33:52    54.693439
8886/01/11 17:21:09    55.588784
8900/12/16 17:12:47    55.173639
8932/12/31 22:10:39    54.702712
8965/01/16 04:07:35    55.999407
8979/12/21 02:29:18    54.914685
9012/01/06 09:14:57    54.860432
9058/12/25 12:13:27    54.798995
9091/01/09 21:37:09    55.019185
9105/12/14 17:00:31    55.834138
9137/12/30 00:32:14    54.700216
9170/01/14 08:46:43    55.196681
9184/12/18 03:45:58    55.490908
9217/01/02 12:35:48    54.618444
9249/01/17 18:01:07    55.521611
9263/12/22 16:09:51    55.157683
9296/01/06 22:22:48    54.685302
```

```
    Data         TT      Dist (mln km)
9328/01/23 03:16:27     55.873779
9342/12/27 02:10:48     54.949227
9375/01/11 07:56:27     54.782291
9421/12/31 11:02:03     54.786363
9454/01/15 19:24:22     54.901365
9468/12/19 16:00:03     55.888041
9501/01/04 22:21:52     54.641311
9533/01/20 07:00:30     55.139126
9547/12/25 01:55:31     55.485036
9580/01/09 09:41:46     54.608015
9612/01/24 16:40:27     55.412215
9626/12/28 12:43:05     55.205004
9659/01/12 20:19:12     54.637964
9691/01/28 01:42:03     55.714867
9706/01/01 23:09:45     54.974777
9738/01/17 06:00:46     54.683556
9785/01/05 09:23:38     54.755337
9817/01/21 15:00:30     54.832578
9831/12/26 14:26:15     55.923965
9864/01/10 17:45:50     54.637637
9896/01/26 02:20:01     55.054228
9910/12/30 21:43:27     55.549175
9943/01/15 04:24:07     54.593357
9975/01/30 14:26:51     55.293380
9990/01/03 07:05:21     55.254850
```

INDICE - INDEX

INTRODUZIONE 3
INTRODUCTION 5
EFFEMERIDI - EPHEMERIDES   2013-2020 7
FENOMENI - PHENOMENAS   2000-2100 69
DIFETTO DI FASE DI MARTE
DEFECT OF ILLUMINATION OF MARS 90
ELONGAZIONI DI MERCURIO - ELONGATIONS OF MERCURY 92
ELONGAZIONI DI VENERE - ELONGATIONS OF VENUS 101
ELONGAZIONI SIMULTANEE DI MERCURIO E VENERE
SIMULTANEOUS GREATEST ELONGATIONS OF MERCURY AND VENUS 106
INDICE - INDEX 114